TEORIA DE GRUPOS

CURSO DE INICIACIÓN

TEORÍA DE GRUPOS

CURSO DE INICIACIÓN

Paul DUBREIL
Professeur à l'Université Paris VI

EDITORIAL REVERTÉ, S. A.
Barcelona-Bogotá-Buenos Aires-Caracas-México

Título de la obra original:
Théorie des groupes

Edición original en lengua francesa publicada por:
Editorial Dunod, París

Versión española por:
Lucía Yagüe Ena
Licenciada en Ciencias

Revisada por el:
Dr. Rafael Rodríguez Vidal
Catedrático de la Facultad de Ciencias de Zaragoza

Propiedad de EDITORIAL REVERTÉ, S. A. · Encarnación, 86 Barcelona (12)

Impreso en España   Printed in Spain

Depósito Legal: SE-2665-2005 European Union
Printed by Publidisa

ISBN 978-84-291-5071-1

Prólogo

Al estar actualmente dividida la enseñanza superior de las Matemáticas en "unidades de valor" consagradas a materias importantes tales como Topología general, Integración, etc., han considerado los matemáticos de la Universidad París VI que la *Teoría de Grupos* debía figurar entre las unidades de valor fundamentales del Algebra.

Desde 1969, estas enseñanzas atraen cada año a cientos de estudiantes que proceden directamente del primer ciclo y que por consiguiente todavía no han estudiado nunca una teoría algebraica en sí misma, con la excepción quizá del álgebra lineal elemental. Está claro, pues, que el presente libro constituye, no un tratado, sino un curso, e incluso un *primer curso* de la Teoría de grupos, un curso *semestral* por otra parte, y por ende inevitablemente incompleto. La selección tanto de las cuestiones a tratar como de la presentación de éstas, ha resultado a menudo difícil. Ha sido el principal objetivo despertar el interés de los estudiantes, proponerles un esfuerzo fructífero pero a su alcance, así como estimular a los mejores de entre ellos por medio del estudio de algunos hermosos teoremas.

Como profesor, no he querido prescindir de mis preferencias personales. Esta es la razón por la que he dedicado el principio del curso a los "primeros principios para el estudio de una estructura algebraica" y especialmente a los homomorfismos. De esta forma la teoría de grupos se encuentra encuadrada en el Algebra general. Después he querido insistir en el estudio de los endomorfismos de un grupo, válidos casi sin necesidad de cambios para las álgebras universales (Capítulo IV, § 1, en especial teorema 3). Dentro del espíritu de Emmy Noether, me he esforzado en evidenciar las propiedades de dualidad de las descomposiciones directas (Capítulo IV, §§ 1 y 2), en ocasiones un poco descuidadas. Me he preocupado en fin de desarrollar un poco las cuestiones referentes a la generación de los grupos, en relación con los problemas universales (Capítulo III, § 3).

Expreso mi profundo agradecimiento a la editorial DUNOD-BORDAS que ha hecho posible la publicación de este curso, considerándolo como una prolongación de las *Lecciones de Algebra Moderna,* escritas en colaboración con Marie Louise Dubreil-Jacotin y publicadas en 1961.* Espero que otros fascículos, dedicados por ejemplo a los Anillos y a los Cuerpos, constituirán prolongaciones análogas.

Constituye para mi un agradable deber el reseñar las excelentes obras que he utilizado principalmente: figuran las mismas en la bibliografía situada inmediatamente a continuación de este prólogo. Recomiendo con insistencia a los estudiantes que se remitan a

* La traducción española de esta obra ha sido publicada por Editorial Reverté (Segunda edición, 1971). N. del T.

ella y, en particular, que comiencen a leer libros de matemáticas escritos en una lengua extranjera.

Es necesario también aconsejarles que hagan ejercicios. El libro de Bigard-Crestey-Grappy que se incluye en la bibliografía contiene dos capítulos dedicados a los grupos. Las soluciones vienen dadas en la misma obra. He añadido, al final de cada capítulo del presente libro, algunas cuestiones que han sido incluidas en exámenes parciales o finales; son de una dificultad realmente moderada.

En lo referente a los conocimientos previos que se suponen, éstos se limitan:

1° A la Aritmética elemental.

2° A los elementos de la Teoría de Conjuntos: partes, conjunto producto, relaciones, aplicaciones.

3° Al Algebra lineal (será conveniente que el lector complete, si procede, sus conocimientos sobre los espacios vectoriales de dimensión infinita).

Paul Dubreil

Bibliografía

a) Tratados de Algebra

Los Capítulos que se indican son los dedicados a la Teoría de grupos.

N. BOURBAKI, *Algebra* (Hermann).

P. DUBREIL y M. L. DUBREIL-JACOTIN, *Lecciones de Algebra Moderna* (Reverté). Caps. II, III, VII. [Citada en este libro A. M. o Algebra Moderna.]

R. GODEMENT *Algebra* (Tecnos), § 7.

N. JACOBSON, *Lectures in abstract Algebra;* vol. 1, Capítulos I y V Conceptos Básicos (Van Nostrand).

A. KUROSH, *Algèbre générale* (Gauthier-Villars, traducción francesa).

S. MAC LANE y G. BIRKHOFF, *Algebra* (MacMillan) (Gauthier-Villars, traducción francesa). Caps. III, XIII.

B. L. VAN DER WAERDEN, *Algebra,* 2 vol (Springer) Caps. II, VII, XIV.

A. BIGARD, M. CRESTEY, J. GRAPPY, *Problemas de Algebra Moderna* (Reverté). Caps. III y IV.

S. LANG *Algebra* (Aguilar).

b) Tratados de Teoría de grupos

MARSHALL HALL, *The Theory of Groups* (MacMillan).

A. KUROSH *The Theory of Groups* (Chelsea Publ. Co.) 2 vol.

J. P. SERRE, *Representaciones lineales de los grupos finitos* (Omega).

H. ZASSENHAUS, *The Theory of Groups* (Chelsea, Publ. Co.)

Para los *grupos abelianos.*

L. FUCHS, *Abelian Groups* (Publ. de la Acad. Húngara de Ciencias).

* En los casos en que nos constaba la existencia de traducción española de la obra citada, hemos puesto la referencia de aquella. N. del T.

Indice analítico

CAPÍTULO III

Generación de grupos

CAPÍTULO IV

Productos directos. Descomposiciones directas

CAPÍTULO V

Teoremas generales

CAPÍTULO VI

Representaciones lineales de los grupos finitos y de las álgebras de dimensión finita

capítulo I

Nociones fundamentales

§ 1. *PRIMEROS PRINCIPIOS PARA EL ESTUDIO DE UNA ESTRUCTURA ALGEBRAICA. HOMOMORFISMOS*

Una *estructura algebraica es un conjunto* E provisto de diversas leyes de composición internas o externas, o de leyes con un número cualquiera de variables (aplicaciones de E^n en E). Los grupos, los anillos, los cuerpos, los módulos, los espacios vectoriales son estructuras algebraicas especialmente importantes.

Para estudiar una estructura algebraica, hay que interesarse en primer lugar en las *partes notables* (en particular en los *elementos* notables), en las *relaciones notables,* en las *aplicaciones notables* y en los lazos que existen entre ellas.

Para fijar ideas, consideremos la estructura muy general que se obtiene al proveer a un conjunto no vacío cualquiera E:

1) de una *ley de composición interna:*

$$E \times E \longrightarrow E$$

que denotaremos multiplicativamente: xy designa pues la imagen del par $(x, y) \in E \times E$ diremos entonces que E es un *grupoide multiplicativo;*

2) de una ley de *composición externa por la izquierda:*

$$\Delta \times E \longrightarrow E\,,$$

siendo Δ un conjunto no vacío cualquiera, llamado *dominio de operadores por la izquierda:* esta ley será denotada también multiplicativamente: αx designa la imagen del par $(\alpha, x) \in \Delta \times E$ (no es de tener confusión alguna, puesto que los operadores, elementos de Δ, vienen representados por letras griegas).

Esta estructura algebraica de *grupoide con operadores* será designada por $E(., \Delta)$ o, más brevemente, por E cuando no haya lugar a precisar más. Los grupos con operadores serán un caso particular de esto.

Partes notables

Una parte S de E es *estable* (para la ley interna) si:

$$(\forall s_1, s_2 \in S), \qquad s_1 s_2 \in S.$$

Una parte P de E es *lícita* (para la ley externa) si:

$$(\forall \alpha \in \Delta) \quad \text{y} \quad (\forall p \in P), \qquad \alpha p \in P.$$

Observación. La parte vacía, $\varnothing$, posee estas dos propiedades.

Elementos notables

Un elemento a de E es *idempotente* si $a^2 = a$. Por ejemplo, un *elemento neutro por la derecha,* o *elemento unidad por la derecha* e' : $(\forall x \in E)$, $xe' = x$, es un idempotente. Recordemos que un *elemento neutro,* o *elemento unidad bilateral* e viene definido por: $(\forall x \in E)$, $ex = xe = x$, y que tal elemento es necesariamente único.

Relaciones notables

Una relación binaria en un conjunto E se define como una parte $\mathscr{R}$ del producto cartesiano $E^2 = E \times E$. Será cómodo escribir $a \mathscr{R} b$ mejor que $(a, b) \in \mathscr{R}$.

Especialmente importantes son las *relaciones de equivalencia* o, más brevemente, *las equivalencias* (relaciones reflexivas, simétricas y transitivas).

Una relación $\mathscr{R}$ es *compatible* con la ley de composición interna si

$$a \mathscr{R} a' \text{ y } b \mathscr{R} b' \text{ implican } (ab) \mathscr{R} (a'b').$$

$\mathscr{R}$ es *regular por la derecha* si

$$a \mathscr{R} a' \textit{ implica } \quad (\forall x \in E) \qquad (ax) \mathscr{R} (a'x),$$

regular por la izquierda si

$$a \mathscr{R} a' \textit{ implica } \quad (\forall y \in E) \qquad (ya) \mathscr{R} (ya'),$$

y *regular* si posee las dos propiedades procedentes.

En una relación $\mathscr{R}$ *reflexiva,* la compatibilidad implica la regularidad:

$$a \mathscr{R} a' \quad \text{con} \quad x \mathscr{R} x \text{ implican } (ax) \mathscr{R} (a'x),$$

para todo $x \in E$.

En una relación $\mathscr{R}$ *transitiva,* la regularidad implica la compatibilidad:

$$a \mathscr{R} a' \quad \text{y} \quad b \mathscr{R} b' \quad \text{implican} \quad (ab) \mathscr{R} (a'b) \quad \text{y} \quad (a'b) \mathscr{R} (a'b')$$

en donde $(ab) \mathscr{R} (a'b')$.

En particular, *en una relación de equivalencia, la regularidad y la compatibilidad son ciertas al mismo tiempo.* Pero la regularidad por un solo lado tendrá un interesante papel en la Teoría de Grupos.

Sea $\mathcal{R}$ una equivalencia definida en E y que suponemos *compatible* con la ley interna de E. Consideremos el conjunto cociente $E/\mathcal{R}$, es decir, el conjunto de las clases módulo $\mathcal{R}$ y definamos en este conjunto una ley de composición interna a partir de la de E (diremos que viene *inducida* por la de E). Sean A, B dos clases (distintas o no). Cualesquiera que sean el representante a de A y el representante b de B, el producto ab pertenece a una misma clase P, puesto que $\mathcal{R}$ es compatible con la multiplicación de E: por definición, esta clase P es el producto en $E/\mathcal{R}$ de la clase A por la clase B

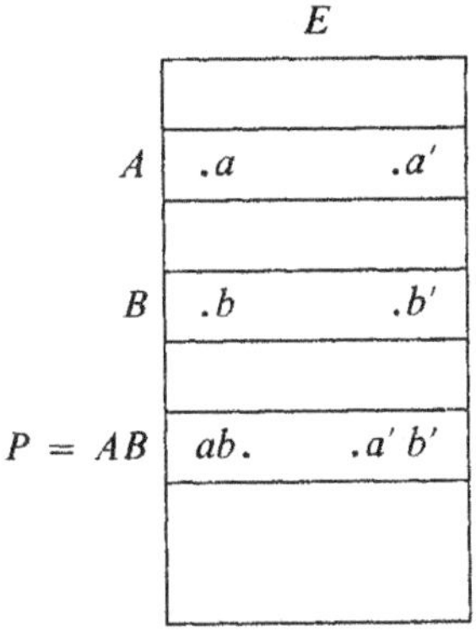

$$P = AB .$$

Una relación $\mathcal{R}$ definida en E es *lícita* para la ley externa $\Delta \times E \longrightarrow E$ si

$$a \,\mathcal{R}\, a' \quad \text{implica} \quad (\forall \alpha \in \Delta) \qquad (\alpha a) \,\mathcal{R}\, (\alpha a') .$$

Si $\mathcal{R}$ es una equivalencia lícita, el conjunto cociente $E/\mathcal{R}$ puede estar provisto de una ley externa por la izquierda $\Delta \times (E/\mathcal{R}) \longrightarrow E/\mathcal{R}$ definida a partir de la de E (ley externa "inducida"). En efecto, dada una clase $A \in E/\mathcal{R}$ y un operador $\alpha \in \Delta$, cualquiera que sea el representante a de la clase A, el producto αa pertenece a una misma clase Q: esta es, por definición, el producto de $\alpha \in \Delta$ por $A \in E/\mathcal{R}$:

$$Q = \alpha A .$$

Definición. Toda equivalencia regular y lícita definida en $E(.,\Delta)$ es una *congruencia.* Una equivalencia lícita para Δ se llama también *Δ–equivalencia.*

Aplicaciones notables

Sean E, E' dos conjuntos provistos cada uno de una ley de composición interna, denotada multiplicativamente, y de una ley de composición externa por la izquierda definida por medio del *mismo* dominio de operadores Δ, denotada también multiplicativamente.

Una aplicación h de E en E' es un *homomorfismo* de $E(.,\Delta)$ en $E'(\bullet, \Delta)$ si:

(1) $(\forall x \text{ y } y \in E) \qquad h(xy) = h(x)\, h(y)$,

(2) $(\forall x \in E) \text{ y } (\forall \alpha \in \Delta) \qquad h(\alpha x) = \alpha h(x)$

Designaremos tal homomorfismo por

$$h : E(.,\Delta) \longrightarrow E'(.,\Delta)$$

o, más brevemente : $h : E \longrightarrow E'$ o también $E \xrightarrow{h} E'$.

El conjunto de los homomorfismos de E en E' se designa Hom (E, E').

Resulta cómodo expresar las eventuales propiedades *inyectiva, suprayectiva, biyectiva,* mediante el empleo de flechas especiales:

h inyectiva	$E \rightarrowtail E'$
h suprayectiva :	$E \twoheadrightarrow E'$
h biyectiva	$E \rightarrowtail\!\!\!\!\twoheadrightarrow E''$.

Si una biyección $f : E \rightarrowtail\!\!\!\!\twoheadrightarrow E'$ *es un homomorfismo la biyección recíproca* $f^{-1} : E' \rightarrowtail\!\!\!\!\twoheadrightarrow E$ *lo es también:* en efecto, siendo x' e y' dos elementos cualesquiera de E y x, y sus imágenes recíprocas respectivas en E, la igualdad $f(x)f(y) = f(xy)$, es decir, $x'y' = f(xy)$, implica, tomando las imágenes recíprocas en E, $f^{-1}(x'y') = xy = f^{-1}(x')f^{-1}(y')$. Igualmente

$$\alpha f(x) = f(\alpha x) \qquad (\alpha \in \Delta)$$

implica $f^{-1}(\alpha x') = \alpha f^{-1}(x')$. Se dice entonces que f es un *isomorfismo de* $E(.,\Delta)$ *sobre* $E'(.,\Delta)$; f^{-1} *es el isomorfismo recíproco.* Un isomorfismo de E *sobre sí mismo*$(E' = E)$ es un *automorfismo.*

Un homomorfismo de E *en sí mismo* es un *endomorfismo.*

Consideremos dos homomorfismos:

$$h_1 : E \longrightarrow E', \qquad h_2 : E' \longrightarrow E'',$$

tales que la estructura de llegada del primero sea la de partida del segundo. La aplicación compuesta $h_2 \circ h_1$ viene definida por

$$(\forall x \in E) \qquad (h_2 \circ h_1)(x) = h_2[h_1(x)] \qquad (\in E'') ;$$

(con esta notación, llamada funcional, la composición se hace en sentido inverso de la escritura: puede suprimirse el símbolo $\circ$; se tiene entonces la notación multiplicativa; en algunos autores se encuentran con frecuencia las notaciones xh o x^h en lugar de $h(x)$ y por consiguiente, $h_1 \circ h_2$ en lugar de $h_2 \circ h_1$: la composición se hace entonces en el sentido de la escritura).

Se ve inmediatamente que las condiciones (1) y (2) son respetadas por la composición: *la aplicación compuesta de dos homomorfismos es un homomorfismo* (la misma propiedad se verifica para los isomorfismos, para los automorfismos, para los endomorfismos). Por ser asociativa la composición de aplicaciones, puede hablarse del compuesto de n endomorfismos de la forma

$$h_i : E_i \longrightarrow E_{i+1} \qquad (i = 1, \ldots, n) ,$$

tomados en el orden de los índices, y designarlo por $h_n \circ \ldots \circ h_1$, lo que se representa mediante el *diagrama:*

$$E_1 \xrightarrow{h_1} E_2 \xrightarrow{h_2} \ldots E_{n-1} \xrightarrow{h_{n-1}} E_n \xrightarrow{h_n} E_{n+1} .$$

Puede ocurrir que existan varios homomorfismos compuestos de E en E'; se tiene entonces un *diagrama* no lineal tal como:

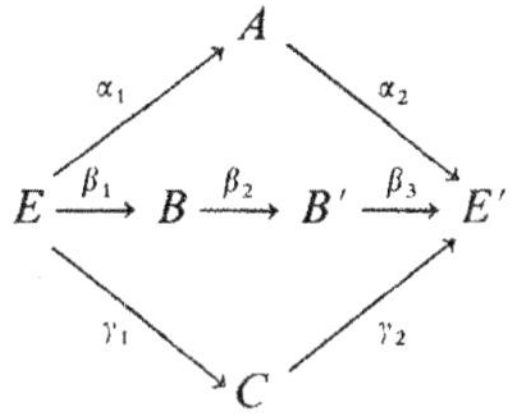

Si $\alpha_2 \circ \alpha_1 = \beta_3 \circ \beta_2 \circ \beta_1 = \gamma_2 \circ \gamma_1$, se dice que el diagrama anterior es *conmutativo;* con frecuencia expresaremos esta propiedad por medio de las iniciales D.C. colocadas cerca del diagrama.

Para todo homomorfismo $h : E(., \Delta) \to E'(., \Delta)$, tenemos las siguientes propiedades.

Proposición 1. *La imagen $h(E) = \overline{E}$ de E en E' es una parte estable y lícita de E'.*

Si $x', y' \in \overline{E}$, es decir, si $x' = h(x), y' = h(y) (x, y \in E)$, se tiene, según (1):

$$x'\,y' = h(x)\,h(y) = h(xy) \in \overline{E} ;$$

por lo tanto $\overline{E}$ es parte *estable* de

Análogamente, según (2),

$$(\forall \alpha \in \Delta) , \qquad \alpha x' = \alpha h(x) = h(\alpha x) \in \overline{E} ;$$

$\overline{E}$ es parte *lícita* de E'.

Asociemos al homomorfismo h la relación binaria $\mathcal{R}$ definida en el conjunto de partida E por

(3) $a \,\mathcal{R}\, a'$ ssi (= si y sólo si) $h(a) = h(a')$.

Proposición 2. *La relación $\mathcal{R}$ que acabamos de definir es una equivalencia regular y lícita y, por lo tanto, una congruencia.*

Evidentemente $\mathscr{R}$ es reflexiva, simétrica y transitiva. Es regular por la derecha (por ejemplo), puesto que la igualdad $h(a)=h(a')$ implica

$$(\forall x \in E) \qquad h(a)\,h(x) = h(a')\,h(x)\,,$$

es decir

$$h(ax) = h(a'\,x)\,.$$

Como la misma igualdad implica también

$$(\forall \alpha \in \Delta) \qquad h(\alpha a) = h(\alpha a')\,,$$

$\mathscr{R}$ es una equivalencia lícita.

Definición. La congruencia $\mathscr{R}$ así definida a partir de un homomorfismo h de $E(.,\Delta)$ en $E'(.,\ \Delta)$ recibe el nombre de *congruencia nuclear* asociada a h (o congruencia de homomorfismo, equivalencia de homomorfismo).

Consideremos ahora la aplicación canónica γ de E sobre el conjunto cociente $E/\mathscr{R}$, siendo $\mathscr{R}$ la congruencia nuclear de h: para todo elemento x de E, $\gamma(x) = X$ es la clase módulo $\mathscr{R}$ a la cual pertenece x. Evidentemente, esta aplicación γ es suprayectiva. Además, según la definición misma de las leyes de composición interna y externa de $E/\mathscr{R}$, γ es un homomorfismo:

$$\gamma : E \twoheadrightarrow E/\mathscr{R}$$

llamado *homomorfismo suprayectivo canónico* de E sobre $E/\mathscr{R}$.

Todos los elementos $x, x', \ldots$, de una clase $X \in E/\mathscr{R}$ tienen la misma imagen $h(x)$ en E': pongamos pues $i(X) = h(x)$. Definimos así una aplicación i de $E/\mathscr{R}$ en $h(E)$ que es *inyectiva* según la definición de $\mathscr{R}$ y evidentemente *suprayectiva.* Además, si x e y son respectivamente representantes de las clases X, Y y α un operador, tenemos:

$$i(XY) = h(xy) = h(x)\,h(y) = i(X)\,i(Y)\,,$$

$$i(\alpha X) = h(\alpha x) = \alpha h(x) = \alpha i(X)\ ;$$

y por lo tanto, finalmente, i es un *isomorfismo* del cociente $E/\mathscr{R}$ sobre la imagen $h(E)$: se le llama *isomorfismo canónico asociado* a h.

Finalmente, si j es la *inyección canónica* de $h(E)=\overline{E}$ en E, definida por

$$(\forall x' \in \overline{E}) \qquad j(x') = x' \quad (\in E')\,,$$

tenemos:

$$(\forall x \in E) \qquad (j \circ i \circ \gamma)\,(x) = j[i(X)] = j[h(x)] = h(x)\,,$$

y por lo tanto

$$j \circ i \circ \gamma = h\,. \tag{4}$$

Hemos establecido, para el tipo de estructura algebraica considerada ("grupoide con operadores"), el importante *teorema de homomorfismo:*

Teorema 1. *Para todo homomorfismo* $h : E \longrightarrow E'$,

1) *existe un isomorfismo i del cociente* $E/\mathcal{R}$ *de E por la congruencia nuclear* $\mathcal{R}$ *de h, sobre la imagen* $h(E) = \overline{E}$.

2) *h se descompone en factores por medio del homomorfismo suprayectivo canónico* γ *de E sobre* $E/\mathcal{R}$, *del isomorfismo i del cociente* $E/\mathcal{R}$ *sobre la imagen h(E) y de la inyección canónica j de h(E) en E':*

(5) $$h = j \circ i \circ \gamma \,.$$

Este último resultado se expresa mediante el *diagrama conmutativo:*

$$\begin{array}{ccc} E & \xrightarrow{h} & E' \\ {\scriptstyle\gamma}\downarrow & & \uparrow{\scriptstyle j} \\ E/\mathcal{R} & \rightarrowtail\!\!\!\twoheadrightarrow & h(E) = \overline{E} \end{array} \qquad \text{DC}\,.$$

Observación. Haciendo $\beta = j \circ i$, tenemos también la descomposición factorial $h = \beta \circ \gamma$ de h en un homomorfismo suprayectivo γ y un homomorfismo inyectivo β:

$$\begin{array}{ccc} E & \xrightarrow{h} & E' \\ {\scriptstyle\gamma}\downarrow & \nearrow{\scriptstyle\beta} & \\ E/\mathcal{R} & & \end{array} \qquad \text{DC}\,.$$

Caso particular. Si h es *suprayectivo*, j es la aplicación idéntica de $h(E) = E'$ sobre E'; $\beta = i$ y (4) se escribe:

(4') $$h = i \circ \gamma \,;$$

tenemos aquí el diagrama

$$\begin{array}{ccc} E & \overset{h}{\twoheadrightarrow} & E' \\ {\scriptstyle\gamma}\downarrow & \nearrow{\scriptstyle i} & \\ E/\mathcal{R} & & \end{array} \qquad \text{DC}\,.$$

Resulta claro que, con la condición de reemplazar los grupoides con operadores por *conjuntos*, los homomorfismos por *aplicaciones*, etc., se tiene, en teoría de conjuntos, un teorema análogo al teorema 1. Inversamente, vamos a dar en forma general referida a conjuntos un teorema que se aplica, en particular, a los homomorfismos.

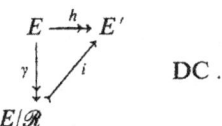

Teorema 2. *En la composición de aplicaciones,*

a) *toda aplicación suprayectiva* $h: A \twoheadrightarrow B$ *es simplificable por la derecha;*

$$A \xrightarrow{h} B \underset{g}{\overset{f}{\rightrightarrows}} C$$

(6) $$f \circ h = g \circ h \quad \text{implica} \quad f = g\ ;$$

b) *toda aplicación inyectiva* $h: B \rightarrowtail C$ *es simplificable por la izquierda:*

$$A \underset{g}{\overset{f}{\rightrightarrows}} B \overset{h}{\rightarrowtail} C$$

$$h \circ f = h \circ g \quad \text{implica} \quad f = g\ .$$

La igualdad (6) significa: $(\forall a \in A)$, $f[h(a)] = g[h(a)]$; h suprayectiva, cuando a describe A, $h(a) = b$ describe B. Tenemos pues:

$$(\forall b \in B) \qquad f(b) = g(b)\,,$$

es decir, $f = g$.

La igualdad (7) significa: $(\forall a \in A), h[f(a)] = h[g(a)]$, de donde, al ser h inyectiva: $(\forall a \in A), f(a) = g(a)$, es decir, $f = g$.

Demos aún un teorema muy general, de nuevo en forma algebraica. En un grupoide multiplicativo E provisto de un dominio de operadores Δ, consideremos dos congruencias $\mathscr{C}$ y $\mathscr{D}$ que verifican $\mathscr{C} \subseteq \mathscr{D}$ ("*$\mathscr{C}$ contenida en $\mathscr{D}$*", o "más fina" que $\mathscr{D}$) lo que significa: $x\,\mathscr{C}\,y$ *implica* $x\,\mathscr{D}\,y$. Entonces la clase $C = \mathscr{C}(x)$ de los elementos equivalentes a x módulo $\mathscr{C}$ está contenida en la clase $D = \mathscr{D}(x)$ de los elementos equivalentes a x módulo $\mathscr{D}$. Asociando a todo elemento C del conjunto cociente $E/\mathscr{C}$ este elemento D de $E/\mathscr{D}$, definimos una aplicación μ de $E/\mathscr{C}$ en $E/\mathscr{D}$. Además, μ es *suprayectiva* pues si damos una clase $D \in E/\mathscr{D}$ y un representante x de esta clase, tenemos $\mathscr{C}(x) \subseteq D = \mathscr{D}(x)$, y, por lo tanto, $D = \mu(C)$. Finalmente, μ es un homomorfismo: $\mu(CC') = \mu(C)\,\mu(C')$ pues, si x es un representante de C, x' un representante de C', x y x' son también representantes de $D = \mu(C)$ y de $D' = \mu(C')$ y el producto es un representante de CC' y de DD'. Tenemos pues

$$\mu(CC') = DD' = \mu(C)\,\mu(C').$$

Dado esto, puede pasarse de un elemento cualquiera x de E a su clase $\mathscr{D}(x)$ módulo $\mathscr{D}$ asociando en primer lugar a x su clase $C = \mathscr{C}(x)$ módulo $\mathscr{C}$ y después, a ésta, la clase imagen $\mu(C) = D$. Esto significa que el homomorfismo canónico δ de E sobre $E/\mathscr{D}$ es el compuesto del homomorfismo canónico γ de E sobre $E/\mathscr{C}$ y del homomorfismo suprayectivo $\mu : E/\mathscr{C} \twoheadrightarrow E/\mathscr{D}$ que acabamos de definir: $\delta = \mu \circ \gamma$.

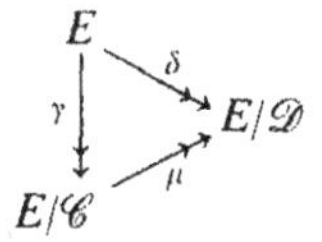

DC .

Enunciemos:

Teorema 3.

a) *Para dos congruencias* $\mathscr{C}$ *y* $\mathscr{D}$ *de un grupoide con operadores E, la inclusión* $\mathscr{C} \subseteq \mathscr{D}$ *implica que existe un homomorfismo "canónico"* μ *del cociente* $E/\mathscr{C}$ *sobre el cociente* $E/\mathscr{D}$, *definido por* $\mu(C) = D$, *clase módulo* $\mathscr{D}$ *que contiene a C.*

b) *El homomorfismo suprayectivo canónico* $\delta : E \twoheadrightarrow E/\mathscr{D}$ *se descompone en factores en la forma*

$$\delta = \mu \circ \gamma .$$

Después de haber recordado, en sus principales formas, la definición de grupo, y dado la de grupo con operadores y, en particular, la de un Δ-grupo, aplicaremos los principios precedentes al estudio de los Δ-grupos. Pero es preciso observar que estos principios se aplican también, como ya lo muestran los teoremas 1, 2, 3, a estructuras mucho más generales que los grupos: de hecho, constituyen el punto de partida para el estudio de las *Algebras universales* (estructuras algebraicas con leyes de composición con un número cualquiera de variables). Por esta razón, algunos resultados fundamentales de la teoría de Grupos (teoremas de isomorfismo, teoría de endomorfismos, etc.) siguen siendo válidos, enunciados convenientemente, para las Algebras universales. A este respecto pueden consultarse:

Cohn, P. M., *Algebra Universal* (Harper y Row, New York, 1965).

Grätzer, G., *Universal Algebra* (Van Nostrand, Princeton, (1967).

Pierce, R. S., *Introduction to the Theory of Abstract Algebras* (Holt, Rinehart y Winston, New York, 1968).

Dos de entre las estructuras algebraicas más generales que los grupos revisten particular importancia:

a) *los casi-grupos:* Un casi-grupo es un conjunto Q provisto de una ley de composición interna $(\cdot)$ tal que, para todo par $(a, b) \in Q^2$, existe un cociente por la derecha único q $(aq = b)$ y un cociente por la izquierda único q' $(q'a = b)$; cfr. R. H. Bruck, A survey of binary Systems, *Ergebnisse der Mathem.*, 20 (Springer, Berlín, 1958);

b) los *semigrupos;* un semigrupo es un conjunto D provisto de una ley de composición interna (.) que es *asociativa* (cfr. A. H. Clifford y G. B. Preston, The algebraic Theory of Semigroups, *Math. Surveys*, no. 7, Amer. Math. Soc., 1961).

§ 2. *GRUPOS Δ-GRUPOS*

a) CONCEPTO DE GRUPO

La noción de grupo puede definirse mediante un gran número de sistemas de axiomas, equivalentes lógicamente. Nos limitaremos a los más importantes y partiremos del siguiente:

Σ

I. Un grupo G es un conjunto provisto de una ley de composición interna *asociativa*, es decir, (en notación multiplicativa):

$$(\forall x, y, z \in G) \qquad (xy)z = x(yz) .$$

II. G posee al menos un elemento neutro e:

$$(\forall x \in G) \qquad ex = xe = x$$

y por lo tanto G *no es vacío.*

III. Todo elemento x posee por lo menos un *inverso* (o simétrico) x^{-1} con respecto a e:

$$xx^{-1} = e = x^{-1}x .$$

Consecuencias

G verifica la *regla de simplificación:*

IV. $ax = ay \Longrightarrow x = y$ y $xa = ya \Longrightarrow x = y$

(se comprueba multiplicando por a^{-1} la primera igualdad, por la izquierda o por la derecha, y utilizando I y II). IV implica la *unicidad* del elemento neutro y del simétrico.

V. La ecuación en X:

$$ax = m$$

tiene la *solución única* $x = a^{-1}m$;*la ecuación en* y:

$$ya = m$$

tiene la solución única $y = ma^{-1}$: G verifica pues *la existencia y la unicidad de los cocientes por la derecha y por la izquiera;* por otra parte, la unicidad se deduce de IV.

El axioma de la *existencia* de por lo menos un cociente por la derecha y de por lo menos un cociente por la izquierda, se designará por V'.

Si la ley de composición es *conmutativa,* el grupo se llama *abeliano.* En este caso, se emplea con frecuencia la *notación aditiva.* El siguiente cuadro muestra las diferentes notaciones y terminologías utilizadas:

Notación general	Notación multiplicativa	Notación aditiva
$r = a \top b$	$r = ab$	$r = a + b$
elemento neutro *e;* a veces ε	elemento unidad *e* o 1	elemento cero, 0 ; a veces θ
simétrico: x^*	inverso : x^{-1}	opuesto : $-x$

En principio, utilizaremos la *notación multiplicativa.*

Inverso de un producto

El inverso del producto ab es $b^{-1}a^{-1}$, puesto que:

$$(ab)(b^{-1}a^{-1}) = [a(bb^{-1})]a^{-1} = (ae)a^{-1} = aa^{-1} = e .$$

$$(ab)^{-1} = b^{-1}a^{-1}$$

y, de forma general,

$$(x_1 \ldots x_k)^{-1} = x_k^{-1} \ldots . x_1^{-1} .$$

Resulta cómodo hacer, para un elemento a cualquiera del grupo $G, a^0 = e$ y, si λ es un entero, negativo, $a^\lambda = (a^{-1})^{|\lambda|}$. Se tiene entonces, como es fácil comprobar:

$$(\forall \lambda, \mu \in \mathbf{Z}) \qquad a^\lambda a^\mu = a^{\lambda+\mu} ,$$

(**Z** designa al conjunto de los enteros de cualquier signo, o sea de los enteros relativos).

Principales sistemas de axiomas equivalentes al sistema Σ

El sistema Σ implica evidentemente el sistema:

Σ'

I'. Ley interna *asociativa.*

II'. Existe al menos un *elemento neutro por la derecha e:*

$$(\forall x \in G) \qquad xe = x .$$

III'. Con relación a *e*, todo elemento x de G admite por lo menos un *inverso por la derecha x':*

$$xx' = e .$$

De hecho,

Teorema 1. *Σ' implica Σ, por lo que Σ' y Σ son equivalentes.*

a) *x' es también inverso por la izquierda de x: $x'x = e$. En efecto, hagamos $y = x'x$; tendremos:*

$$y^2 = (x'x)(x'x) = [x'(xx')]x = (x'e)x = x'x = y$$

y por lo tanto, y es idempotente. Según III', existe y' tal que $yy' = e$. O bien,

$$yy' = y^2y' = y(yy') = ye = y$$

y por lo tanto, tenemos $x'x = e$.

b) e es también *elemento unidad por la izquierda:*

$$ex = (xx')x = x(x'x) = xe = x .$$

Otro sistema equivalente a Σ es el sistema Σ'', que se deduce de Σ' reemplazando las palabras "por la derecha" por las palabras "por la izquierda".

Uno cualquiera de los sistemas equivalentes Σ'', Σ', Σ implica el sistema:

Σ_1
- I_a. G es un conjunto *no vacío* provisto de una ley de composición interna *asociativa.*
- V'. G verifica la *existencia de los cocientes.*

De hecho, recíprocamente,

Teorema 2. *Si G verifica el sistema Σ_1, G es un grupo.*

Demostremos que Σ_1 implica Σ. *Como* G no es vacío, sea a un elemento de G. Según V', donde tomamos $m = a$, existe al menos un elemento e de G tal que $ae = a$. Si ahora x es un *elemento cualquiera* de G, existe un elemento q tal que $x = qa$, por lo que

$$xe = (qa)e = q(ae) = qa = x .$$

Queda pues demostrada II'. III', caso particular de V', también lo está, y, por lo tanto, G es un grupo. (puesto que I_a implica 1).

Caso de grupos finitos

El *cardinal* del conjunto soporte de un grupo G (o conjunto subyacente) se llama *orden* del grupo y se designa por $O(G)$. Con frecuencia se dice *grupo finito* en lugar de grupo de orden finito.

La *tabla* de un grupo finito G es el cuadrado que tiene por elementos de filas y de columnas a los elementos de G escritos en el mismo orden: $a_1 = e, a_2, \ldots, a_n$; en la intersección de la fila de elementos x con la columna de elemento y, se inscribe el producto $p = xy$.

$$\begin{array}{c|l} & a_1 = e,\ a_2, \ldots, y, \ldots, a_n \\ \hline a_1 = e & e \ \ldots\ a_2 \ldots y \ldots a_n \\ a_2 & a_2 \ldots \qquad\quad . \\ \vdots & \vdots \qquad\qquad\quad \vdots \\ x & x \ldots\ldots\ldots\ldots p \ldots \\ \vdots & \vdots \qquad\qquad\quad \vdots \\ a_n & a_n \end{array}$$

La regla de simplificación IV significa que un elemento dado figura *como máximo una vez* en cada una de las filas y de las columnas. La existencia de los cocientes V' significa que cada elemento figura *como mínimo una vez* en cada fila y en cada columna. Pero cada fila (o columna) tiene n lugares y el grupo G tiene n elementos, por lo que cada una de las propiedades precedentes implica la otra. Por lo tanto, *en el caso finito, se puede reemplazar el axioma* V' *del sistema* Σ_1 *por la regla de simplificación* IV, lo que nos da el sistema:

Σ_2 $\begin{cases} \text{I}_b. \\ \text{IV}. \end{cases}$

- I_b. G es un conjunto *finito, no vacío,* provisto de una ley de composición *asociativa.*
- IV. G verifica la *regla de simplificación.*

Ejemplos de grupos

Remitimos a los cursos anteriores y a las obras elementales para estudiar los ejemplos habituales de grupos, tomados con mucha frecuencia de la aritmética o de la geometría.

Pero recordemos que, para todo conjunto $E(\neq \varnothing)$, el conjunto de las *biyecciones* de E sobre sí mismo, provisto de la *composición* $\circ$ *de las aplicaciones, es un grupo, llamado grupo simétrico de* E y designado por $\mathscr{S}(E)$. Excepto en un isomorfismo,

$$\begin{array}{ccc} E & \overset{\beta}{\rightarrowtail\!\!\twoheadrightarrow} & F \\ {\scriptstyle f}\updownarrow & & \updownarrow{\scriptstyle g} \\ E & \underset{\beta}{\rightarrowtail\!\!\twoheadrightarrow} & F \end{array}$$

el grupo $\mathscr{S}(E)$ *no depende más que del cardinal de* E. En efecto, sea F la imagen de E por una biyección β. Si f es una biyección de E sobre sí mismo, la aplicación $g = \beta \circ f \circ \beta^{-1}$ es una biyección de F sobre sí mismo. La aplicación φ de $\mathscr{S}(E)$ en $\mathscr{S}(F)$ definida por $\varphi(f)=g$ es una biyección y, puesto que tenemos:

$$\begin{aligned}\varphi(f)\circ\varphi(f_1) &= (\beta\circ f\circ\beta^{-1})\circ(\beta\circ f_1\circ\beta^{-1})\\ &= \beta\circ(f\circ f_1)\circ\beta^{-1} = \varphi(f\circ f_1)\,,\end{aligned}$$

φ es un *isomorfismo* de $\mathscr{S}(E)$ sobre $\mathscr{S}(F)$.

Por esta razón, si E es finito y de orden n, el grupo simétrico $\mathscr{S}(E)$ se designa por $\mathscr{S}_n$. En este caso las biyecciones de E toman el nombre de *permutaciones:* el orden de $\mathscr{S}_n$ es el número de permutaciones distintas de n objetos, o sea $n!$ (demostración por recurrencia sobre n).

Tomemos para E el conjunto $\{1, 2, \ldots, n\}$; una permutación σ de E se denota:

$$\sigma = \begin{pmatrix}1 & 2 & \ldots & n\\ \sigma(1) & \sigma(2) & \ldots & \sigma(n)\end{pmatrix}$$

La *permutación idéntica,* que deja fijo todo elemento i, será designada por ϵ. Una *transposición* es una permutación que cambia dos elementos diferentes i y j, dejando fijos todos los demás elementos m: se la escribe (i, j). En el estudio del grupo simétrico (Capítulo III, § 2), resulta cómodo suprimir el símbolo $\circ$ de la composición y emplear la *notación multiplicativa.*

Observemos que, para $n \geqslant 3$, *el grupo simétrico $\mathscr{S}_n$ no es abeliano.* En efecto, se tiene

$$(2,\ 3)\,(1,\ 2) = \begin{pmatrix}1 & 2 & 3 & \ldots & m & \ldots\\ 3 & 1 & 2 & \ldots & m & \ldots\end{pmatrix},$$

$$(1,\ 2)\,(2,\ 3) = \begin{pmatrix}1 & 2 & 3 & \ldots & m & \ldots\\ 2 & 3 & 1 & \ldots & m & \ldots\end{pmatrix}$$

y por lo tanto $(2, 3)(1, 2) \neq (1, 2)(2, 3)$.

Supongamos ahora que el conjunto E está provisto de una ley de composición interna $E\times E \longrightarrow E$ denotada multiplicativamente y consideremos aquellas biyecciones de E sobre E que son *automorfismos* (§ 1). El conjunto de estos automorfismos es también un grupo, que designaremos por Aut(E).

Si además E está provisto de una ley externa $\Delta\times E \longrightarrow E$ denotada multiplicativamente, consideraremos los *automorfismos* de $E(.,\Delta)$ o *Δ-automorfismos* f en el sentido de § 1: $f(xy)=f(x)f(y)$ y $f(\alpha x)=\alpha f(x)$; el conjunto de estos automorfismos es también un grupo, designado por Aut($E(.,\Delta)$) o bien por $\text{Aut}_\Delta(E)$, o incluso, si no hay confusión posible, por Aut (E).

Si por ejemplo E es un *espacio vectorial* sobre un cuerpo conmutativo Δ, las *aplicaciones lineales regulares* de E sobre sí mismo no son otra cosa que sus Δ- automorfismos: la ley interna es la adición y la ley externa es la multiplicación por escalares, es decir, por los elementos del cuerpo Δ. El grupo de estos automorfismos, llamado *grupo lineal,* se designa por GL (E).

Un caso importante es aquel en que el espacio vectorial E, de *dimensión finita n,* está provisto de una *forma bilineal simétrica no degenerada* φ. Se puede referir E a una base $(\vec{e}_1, \ldots, \vec{e}_n)$ tal que φ sea *reducida:* si

$$\overrightarrow{OM} = \sum_{i=1}^{n} x_i \vec{e}_i , \qquad \overrightarrow{OP} = \sum_{j=1}^{n} y_j \vec{e}_j ,$$

$$\varphi(M, P) = \sum_{i,j=1}^{n} a_{ij} x_i y_j \qquad (a_{ij} = a_{ji} \neq 0) .$$

El conjunto G de los Δ-—automorfismos f de E que dejan *invariante* la forma φ, es decir, que verifican la condición

$$\varphi[f(M), f(P)] = \varphi(M, P) \qquad (\forall M, P \in E) ,$$

es también un grupo. En efecto, el automorfismo idéntico Σ pertenece evidentemente a G; las relaciones $f_1, f_2 \in G$ implican

$$\varphi[f_2(f_1(M)), f_2(f_1(P))] = \varphi(M, P) ,$$

es decir, $f_2 \circ f_1 \in G$; finalmente, $f \in G$ implica $f^{-1} \in$ G, pues si $f^{-1}(M) = M', f^{-1}(P) = P'$. se tiene $\varphi(M, P) = \varphi[f(M'), f(P')] = \varphi(M', P')$, es decir, $\varphi[f^{-1}(M), f^{-1}(P)] = \varphi(M,P)$ por lo tanto $f^{-1} \in G$. Este grupo G recibe el nombre de *grupo de los automorfismos de* φ y se designa por GL (φ).

Casos particulares

1) Si se toma

$$a_{ij} = 0 \text{ } para \text{ } i \neq j , \quad a_{ii} = 1, \text{ y por tanto } \varphi(M, P) = \sum_{i=1}^{n} x_i y_i$$

(producto escalar euclídeo), el grupo G es el *grupo ortogonal* $O(n, \Delta)$ con n variables.

2) Si $n = 4$ y si

$$\varphi(M, P) = x_1 y_1 + x_2 y_2 + x_3 y_3 - c x_4 y_4 \qquad (c > 0) .$$

Se obtiene un grupo G importante en física (c es entonces la velocidad de la luz). Si además se impone a los automorfismos f la condición de que conserven el semiespacio $x_4 > 0$ (x_4 es aquí el tiempo t) y que tengan una matriz de determinante $+1$, se obtiene un grupo G' ($\subset G$) *que es el grupo de Lorentz.*

Indiquemos también un procedimiento inmediato, pero muy importante, para construir nuevos grupos a partir de grupos conocidos. Consideremos dos grupos, $G_1(.)$, $G_2(.)$, *distintos o no,* y sea $P = G_1 \times G_2$ el *producto cartesiano* de los conjuntos subyacentes, es decir, el conjunto de los pares (x_1, x_2) donde x_i recorre G_i $(i = 1, 2)$.

Proveemos ahora a P de la ley de composición

$$(x_1, x_2)(y_1, y_2) = (x_1 y_1, x_2 y_2) .$$

Evidentemente, esta ley es asociativa, como las de G_1 y G_2. P admite el elemento unidad (e_1, e_2) (e_i, elemento unidad de G_i) y (x_1, x_2) tiene a (x_1^{-1}, x_2^{-1}) como inverso. El grupo así obtenido recibe el nombre de *producto directo* de G_1 por G_2 y se denota por $G_1 \times G_2$.

Este procedimiento se extiende a una familia cualquiera $(G_\lambda)_{\lambda \in \Lambda}$ de grupos, distintos o no. Posteriormente estudiaremos este producto directo en su forma general (Capítulo IV, § 10).

b) GRUPOS CON OPERADORES, Δ- GRUPOS

Noción de Δ –grupo

Un grupo G provisto de un *dominio de operadores* Δ y de una *ley externa por la* izquierda por ejemplo, es decir, de una aplicación

$$\Delta \times G \longrightarrow G ,$$

toma el nombre de *grupo con operadores.* La ley externa la denotaremos multiplicativamente, como en § 1.

Resulta natural asociar a todo operador α la aplicación $f_\alpha : G \longrightarrow G$ definida por

$$f_\alpha(x) = \alpha x .$$

Por supuesto, puede ocurrir $f_\alpha = f_\beta$ siendo $\alpha \neq \beta$; si, por el contrario, $f_\alpha = f_\beta$ implica $\alpha = \beta$, el dominio de operadores Δ se llama *reducido.*

En particular, puede tomarse como dominio de operadores Δ un conjunto $\Delta = \{ \alpha, \beta, \dots \}$ de *aplicaciones* $\alpha, \beta, \dots$, de G en sí mismo, definiendo la ley externa $\Delta \times G \longrightarrow G$ en la forma: $\alpha x = \alpha(x)$. Tal dominio de operadores es, *ipso facto,* reducido.

Para tener una teoría más simple y de mejores resultados, haremos, sobre el dominio de operadores Δ, la siguiente hipótesis.

Definición. Un operador α es *distributivo* si se tiene

(1) $$\alpha(xy) = (\alpha x)(\alpha y) \qquad (\forall x, y \in G) .$$

Esta condición puede escribirse también

$$f_\alpha(xy) = f_\alpha(x) . f_\alpha(y)$$

por lo que expresa que *la aplicación f_α de G en G asociada a α es un endomorfismo de*

$G(.)$: $f_\alpha \in \text{End}(G)$ donde $\text{End}(G)$, designa al conjunto de los endomorfismos de $G(.)$. Ello implica de forma inmediata (tomando $y = e$, elemento unidad de G)

(1a) $$f_\alpha(e) = \alpha e = e .$$

Todo operador distributivo deja invariable al elemento neutro del grupo.

Además, tenemos:

(1b) $$(\forall x \in G) \qquad (\alpha x)^{-1} = \alpha . x^{-1}$$

pues

$$(\alpha x)(\alpha x^{-1}) = \alpha(x x^{-1}) = \alpha e = e .$$

Definición. El dominio de operadores Δ es *distributivo* si *todo* operador $\alpha \in \Delta$ es distributivo. Esto es lo que supondremos en todo lo que sigue, y llamaremos Δ*-grupo* a un grupo G *provisto de un dominio de operadores distributivo* Δ

Observaciones. Si la ley de grupo se denota *aditivamente,* (1) se escribe

(1') $$\alpha(x + y) = \alpha x + \alpha y$$

(forma usual de la propiedad distributiva).

Recíprocamente, tomemos como conjunto Δ una parte (no vacía) del conjunto de los endomorfismos de G y hagamos

$$\alpha . x = \alpha(x) \qquad (\forall \alpha \in \Delta, \forall x \in G) .$$

Para la ley externa así definida, se verifica la condición (1).

Así obtenemos, según la elección de $\Delta \subseteq \text{End}(G)$, una multitud de ejemplos de Δ-grupo. Los más importantes son los siguientes:

$\Delta_1 = \text{End}(G)$, conjunto de *todos los endomorfismos de* $G(.)$;

$\Delta_2 = \text{Aut}(G)$, conjunto de *todos los automorfismos de* $G(.)$;

$\Delta_3 = \text{Int}(G)$, conjunto de todos los *automorfismos internos de* $G(.)$, definidos de la siguiente forma. A un elemento dado a de G asociemos la aplicación α de G en G definida por

$$\alpha(x) = axa^{-1} .$$

α es una *biyección* (α es inyectiva según la regla de simplificación, y suprayectiva puesto que se tiene: $axa^{-1} = g$ ($\in G$) para $x = a^{-1}ga$); además

$$\alpha(x).\alpha(y) = axa^{-1}aya^{-1} = a(xy)a^{-1} = \alpha(xy) .$$

Por lo tanto α es un automorfismo, llamado *automorfismo interno* asociado a a.

$\Delta_4 = \{ \varepsilon \}$, reducido al automorfismo idéntico $\varepsilon[\varepsilon(x) = x \ (\forall x \in G)]$.

Se tiene $$\Delta_4 \subseteq \Delta_3 \subseteq \Delta_2 \subseteq \Delta_1 .$$

Observación. Un grupo *abeliano* G no tiene otro automorfismo interno que el automorfismo idéntico $\varepsilon : \Delta_3 = \Delta_4$; por otra parte, la conmutatividad implica que la biyección f definida por $f(x) = x^{-1}$ es un automorfismo, de donde se tiene la inclusión estricta $\Delta_3 \subset \Delta_2$, ya que G tiene por lo menos un elemento no involutivo, es decir, distinto de su inverso.

Caso en que el dominio de operadores Δ está provisto de una o varias leyes de composición $\top \circ$..; módulos, espacios vectoriales.

Se puede tener *distributividad por la derecha* de la ley externa con relación a una de las operaciones, $\top$, de Δ:

(2) $$(\alpha \top \beta)\, x = (\alpha x)\,(\beta x)$$

que se escribe, si la ley de grupo de G se denota aditivamente (lo que en general se hace, si G es *abeliano*), en la forma más familiar:

(2′) $$(\alpha \top \beta)\, x = \alpha x + \beta x\,.$$

Se puede tener *asociatividad mixta* para una de las operaciones, $\circ$, de Δ y la ley de composición externa:

$$(\alpha \circ \beta)\, x = \alpha(\beta x)\,.$$

Ocurre así, especialmente, cuando Δ es un *conjunto de endomorfismos* de G, si $\circ$ designa la *composición* de los endomorfismos y si Δ es *estable* para esta composición (lo cual se verifica para los conjuntos Δ_1, Δ_2, Δ_3 y Δ_4 indicados más arriba).

Caso particular. Tomemos para Δ un anillo A; supongamos por otra parte que G sea un grupo *abeliano* y denotémosle *aditivamente.* Si las condiciones:

(1′) $\alpha(x + y) = \alpha x + \alpha y \qquad (\forall \alpha \in A), \quad (\forall x, y \in G)\,,$

(2′) $(\alpha + \beta)\, x = \alpha x + \beta x\,,$

(3′) $(\alpha\beta)\, x = \alpha(\beta x)\,,$

se verifican, se dice que G es un *módulo por la izquierda sobre el anillo* A, o, más brevemente, un *A-módulo por la izquierda.*

Si A posee un elemento unidad ε $(\varepsilon\alpha = \alpha\varepsilon = \alpha (\forall \alpha \in A))$ se dice que ϵ es *operador unidad* si se tiene:

$$\varepsilon x = x \qquad (\forall x \in G)\,,$$

y que G es un *A-módulo unitario.*

Ejemplos

1) *Todo grupo abeliano G es un* **Z***-módulo unitario.* Se observará que si G es, por ejemplo, el grupo aditivo $\mathbf{Z}/n\mathbf{Z}$ de los enteros módulo n, el dominio de operadores $\mathbf{Z}$ no es reducido: $\alpha \equiv \beta(n)$ es suficiente para que $f_\alpha = f_\beta$.

2) Supongamos que el anillo A es *conmutativo:* el anillo $A[x]$ de los *polinomios* en x como coeficientes en A es un A-módulo (por la izquierda).

3) Todo *super-anillo B* de un anillo A es un A-módulo (por la izquierda o por la derecha).

4) Si A es un *cuerpo K,* un K-módulo (por la izquierda) *unitario* no es otra cosa que un *espacio vectorial* (por la izquierda) sobre K. *Todo super-cuerpo de K es un espacio vectorial (por la izquierda, y lo mismo por la derecha) sobre K;* $K[x]$ (K conmutativo), es un espacio vectorial sobre K. Recordemos que, para todo cuerpo K y todo entero natural n, el producto cartesiano K^n puede, de forma evidente, ser provisto de una estructura de espacio vectorial: la adición de los elementos $(x_1, \ldots, x_n)$ de K^n se define componente a componente, y la ley externa (multiplicación por los "escalares", es decir, por los elementos de K), se define por

$$\alpha(x_1, \ldots, x_n) = (\alpha x_1, \ldots, \alpha x_n) \qquad (\alpha \in K).$$

Propiedades (inmediatas). Sea M un *A-módulo,* designemos por 0 el cero de A, por $\bar{0}$ el de M (distinción que con frecuencia se omite en la práctica). Para todo elemento m de M y todo operador $\alpha \in A$, tenemos:

$$\alpha m = (\alpha + 0)\, m = \alpha m + 0m \quad \text{de donde } \alpha\bar{0} = \bar{0}\cdot$$

$$\alpha m = \alpha(m + \bar{0}) = \alpha m + \alpha\bar{0} \quad \text{de donde } 0m = \bar{0},$$

Sea ahora E un *espacio vectorial* sobre el *cuerpo k. Si se tiene* $\alpha x = \bar{0}$ $(x \in E)$ *con* $\alpha \neq 0$, α posee en K un inverso α^{-1}, y tenemos

$$\alpha^{-1}(\alpha x) = \alpha^{-1}\,\bar{0} = \bar{0}$$

$$= (\alpha^{-1}\,\alpha)\, x = \varepsilon x = x \quad \textit{luego} \quad x = \bar{0}\,;$$

(en consecuencia también: $\alpha x = \bar{0}$ con $x \neq \bar{0}$ implica $\alpha = 0$).

§ 3. *SUBGRUPOS, Δ-SUBGRUPOS*

a) DEFINICIÓN DE SUBGRUPO; CONDICIONES NECESARIAS Y SUFICIENTES

Para toda *parte estable S* de un grupo G (ver § 1), puede hablarse de la *restricción* a S de la ley de composición de G*:* si S, provisto de esta ley de restricción, es un grupo, se dice que S es un *subgrupo* de G.

Si es así, S admite un elemento neutro e' y tenemos, designando por e el elemento neutro de G (y con la notación multiplicativa) las igualdades:

$$e'^2 = e' = e'e$$

de donde $e' = e$. Así pues, *S contiene necesariamente al elemento unidad e de G.*

Por otra parte, todo elemento s de S tiene, *en el grupo S,* un inverso por la derecha s' con respecto a e. Tiene también, *en G,* un inverso s^{-1} y las igualdades $ss' = e = ss^{-1}$ implican $s' = s^{-1}$. Teniendo en cuenta la estabilidad, esta condición: « $s \in S$ implica $s^{-1} \in S$ » implica, *siempre que S sea* **no vacío**, $e \in S$.

Recíprocamente, si S es una parte *estable* **no vacía**, *conteniendo* al mismo tiempo que un elemento s su inverso s^{-1}, S contiene al elemento neutro e y es evidentemente un subgrupo, lo que permite enunciar:

Teorema 1. *Para que una parte* **no vacía** *S de un grupo G sea un subgrupo de G, es necesario y suficiente que sea estable para la ley de grupo y que contenga, al mismo tiempo que a un elemento s, a su inverso s^{-1} (estabilidad para el paso al inverso).*

Corolarios.

1) *Si K es un subgrupo de H y H subgrupo de G, K es un subgrupo de G.*
2) *Toda intersección de subgrupos de un grupo G es un subgrupo de G.*

Notación. Para escribir que S es *subgrupo* de G, se utiliza generalmente la notación de conjuntos : $S \subseteq G$. Para evitar cualquier confusión, se escribirá, para una parte cualquiera X, $X \in \mathscr{P}(G)$, donde $\mathscr{P}(G)$ designa al conjunto de las partes de G.

Las dos condiciones del teorema 1 pueden reemplazarse por una condición única, y además de dos formas:

Teorema 2. *Para que una parte no vacía S de un grupo G sea un subgrupo de G, es necesario y suficiente que contenga, al mismo tiempo que dos elementos x, y de G (distintos o no), el producto xy^{-1} — o, simétricamente, $x^{-1}y$.*

Según el teorema 1, la condición es necesaria; demostremos que es suficiente. Sea s un elemento de $S (\neq \varnothing)$; tenemos $ss^{-1} = e \in S$, luego $es^{-1} = s^{-1} \in S$ y, finalmente, si $s_1 \in S$, $s_1(s^{-1})^{-1} = s_1 s \in S$. Las dos condiciones del teorema 1 se satisfacen y S es un subgrupo.

Interpretación. Hagamos $xy^{-1} = q$; q es pues el único elemento de G que verifica $qy = x$. La condición del teorema 2 se escribe:

$$(qy \in S \text{ y } y \in S) \quad \textit{implica} \quad q \in S .$$

Bajo esta forma, tiene sentido cuando G es un conjunto provisto de una ley de composición interna cualquiera (denotada multiplicativamente); una parte S que tenga esta propiedad recibe el nombre de *unitaria por la derecha* (porque una parte reducida con *un elemento unidad por la derecha, y,* tiene evidentemente esta propiedad). El teorema 2 significa pues que los subgrupos de un grupo G son las partes unitarias por la derecha de G; simétricamente, son también las partes unitarias por la izquierda. Así, *en un grupo G, toda parte unitaria por la derecha es unitaria por la izquierda* y recíprocamente, lo que ya no es cierto en las estructuras más generales que los grupos: incluso cuando no existe conmutatividad, un grupo posee una cierta simetría.

b) EJEMPLOS

1) G y $E = \{ e \}$ son *subgrupos* de G. Un subgrupo S de G, distinto de los dos anteriores (si existe), recibe el nombre de *subgrupo propio.*

2) Para todo elemento a de un grupo G, del conjunto

$$A = \{ a^\lambda \mid \lambda \in \mathbf{Z} \}$$

de las potencias de a (que no es preciso que sean todas distintas) es un subgrupo de G llamado *subgrupo monógeno engendrado por a* y designado por (a). Si A no tiene más que un número *finito* de elementos diferentes, se habla del *subgrupo cíclico* engendrado por a. El orden $O(a)$ de este subgrupo cíclico se llama también *orden del elemento a.* Es el menor entero positivo n tal que se tenga $a^n = e$; los elementos $e, a, \ldots, a^{n-1}$ son *distintos* y toda potencia a^λ de a es igual a uno de ellos (como puede verse efectuando la división con resto de λ por n). Se tiene $a^\lambda = e$ si y sólo si λ es múltiplo de n. Un elemento x de orden 2: $x^2 = e$ o $x = x^{-1}$, se dice *involutivo.*

En el caso anterior, $O(a) < \infty$, el elemento a se llama *periódico,* mientras que un elemento tal que todas sus potencias sean diferentes, se llama *aperiódico* (o de orden infinito). Un *grupo periódico* es un grupo tal que todos sus elementos son periódicos. Si todo elemento de un grupo G, con excepción del elemento unidad e, es de orden infinito, se dice que G es un *grupo sin torsión* (o aperiódico).

Si existe en un grupo G un elemento (al menos) g tal que $G = (g)$, recibe el nombre de *monógeno (cíclico,* si es de orden finito); g es un *generador* de G.

3) Tomemos como grupo G el grupo $\mathscr{S}(M)$ de las biyecciones de un conjunto M. Por ser muy grande este grupo, se trabaja con frecuencia con subgrupos que tengan una u otra propiedad restrictiva. Por ejemplo, si M es el conjunto de los puntos del plano, en geometría se utiliza el subgrupo de las *isometrías,* es decir, de las biyecciones f que conservan las distancias: $(\forall a, b \in M)\ d(f(a), f(b)) = d(a, b)$; también el grupo de los automorfismos de la forma bilineal $x_1 x_2 + y_1 y_2$ en el espacio $\mathbf{R}^2$ relacionado con una referencia ortogonal. Γ admite como subgrupos al conjunto T de las traslaciones paralelas a una dirección dada Δ, al conjunto R de las rotaciones alrededor de un punto dado O, etc.

También se puede, dado un subgrupo H de $G = \mathscr{S}(M)$, considerar el conjunto de las *biyecciones pertenecientes a H que dejan fijo un elemento a de M: $f(a) = a$,* este conjunto es un subgrupo H_a de H llamado *estabilizador* de a en H.

c) CÁLCULO DE LAS PARTES

En primer lugar, sea G un *conjunto provisto de una ley de composición,* denotada multiplicativamente. Propongámonos definir, a partir de esta ley, una multiplicación en el conjunto de las partes de G, $\mathscr{P}(G)$.

Si A y B son dos partes *no vacías,* hacemos :

$$AB = \{ ab, a \in A, b \in B \} .$$

Para una parte $\{ m \}$ formada por un solo elemento, se escribe Am en lugar de $A \{ m \}$.

Por otra parte, hagamos

$$(\forall X \in \mathscr{P}(G)) \qquad X\varnothing = \varnothing X = \varnothing .$$

La asociatividad de la multiplicación de G implica de forma inmediata la *asociatividad* de la multiplicación así definida en $\mathscr{P}(G)$. Por otra parte, tenemos las siguientes *reglas de cálculo:*

(1) $\qquad A \subseteq A'$ *implica* $AB \subseteq A'B$, $CA \subseteq CA'$ *(isotonía),*

(2) $\qquad A . \bigcup_{X \in \mathscr{F}} X = \bigcup_{X \in \mathscr{F}} AX, \qquad \left(\bigcup_{X \in \mathscr{F}} X\right) . A = \bigcup_{X \in \mathscr{F}} XA ,$

(propiedad distributiva general de la multiplicación con respecto a la unión). En efecto, según (1), tenemos $AX \subseteq A . \bigcup_{X \in \mathscr{F}} X$ para toda parte $X \in \mathscr{F}$, por lo que $\bigcup_{X \in \mathscr{F}} AX \subseteq A . \bigcup_{X \in \mathscr{F}} X$; por otra parte, si ar es un elemento de $A . \bigcup_{X \in \mathscr{F}} X$, existe $X_0 \in \mathscr{F}$ tal que r pertenezca a X_0 y $ar \in AX_0 \subset \bigcup_{X \in \mathscr{F}} AX$. Tenemos pues $A. \bigcup_{X \in \mathscr{F}} X \subset \bigcup_{X \in \mathscr{F}} AX$, de donde queda justificada la igualdad

Para la *intersección,* se tiene solamente

(3) $\qquad A . \bigcap_{X \in \mathscr{F}} X \subseteq \bigcap_{X \in \mathscr{F}} AX ,$

consecuencia inmediata de (1), y lo mismo

$$\left(\bigcap_{X \in \mathscr{F}} X\right) . A \subseteq \bigcap_{X \in \mathscr{F}} XA .$$

Demostremos que la inclusión puede muy bien ser estricta. En el grupo G de las biyecciones del conjunto de los puntos del plano en sí mismo, consideremos el subgrupo X_1 de las rotaciones alrededor de un punto O_1, el subgrupo X_2 de las rotaciones alrededor de un punto $O_2 \neq O_1$ y el subgrupo A de las traslaciones. Tenemos $X_1 \cap X_2 = I$, aplicación idéntica del plano sobre sí mismo, por lo que

$$(X_1 \cap X_2) A = A ,$$

denotando multiplicativamente la composición. Por otra parte, $X_1 A$ es el grupo D de los desplazamientos. Si en efecto f es un desplazamiento, si $P_1 = f^{-1}(O_1)$ y si t es la traslación definida por el vector $\overrightarrow{O_1P_1}$, ft es un desplazamiento que deja O_1 fijo, por lo que $ft \in X_1$ de donde $f \in X_1 t^{-1} \subseteq X_1 A$. Así $X_1 A = D$; del mismo modo $X_2 A = D$ y en consecuencia $X_1 A \cap X_2 A = D$.

Siendo A una parte del grupo G, designemos por A^- al conjunto de los inversos a^{-1} de los elementos a de A (la notación A^{-1} debe evitarse, pues A^{-1} no tiene, en general, el significado de inverso de A con respecto al elemento neutro $E = \{ e \}$ se tiene solamente $E \subseteq AA^-$).

Se tiene: $$(AB)^- = B^- A^-.$$

El teorema 1 relativo a los subgrupos puede enunciarse:

Para que una *parte no vacía* (o *compleja*) S de un grupo G sea un *subgrupo* de G, es necesario y suficiente que se tenga:

$$S^2 \subseteq S \qquad S^- \subseteq S.$$

Estas inclusiones implican por otra parte las igualdades correspondientes: en efecto, tenemos $S = ES \subseteq S^2$ (puesto que $e \in S$) y $S = (S^-)^- \subseteq S^-$.

Teorema 3. *Para todo subgrupo S de un grupo G y para todo complejo K contenido en S, se tiene:*

$$KS = S, \qquad SK = S.$$

La inclusión $K \subseteq S$ implica $KS \subseteq S^2 = S$. Recíprocamente, si $k \in K$, existe para todo $s \in S$ un elemento $x \in S$ tal que $s = kx$, de donde $S \subseteq kS \subseteq KS$.

En particular ($\forall s \in S$), *se tiene* $sS = Ss = S$.

Consideremos *dos subgrupos* A y B del grupo G, su producto

$$AB = \{ ab, a \in A, b \in B \},$$

y busquemos con qué condición este producto es él mismo un subgrupo S de G.

Si es así, tenemos

$$AB = S = S^- = B^- A^- = BA,$$

los dos subgrupos A y B son *permutables*. Recíprocamente, si $AB = BA$, tenemos, haciendo $AB = P$,

$$P^2 = A(BA)B = A(AB)B = A^2 B^2 = AB = P$$

y

$$P^- = B^- A^- = BA = AB = P.$$

En consecuencia, P es un *subgrupo* de G. Así:

Teorema 4. *Para que el producto AB de dos subgrupos A y B de un grupo G sea un subgrupo de G, es necesario y suficiente que A y B sean permutables: $AB = BA$.*

En particular, en un grupo G *abeliano*, el producto de dos subgrupos es siempre un subgrupo.

Observación. La propiedad de que todo elemento a de A conmute con todo elemento b de B, $ab = ba$, implica la permutabilidad $AB = BA$, pero es una *propiedad más fuerte.* $AB = BA$ significa solamente que, cualesquiera que sean a contenido en A y b contenido en B, existen $a' \in A$ y $b' \in B$ tales que $ab = b'\,a'$ y existen $a'' \in A$, $b'' \in B$ tales que $ba = a''\,b''$.

Si $A_1, A_2, \ldots, A_k$ son k *subgrupos permutables dos a dos,* A_3 es permutable con el producto $A_1\,A_2$, etc. y la aplicación repetida del teorema 4 muestra que *el producto* $A_1 A_2 \ldots A_k$ $(=\{a_1\,a_2 \ldots a_k, a_i \in A_i\})$ *es un subgrupo de G.*

d) Δ–SUBGRUPOS. MÓDULOS

Dada una parte X de un Δ–grupo G, hagamos:

$$\Delta X = \{\, \alpha x \,;\, \alpha \in \Delta,\ x \in X \,\} .$$

Definición. Se llama *Δ–subgrupo* de un Δ–grupo G a todo *subgrupo* H de G que verifica la condición

$$\Delta H \subseteq H . \tag{4}$$

Se dice también que el subgrupo H es *lícito* (para el dominio de operadores Δ).

G mismo es Δ–subgrupo de G. El subgrupo $E = (e)$ reducido al elemento neutro, es también Δ–subgrupo de G, puesto que, siendo Δ *distributivo*, tenemos $\alpha e = f_\alpha(e) = e$ (§ 2).

Para el dominio de operadores $\Delta = \Delta_1 = \mathrm{End}\,(G)$, los Δ–subgrupos se llaman *subgrupos completamente invariantes* de G.

Para $\Delta = \Delta_2 = \mathrm{Aut}\,(G)$, los Δ–subgrupos toman el nombre de *subgrupos característicos.* Por definición, un subgrupo H de G es característico si se tiene: $\varphi(H) \subseteq H$ para todo automorfismo φ de G. Pero también se debe tener, para el automorfismo inverso φ^{-1}: $\varphi^{-1}(H) \subseteq H$, de donde $H \subseteq \varphi(H)$ y en consecuencia $\varphi(H) = H$.

Para $\Delta = \Delta_3 = \mathrm{Int}\,(G)$, los Δ–subgrupos reciben el nombre de subgrupos *normales.* Recordemos que un automorfismo interior α se define, a partir de un elemento dado a de G, por

$$\alpha(x) = axa^{-1} .$$

El automorfismo inverso α^{-1} viene definido por

$$\alpha^{-1}(x) = a^{-1}xa\ ;$$

es también un automorfismo *interno*. De ello resulta que, para todo subgrupo normal N de G, se tiene $\alpha N \subseteq N$ y $\alpha^{-1} N \subseteq N$ para todo $\alpha \in \mathrm{Int}\,(G)$, por lo que $\alpha N = N$, es decir:

$$(\forall a \in G) \qquad aNa^{-1} = N \quad \text{.o} \quad aN = Na\ .$$

Como un subgrupo normal N es permutable con todo elemento a de G, es también permutable con todo subgrupo A de G. En consecuencia, *el producto AN de un subgrupo A cualquiera con un subgrupo normal N, es un subgrupo de G.*

Se expresa que un subgrupo N de un grupo G es subgrupo *normal* de G mediante la notación:

$$N \lhd G\ .$$

Si como dominio de operadores tomamos el *dominio* $\Delta = \Delta_4 = \{\ \varepsilon\ \}$ reducido al *operador idéntico* ε, cualquier subgrupo verifica la condición (4): *todo subgrupo es un Δ –subgrupo* (se dice que "los Δ–subgrupos son, aquí, los subgrupos ordinarios").

La distributividad del dominio de operadores Δ implica la siguiente propiedad general.

Proposición 1. *Si A_1, $A_2, \ldots, A_k$ son Δ–subgrupos permutables dos a dos del Δ –grupo G, su producto $P = A_1 A_2 \ldots A_k$ es un Δ–subgrupo de G.*

Sea $p = a_1 a_2 \ldots a_k$ $(a_i \in A_i)$ un elemento del subgrupo P. Para todo operador $\alpha \in \Delta$, tenemos:

$$\alpha p = (\alpha a_1)\,(\alpha a_2) \ldots (\alpha a_k)$$

y $\alpha A_i \in A_i$, puesto que A_i es un Δ–subgrupo; por lo tanto, $\alpha p \in P$

Tomando como dominio de operadores el conjunto Δ_3 de los automorfismos internos de G, vemos que *todo producto $N_1 N_2 \ldots N_k$ de subgrupos normales N_i es un subgrupo normal de G.*

Caso de los A-módulos y de los espacios vectoriales

Un Δ–subgrupo $(\Delta = A)$ de un A-módulo M es un subgrupo (aditivo) M' del grupo (aditivo) M tal que

$$(\forall \alpha \in A)\ (\forall x \in M') \qquad \text{se tenga} \quad \alpha x \in M'\ .$$

Siendo así, se ve que, *para M',* las condiciones (1'), (2) y (3) del § 2 se verifican: *M'* es pues también un *A-módulo.* Resulta entonces natural dar al Δ–subgrupo *M'* el nombre de *submódulo* de *M.*

Si se toma como *A*-módulo por la izquierda *M* al mismo anillo *A,* todo submódulo *I* es lo que se llama un *ideal por la izquierda de A* (subgrupo aditivo tal que, si $x \in I$ $(\forall a \in A)$ $ax \in I$), un *ideal si A es conmutativo.*

Igualmente, si *E* es un espacio vectorial sobre el cuerpo *K,* todo Δ–subgrupo ($\Delta = K$) de *E* es él mismo un espacio vectorial sobre *K:* se le da el nombre de *subespacio* (de *E*).

e) TEOREMAS ELEMENTALES SOBRE LOS Δ–GRUPOS

Antes de aplicar a los Δ–grupos el estudio general realizado en § 1, y en particular el teorema de homomorfismo, vamos a proponer algunos teoremas fundamentales sobre las *relaciones de equivalencia regulares solamente por un lado,* por ejemplo, por la derecha:

$$a \mathcal{R} a' \quad \textit{implica} \quad (\forall x \in G)\,, \quad (ax) \mathcal{R} (a' x)\,.$$

Resultará cómodo llamar *Δ–equivalencia* a toda equivalencia lícita para el dominio de operadores Δ :

$$a \mathcal{R} a' \quad \textit{implica} \quad (\forall \alpha \in \Delta)\,, \quad (\alpha a) \mathcal{R} (\alpha' a')\,.$$

Para toda relación de equivalencia $\mathcal{R}$ definida sobre el Δ–grupo multiplicativo *G,* designamos por $\mathcal{R}(x)$ la clase a la cual pertenece el elemento *x* de *G.* La clase del elemento unidad *e*, $\mathcal{R}(e)$, recibe el nombre de *clase unidad.* Como suponemos que Δ es distributivo, tenemos $\alpha e = e$ $(\forall \alpha \in \Delta)$.

Sean $s, t \in \mathcal{R}(e)$; $s \mathcal{R} t$ implica $(st^{-1}) \mathcal{R} (tt^{-1})$, es decir, $st^{-1} \in \mathcal{R}(e)$. Luego $\mathcal{R}(e)$ es un *subgrupo S* de *G* (teorema 2).

Por otra parte, $x \mathcal{R} a$ implica $(xa^{-1}) \mathcal{R} e$, es decir, $xa^{-1} = s \in S$, $x = sa \in Sa$ y recíprocamente. $\mathcal{R}$ está *determinada* por su clase unidad *S,* y tenemos: $(\forall a \in G)$, $\mathcal{R}(a) = Sa$.

Sea $\alpha \in \Delta$; $s \in S$, es decir, $s \mathcal{R} e$, implica $(\alpha s) \mathcal{R} (\alpha e)$ de donde, puesto que $\alpha e = e$, $\alpha s \in S$: *S* es un *Δ–grupo.* Enunciemos:

Teorema 5. *En un Δ–grupo G, para toda equivalencia regular por la derecha $\mathcal{R}$, la clase unidad $\mathcal{R}(e)$ es un subgrupo S de G; una clase cualquiera $\mathcal{R}(a)$ viene dada por*

$$\mathcal{R}(a) = Sa$$

(dicho en otros términos, $x \mathcal{R} a$ ssi $xa^{-1} \in S$) ; si además $\mathcal{R}$ es una Δ–equivalencia, S es un Δ–subgrupo.

Teorema 6 (recíproco). *Para todo subgrupo S de G, la relación* $\mathcal{R}_S$ *definida por*

$$y \mathcal{R}_S x \quad ssi \quad yx^{-1} \in S \qquad (y \in Sx)$$

es una equivalencia, regular por la derecha, que tiene como clase unidad a S. Si S es un Δ –subgrupo del Δ–grupo G, $\mathcal{R}_S$ *es una Δ–equivalencia*

Se comprueba inmediatamente que $\mathcal{R}_S$ es reflexiva (puesto que $e \in S$), simétrica ($s \in S$ *implica* $s^{-1} \in S$), transitiva ($s_1 \in S$ y $s_2 \in S$ *implican* $s_1 s_2 \in S$). Además, $(\forall g \in G)$ $y \mathcal{R}_S x$ *implica* $(yg) \mathcal{R}_S (xg)$ puesto que

$$yg(xg)^{-1} = ygg^{-1}x^{-1} = yx^{-1} \in S .$$

Evidentemente se tiene $\mathcal{R}_S(e) = S$.
Finalmente, $(\forall \alpha \in \Delta)$, $y \mathcal{R} x$, es decir, $yx^{-1} \in S$, implica, siendo Δ distributivo,

$$(\alpha y)(\alpha x)^{-1} = (\alpha y)(\alpha x^{-1}) = \alpha(yx^{-1}) \in S \quad \text{luego} \quad (\alpha y) \mathcal{R} (\alpha x) .$$

Las clases $\mathcal{R}_S(a) = Sa$ son, por definición, las *clases por la derecha* con respecto al subgrupo S.

Para las equivalencias *regulares por la izquierda,* se tienen los *teoremas simétricos.* Si la clase unidad es el subgrupo S, la clase de a, llamada *clase por la izquierda,* es $aS = {}_S\mathcal{R}(a)$, designándose aquí la equivalencia por ${}_S\mathcal{R}$.

Así, a un subgrupo S de G le corresponden **dos** particiones de G, la partición en clases por la derecha Sa y la partición en clases por la izquierda aS, y por lo tanto **dos conjuntos cocientes:** $G/\mathcal{R}_S$ y $G/{}_S\mathcal{R}$.

Teorema 7. *Para todo subgrupo S de G,* $G/\mathcal{R}_S$ *y* $G/{}_S\mathcal{R}$ *tienen el mismo cardinal, llamado* **índice** *de S en G y designado por* $i(S)$ *(o bien* $i_G(S)$*). Si G es finito, se tiene designando por* $O(G)$ *a su orden:*

$$i(S) = \frac{O(G)}{O(S)} .$$

La biyección f de G sobre G definida por $f(x) = x^{-1}$ aplica la clase por la derecha Sa de a sobre $f(Sa) = a^{-1}S$, clase por la izquierda de a^{-1}. De ello resulta que $G/\mathcal{R}_S$ y $G/{}_S\mathcal{R}$ *tienen el mismo cardinal.*

Si $O(G)$ es finito, $O(S)$ lo es también y el cardinal de una clase por la derecha Sa es igual a $O(S)$ (regla de simplificación). Como hay $i(S)$ clases por la derecha disjuntas dos a dos, *tenemos:*

$$O(G) = O(S) . i(S) \quad luego \quad O(S) \mid O(G) ,$$

(el signo | significa "*divide a*")

Corolario 1 (Teorema de Lagrange). *El orden de un subgrupo de un grupo finito divide al orden del grupo.*

Corolario 2. *Un grupo G de orden primo p no tiene subgrupos propios, luego es cíclico* y, en consecuencia, *abeliano.*

En efecto, para todo elemento $a \in G - E$, el subgrupo cíclico (a), distinto de E, coincide necesariamente con G.

Como dos grupos cíclicos del mismo orden son evidentemente isomorfos, se ve que, excepto isomorfismos, hay *un solo grupo de orden primo p.*

Consideremos ahora una *congruencia* $\mathscr{C}$ en el Δ-grupo G (es decir, una Δ-*equivalencia regular a la vez por la derecha y por la izquierda*). Según el teorema 5 y el teorema simétrico, la clase unidad $\mathscr{C}(e)$ es un Δ-subgrupo N de G y una clase cualquiera $\mathscr{C}(a)$ viene dada por

$$\mathscr{C}(a) = Na = aN \qquad (\forall a \in G).$$

El subgrupo N es pues permutable con todo elemento a de G, lo que también se escribe en la forma

$$aNa^{-1} = N \qquad (\forall a \in G)$$

e implica que *N es un subgrupo normal* (o *distinguido*) de G.

Recíprocamente, todo Δ-subgrupo normal N de G es permutable con todo elemento a de G: $Na = aN$, es decir $\mathscr{R}_N(a) = {}_N\mathscr{R}(a)$, luego $\mathscr{R}_N = {}_N\mathscr{R}$. Esta única equivalencia regular por la derecha, por la izquierda, y lícita (teorema 6) es una congruencia $\mathscr{C}$.

Como la congruencia $\mathscr{C}$ es compatible con la ley interna del grupo G, el conjunto cociente $G/\mathscr{C}$ puede ser provisto de la *multiplicación inducida* por la de G (donde la clase XY es aquella que contiene al producto xy de un representante x de X por un representante y de Y). La *asociatividad* es evidentemente válida en $G/\mathscr{C}$ como en G; la clase unidad $\mathscr{C}(e)$ *es elemento unidad* de $G/\mathscr{C}$; la clase $\mathscr{C}(x^{-1})$ es *inversa* de la clase $\mathscr{C}(x)$. $G/\mathscr{C}$ es pues *un grupo* para la multiplicación inducida.

Además, por ser $\mathscr{C}$ una Δ-equivalencia, $G/\mathscr{C}$ puede ser provisto de la *ley externa inducida* por la de G (siendo la clase αX la que contiene el producto αx de un representante cualquiera x de X por el operador α). Δ es distributivo para $G/\mathscr{C}$ igual que para G, pues $(\alpha X)(\alpha Y)$ es la clase que contiene al producto $(\alpha x)(\alpha y)$ de un representante αx de αX $(x \in X)$ por un representante αy de αY $(y \in Y)$. Ahora bien, $(\alpha x)(\alpha y) = \alpha(xy)$, elemento de la clase $\alpha(XY)$: tenemos pues la igualdad

$$\alpha(XY) = (\alpha X)(\alpha Y)$$

y *$G/\mathscr{C}$ es un Δ-grupo.*

De acuerdo con lo que precede, la aplicación canónica γ, definida por $(\forall x \in G)$, $\gamma(x) = \mathscr{C}(x) \in G/\mathscr{C}$, es un homomorfismo del Δ-grupo G en (e incluso sobre) el Δ-grupo $G/\mathscr{C}$.

$$(\gamma) : G \twoheadrightarrow G/\mathscr{C} .$$

Definición. El *Δ –grupo* $G/\mathscr{C}$ así definido a partir del Δ –subgrupo normal N se llama *grupo cociente* de G por N y generalmente se designa por G/N. Hemos establecido el

Teorema 8. *En un Δ –grupo G, para toda congruencia* $\mathscr{C}$, *la clase unidad* $\mathscr{C}(e)$ *es un Δ –subgrupo normal N y toda clase* $\mathscr{C}(a)$ *es de la forma* $Na = aN$. *Recíprocamente, si N es un Δ –subgrupo normal de G,* $N \lhd G$, *las dos equivalencias asociadas* $\mathscr{R}_N$ y ${}_N\mathscr{R}$ *coinciden con una misma congruencia* $\mathscr{C}$. *y* $G/\mathscr{C} = G/N$ *es un Δ –grupo, imagen homomorfa de G en el Δ –homomorfismo canónico* $\gamma : G \twoheadrightarrow G/\mathscr{C}$.

Consideremos ahora *dos grupos G, G', provistos del mismo dominio de operadores distributivo Δ*, y un *Δ –homomorfismo h* de G en G'. Sean e, e' los elementos neutros de G y G' y, $\mathscr{N}$ la congruencia nuclear de h (§ 1).

La imagen h(G) es un Δ –subgrupo de G'.

En primer lugar, $h(G)$ es una parte estable de G' (§ 1, proposición 1). Además, las igualdades $h(x) = h(ex) = h(e)\, h(x)$ implican:

$$h(e) = e' .$$

Puesto que $h(e) = h(xx^{-1}) = h(x)\, h(x^{-1})$, resulta

$$h(x^{-1}) = [h(x)]^{-1}$$

Finalmente, $(\forall \alpha \in \Delta)$ y $(\forall x' = h(x) \in h(G))$, tenemos:

$$\alpha x' = \alpha h(x) = h(\alpha x) \in h(G) ;$$

$h(G)$ es efectivamente un Δ –subgrupo de G'.

La *clase unidad* $\mathscr{N}(e) = N$ *es un Δ –subgrupo normal de G* (teorema 8). Puesto que $h(e) = e'$, N es también la imagen recíproca del elemento neutro e' de G':

$$\mathscr{N}(e) = N = h^{-1}(e') .$$

Definición. Este Δ –subgrupo normal N es el *núcleo del homomorfismo h.*

Se escribe

$$N = \operatorname{Ker} h .$$

Sea γ el Δ –homomorfismo canónico de G sobre G/N : $\gamma(x) = \mathscr{N}(x)$. De acuerdo con el estudio general realizado en § 1, la biyección $i : G/N \twoheadrightarrow h(G)$, definida por $i(X) = h(x)$ si $X \ni x$ (es decir, si $X = \mathscr{N}(x)$), es un isomorfismo de los Δ –grupos. La inyección canónica j de la imagen $h(G)$ en G' (§ 1) es, evidentemente, un Δ –homomorfismo.

$$\begin{array}{ccc} G & \xrightarrow{h} & G' \\ {\scriptstyle\gamma}\downarrow & & \uparrow{\scriptstyle j} \\ G/N & \underset{i}{\rightarrowtail\!\!\!\twoheadrightarrow} & h(G) \end{array}$$

Finalmente, como en el caso general de § 1, tenemos la descomposición factorial

$$h = j \circ i \circ \gamma \, .$$

(El anterior diagrama canónico es conmutativo).

Los resultados precedentes constituyen el *teorema de homomorfismo para los Δ-grupos:*

Teorema 9. *Para todo Δ –homomorfismo $h G \longrightarrow G'$ de un Δ –grupo G en un Δ –grupo G', la equivalencia nuclear $\mathcal{N}$ es una congruencia de G. La clase unidad $\mathcal{N}(e) = N$ es un Δ –subgrupo normal de G, imagen recíproca del elemento unidad e' de G': $N = h^{-1}(e')$. La imagen $h(G)$ es un Δ –subgrupo de G' y, haciendo, para toda clase $X \in G/N$,*

$$i(X) = h(x) \qquad si \quad x \in X \, ,$$

se define un Δ –isomorfismo i del grupo cociente sobre la imagen:

$$i : G/N \rightarrowtail\!\!\!\twoheadrightarrow h(G) \, .$$

Finalmente, se tiene la descomposición factorial:

$$h = j \circ i \circ \gamma$$

donde j es la inyección canónica de $h(G)$ en G' y γ el homomorfismo suprayectivo canónico de G sobre G/N : $\gamma(x) = \mathcal{N}(x) = Nx = xN$.

Observación. Como hemos visto en § 1, si h es *suprayectivo,* $h(G) = G'$, j es la identidad y el diagrama canónico se reduce a

$$\begin{array}{ccc} G & \overset{h}{\twoheadrightarrow} & G' = h(G) \\ {\scriptstyle\gamma}\downarrow & \nearrow{\scriptstyle i} & \\ G/N & & \end{array}$$

Si h es *inyectivo,* $N = E$, G/N se identifica con G, γ es la identidad y el diagrama canónico se reduce a

$$\begin{array}{ccc} G & \overset{h}{\rightarrowtail} & G' \\ & {\scriptstyle i}\searrow & \uparrow{\scriptstyle j} \\ & & h(G) \end{array}$$

Aplicación. Dado un grupo (ordinario) G, denotado multiplicativamente, consideremos el conjunto Γ de sus automorfismos internos como hemos visto, Γ es *estable* para la composición: si α, β son respectivamente los automorfismos asociados a $ab(\in G)$: $\alpha x = axa^{-1}$, $\beta x = bxb^{-1}$, $(\beta \circ \alpha)\, x = bax(ba)^{-1}$ es el automorfismo interno asociado a ba ([1]). En consecuencia, la suprayección φ: $G \twoheadrightarrow \Gamma$ definida por $\varphi(a) = \alpha$ es un *homomorfismo* (para la multiplicación en G y la composición en Γ). Siendo la imagen de G por este homomorfismo, Γ es un grupo, isomorfo con el cociente de G por el núcleo de φ.

Ahora bien, este núcleo es el conjunto G de los elementos c de G a los cuales está asociado el automorfismo idéntico ε : $(\forall x \in G)\; cxc^{-1} = x$, o bien, $cx = xc$. Luego C es lo que se llama el *centro* del grupo G, es decir, el conjunto de los elementos de G que conmutan con todo elemento de G. Así:

Teorema 10. *Los automorfismos internos de G forman, con respecto a la composición, un grupo Γ, isomorfo con el grupo cociente G/C de G por su centro.*

Núcleo del homomorfismo φ, el centro C es subgrupo *normal* de G. De hecho, tiene una propiedad más fuerte. Sea h un endomorfismo de G. La propiedad: $(\forall x \in G)\;\; cx = xc$ que define los elementos c del centro, implica

$$(\forall x \in G) \qquad (hc)(hx) = (hx)(hc)\,.$$

Si h es suprayectiva, hx describe G al mismo tiempo que x; en consecuencia, $hc \in C$. Así, *el centro es estable para todo endomorfismo suprayectivo de G,* en particular, *para todo automorfismo:* el centro es pues un *subgrupo característico* de G.

Teorema 11. *El índice $i(C)$ del centro C de un grupo G no puede ser un número primo p.*

Supongamos que $i(C)$ sea un número primo p, lo que implica $i(C) \neq 1$. El grupo cociente G/C, de orden p, es cíclico:

$$G/C = (A) = \{\, A^0, A, \ldots, A^{p-1} \,\}\,, \qquad (A^0 = C)\,.$$

Sea g un elemento cualquiera de G y A^α la clase a la cual pertenece; designando por a un representante de A, g es de la forma,

$$g = a^\alpha c \text{ donde } c \in C\,.$$

[1] Aquí, como haremos con frecuencia en lo que sigue, escribimos αx o hx en lugar de $\alpha(x)$, $h(x)$ para designar la imagen de x mediante una aplicación α o h. Es en primer lugar una simplificación de escritura, pero también puede haber interés en ello, dado un cierto conjunto Ω de aplicaciones del grupo G en sí mismo, en considerar la ley externa $\Omega \times G \longrightarrow G$ definida asociando al par (ω, x), $\omega \in \Omega$, $x \in G$, la imagen de x dada por ω, y por tanto en considerar esta imagen como un producto (ver principalmente el capítulo 2).

Si g_1, g_2 son dos de tales elementos, tenemos

$$g_1 g_2 = a^{\alpha_1} c_1 a^{\alpha_2} c_2 = a^{\alpha_1 + \alpha_2} c_1 c_2 , \qquad (c_i \in C)$$

de donde $g_1 g_2 = g_2 g_1$: G sería pues *abeliano,* tendríamos $C = G$, $i(C) = 1$, lo que es contradictorio.

EJERCICIOS

1. Sea G un grupo *abeliano,* denotado multiplicativamente. Dado un entero $m > 1$, se dice que un elemento a de G *es m-divisible* si la ecuación $x^m = a$ se verifica para, al menos, un elemento x de G, y que a es *divisible* si es m-divisible cualquiera que sea el entero m. G es divisible si todo elemento de G es divisible.

a) ¿Qué puede decirse del conjunto S_m de los elementos de G que son m-divisibles y del conjunto S de los elementos divisibles?

b) Si dos grupos abelianos A, B son divisibles, también lo es su producto directo.

Puede tomarse como A el grupo multiplicativo R_+ de los números reales $r > 0$ y como B el grupo de las rotaciones de centro O, en el plano (para la composición). Identificar, excepto isomorfismos, el producto directo $A \times B$ y enunciar la propiedad conocida correspondiente al hecho de que $A \times B$ es divisible.

2. Una parte no vacía (o *complejo*) C de un grupo G es *clase* (por la derecha o por la izquierda) con respecto a un subgrupo si y sólo si $x \in C$, $y \in C$ y $z \in C$ implican $xy^{-1}z \in C$.

3. Sean H y K dos subgrupos de un grupo G.

a) Demostrar que, si la clase por la derecha Hx de un elemento x de G con respecto a K encuentra a H.

b) Sea X el conjunto de los elementos x que tienen la propiedad anterior. Suponiendo H y K de órdenes finitos, calcular el cardinal de X (en función de los órdenes de H, de K y de otro grupo). ¿Qué condición deben cumplir H y K para que X sea un subgrupo de G ?

4. Se supone que existe, en un grupo G, una sucesión indefinida estrictamente creciente de subgrupos:

$$H_1 \subset H_2 \subset \cdots \subset H_n \subset H_{n+1} \subset \ldots .$$

a) ¿Cuál es el menor subgrupo H de G tal que se tenga, para todo índice n, $H_n \subset H$?

b) Si, para infinitos valores de n, H_n es subgrupo normal de G, H es también subgrupo normal de G. ¿Subsiste esta propiedad si se reemplaza "subgrupo normal" por "subgrupo característico" o por "subgrupo completamente invariante"?

5. Si K es subgrupo característico de H y H subgrupo característico de G, K es subgrupo característico de G. Si K es subgrupo característico de H y H subgrupo normal de G, K es subgrupo normal de G.

6. ¿Cuáles deben de ser dos elementos a y b de un grupo G para que la traslación por la izquierda γ_a definida por a sea la misma aplicación que la traslación por la derecha δ_b definida por b?

7. *a)* Sean $A = \{ e, a \}, R' = \{ e', a' \}$ dos grupos (cíclicos) de orden 2, y P el producto directo $A \times A'$. Escribir la tabla de P.

b) Se considera el grupo $\mathscr{S}_4$ de las permutaciones (o biyecciones) del conjunto $E = \{ 1, 2, 3, 4 \}$. Sea V_4 el conjunto formado por la permutación idéntica ε y por las permutaciones σ de $\mathscr{S}_4$ que son involutivas (es decir, que verifican $\sigma^2 = \varepsilon$) y no dejan ningún elemento fijo. Precisar la forma de estas permutaciones y demostrar que V_4 es un grupo, llamado grupo de Klein; construir su tabla y deducir de ella que P y V_4 son dos grupos isomorfos.

c) Demostrar que V_4 es un subgrupo normal de $\mathscr{S}_4$ y que el grupo cociente $\mathscr{S}_4/V_4$ es isomorfo con $\mathscr{S}_3$.

d) Determinar el grupo de los automorfismos de V_4.

8. *a)* Demostrar que las *matrices* (2 × 2, con elementos complejos)

$$I = \begin{pmatrix} 1 & 0 \\ 0 & 1 \end{pmatrix}, \quad J = \begin{pmatrix} i & 0 \\ 0 & -i \end{pmatrix}, \quad K = \begin{pmatrix} 0 & 1 \\ -1 & 0 \end{pmatrix}, \quad L = \begin{pmatrix} 0 & i \\ i & 0 \end{pmatrix}$$

y sus *opuestas*, forman, con respecto a la multiplicación, un grupo Q llamado ***grupo de los cuaternios.***

b) Determinar los subgrupos de Q.

9. Dado un grupo G, se designa por $B(G)$ al conjunto de los elementos de G permutables con todo subgrupo S de G:

$$B(G) = \{ x, x \in G \mid xS = Sx, \quad (\forall S \in \mathscr{S}) \}$$

siendo $\mathscr{S}$ el conjunto de los subgrupos de G.

1° Demostrar que $B(G)$ es un subgrupo que contiene al centro $C(G)$ de G, que es subgrupo característico de G, y que se tiene: $B[B(G)] = B(G)$.

2° Demostrar que, para todo subgrupo H de G, se tiene:

$$B(H) \supseteq H \cap B(G) .$$

3° Sea Q el grupo de los cuaternios, $Q = \{ \pm I, \pm J, \pm K, \pm L \}$ con

$$IX = XI = X \qquad (\forall X \in Q) ,$$

$J^2 = K^2 = L^2 = -I, \ JK = -KJ = L$ etc. Determinar $C(Q)$ y $B(Q)$.

capítulo II

Estudio de los subgrupos Teoremas de Sylow

§ 1. *GRUPO OPERANTE EN UN CONJUNTO*

a) GENERALIDADES. CLASES DE CONJUGACIÓN

Hemos estudiado ya el grupo $\mathscr{S}(E)$ de las biyecciones de un conjunto E sobre sí mismo, con respecto a la composición. Sea Γ un *subgrupo* de $\mathscr{S}(E)$ y $\alpha \in \Gamma$; haciendo $\alpha(x) = \alpha x$, tenemos una *ley de composición externa* $\Gamma \times E \longrightarrow E$, de la que es importante estudiar las propiedades. De hecho, vamos a colocarnos en una situación un poco más general.

Definición. Diremos que un grupo Γ *opera en un conjunto* E si existe un *homomorfismo* Φ *de este grupo* Γ *en el grupo* $\mathscr{S}(E)$ de las biyecciones de E:

$$\Phi : \Gamma \longrightarrow \mathscr{S}(E) .$$

Hagamos, para todo elemento α del grupo Γ (que será denotado multiplicativamente), $\Phi(\alpha) = \sigma \in \mathscr{S}(E)$, luego

$$(\forall a \in E) \qquad \alpha a = \sigma(a) = \Phi(\alpha)(a) .$$

Definimos así, como anteriormente, una *ley de composición externa* $\Gamma \times E \longrightarrow E$.

Si de la misma forma $\Phi(\beta) = \tau$, $(\beta \in \Gamma)$, tenemos:

$$\beta(\alpha a) = \tau[\sigma(a)] = (\tau \circ \sigma)(a) = \Phi(\beta\alpha)(a) = (\beta\alpha)a$$

es decir, *la asociatividad mixta:*

$$(1) \qquad \beta(\alpha a) = (\beta\alpha)a , \qquad (\forall \alpha, \beta \in \Gamma), (\forall a \in E) .$$

Además, si ϵ designa al elemento unidad de Γ, tenemos $\Phi(\epsilon) = I_E$, aplicación idéntica de E sobre sí mismo, elemento unidad de $\mathscr{S}(E)$ en consecuencia:

(2) $$(\forall x \in E) \qquad \varepsilon x = I_E(x) = x\,,$$

el elemento unidad de Γ *es operador unidad.*

Recíprocamente, supongamos que dado un conjunto E y un grupo abstracto Γ (denotado multiplicativamente), se tenga una *ley de composición externa* $\Gamma \times E \to E$, denotada multiplicativamente, que posea las propiedades (1) y (2).

A todo elemento α de Γ, asociemos la aplicación f_α de E en E definida por

$$f_\alpha(x) = \alpha x$$

($f_\alpha \in E^E = \mathscr{A}(E)$, conjunto de las aplicaciones de E en sí mismo).

La asociatividad mixta (1) se escribe

$$f_\beta[f_\alpha(a)] = f_{\beta\alpha}(a) \qquad (\forall a \in A)$$

o bien

$$f_\beta \circ f_\alpha = f_{\beta\alpha}\,,$$

siendo la aplicación Φ de Γ en $\mathscr{A}(E)$ definida por $\Phi(\alpha) = f_\alpha$ un homomorfismo (para la multiplicación en Γ y la composición en $\mathscr{A}(E)$.

La imagen $\Phi(\varepsilon) = f_\varepsilon$ del elemento unidad ε de Γ es la aplicación idéntica I_E de E sobre sí mismo, según (2). Pero entonces, tenemos:

$$f_{\alpha^{-1}} \circ f_\alpha = f_{\alpha^{-1}\alpha} = f_\varepsilon = I_E\,,$$

lo que implica que f_α es (para todo $\alpha \in \Gamma$) una inyección, puesto que $f_\alpha(x) = f_\alpha(y)$ implica $x = y$. Igualmente:

$$f_\alpha \circ f_{\alpha^{-1}} = f_{\alpha\alpha^{-1}} = f_\varepsilon = I_E\,,$$

lo que implica que f_α *es una suprayección pues* $f_\alpha(a) = b$, donde b es dado, admite la solución $a = f_{\alpha^{-1}}(b)$. Luego Φ *es un homomorfismo de* Γ *en el grupo* $\mathscr{S}(E)$ *de las biyecciones de E.*

Hemos establecido el:

Teorema 1. *Para que un grupo* Γ *opere en un conjunto E, es necesario y suficiente que exista una ley de composición externa* $\Gamma \times E \longrightarrow E$ *que verifique la condición (1) de asociatividad mixta y la condición (2) que expresa que el elemento unidad de* Γ *es operador unidad.*

El subconjunto $\Gamma a = \{\gamma a, \gamma \in \Gamma\}$ es, por definición, la *órbita* (o la trayectoria) del elemento de a ($\in E$) bajo la acción del grupo Γ.

Por ejemplo, si E es el conjunto de los puntos del espacio y Γ el grupo de rotaciones alrededor de una recta D, Γa es el círculo de eje (D) que pasa por el punto a (círculo reducido a ese punto si a está sobre D); si Γ es el grupo de las traslaciones paralelas a una recta Δ, Γa es la paralela a Δ que pasa por a.

La relación $\mathcal{T}$ *definida sobre* E por

$$b \mathcal{T} a \quad ssi \quad b \in \Gamma a$$

es una *relación de equivalencia, las clases módulo* $\mathcal{T}$ *son las distintas órbitas.* En efecto $\mathcal{S}$ es *reflexiva* ($a = \varepsilon a$, $\varepsilon \in \Gamma$), *simétrica* ($b = \gamma a$, $\gamma \in \Gamma$ implica $a = \gamma^{-1} b$, $\gamma^{-1} \in \Gamma$), *transitiva* ($b = \gamma_1 a$, $c = \gamma_2 a$ implica $c = (\gamma_2 \gamma_1) a$). Según la misma definición de $\mathcal{T}$, tenemos $\mathcal{T}(a) = \Gamma a$ La equivalencia $\mathcal{T}$ es, por definición, *la equivalencia de transitividad del grupo* Γ operante en E.

Puede ocurrir que $\mathcal{T}$ sea la *relación universal* $\mathcal{U}(= E \times E)$todos los elementos de E tienen entonces la misma órbita, a saber, E mismo. En este caso, el grupo Γ se llama *transitivo;* se dice también que Γ *opera transitivamente* en E. Por ejemplo, el grupo de las isometrías[1]del espacio es transitivo; el de las traslaciones es *simplemente transitivo,* significando con la palabra "simplemente" que existe *una sola* traslación que envíe un punto dado a sobre otro punto dado b.

Si por el contrario se tiene $\mathcal{T} \neq \mathcal{U}$, luego si existen por lo menos dos *órbitas distintas,* el grupo Γ se llama *intransitivo* y las órbitas distintas se llaman *clases de transitividad.* El ejemplo propuesto anteriormente, del grupo de rotaciones alrededor de una recta D' y el de las traslaciones paralelas a una recta Δ, entran en este caso.

El siguiente concepto va a permitir el estudio de la órbita de un elemento a de E.

Definición. Se llama *estabilizador* de un elemento a de E al conjunto Σa de los elementos σ del grupo Γ que dejan *a fijo:* $\sigma a = a$. Σ_a *es un subgrupo* de Γ: $\sigma a = a$ implica $\sigma^{-1} a = a, \sigma_i a = a$ $(i = 1, 2)$ implica $(\sigma_2 \sigma_1) a = a$ (Teniendo en cuenta las condiciones (1) y (2)).

Para que dos elementos γ, γ' del grupo Γ envíen a sobre un mismo elemento: $\gamma a = \gamma' a$, es necesario y suficiente que se tenga:

$$\gamma^{-1} \gamma' a = a\,, \qquad \text{es decir,} \quad \gamma^{-1} \gamma' \in \Sigma_a.$$

o bien

$$\gamma' \in \gamma \Sigma_a$$

clase por la izquierda de γ con respecto a Σ_a. De aquí resulta que *la órbita* Γa *de* a *contiene tantos elementos distintos como clases haya (por la izquierda) de* Γ *con respecto a* Σ_a. Así,

Teorema 2. *La órbita* Γa *de un elemento* a *corresponde biyectivamente al conjunto de las clases por la izquierda de* Γ *con respecto al estabilizador* Σ_a *de* a *(en* Γ*):*

$$\text{card}\,(\Gamma a) = i(\Sigma_a)\,. \tag{3}$$

[1] Biyecciones que conservan la distancia.

Corolario. *Si Γ es de orden finito, se tiene, para toda órbita Γa,*

$$(3') \qquad \text{card}\,(\Gamma a) \mid O(\Gamma)\,.$$

Aplicación. *Clases de conjugación.* Consideremos un grupo G. Vamos a aplicar lo que precede haciendo a la vez $E = G, \Gamma = G$ y asociando a todo elemento g de G ($= \Gamma$) el *automorfismo interno* γ *tal que*

$$\gamma x = gxg^{-1}\,.$$

Como ya se ha visto (Capítulo I, § 3), la aplicación Φ de G en $\mathscr{S}(G)$ definida por $\Phi(g)=\gamma$ es un homomorfismo. Luego *un grupo G opera en sí mismo por la acción de los automorfismos internos.*

La órbita del elemento unidad e es $E = \{\, e \,\}$: G, si es diferente de E, no opera pues transitivamente en sí mismo. Las órbitas reciben el nombre de *clases de conjugación* (o *clases de elementos conjugados*) pues la órbita de un elemento a es aquí el conjunto de sus conjugados gag^{-1} distintos. El cardinal de esta órbita es igual al índice del estabilizador de a:

$$\Sigma_a = \{\, g,\, g \in G\,;\, gag^{-1} = a \,\}\,.$$

Ahora bien, la condición $gag^{-1} = a$ se escribe $ga = ag$, el grupo Σ_a no es pues otra cosa que *el conjunto de los elementos de G permutables con a,* llamado *normalizador de a* y *designado por* N_a. Hemos obtenido el siguiente resultado:

Teorema 3. *Todo grupo G se descompone en clases de conjugación, órbitas de los elementos de G bajo el efecto de los automorfismos internos. El cardinal de la clase C_a de a es igual al índice del normalizador de a; si G es de orden finito, se tiene:*

$$\text{card}\,(C_a) \mid O(G)\,.$$

En la descomposición de un grupo G en clases con respecto a un subgrupo S (por medio de las equivalencias regulares por un lado R_S o ${}_SR$), todas las clases tenían el mismo cardinal. En general, *aquí no ocurre lo mismo.* No sólo el elemento unidad, sino todo elemento c del centro C de G, pertenece a una *clase de conjugación reducida a un solo elemento* (puesto que c no tiene otro conjugado que él mismo). Por el contrario, todo elemento a no situado en el centro tiene otros conjugados distintos de él mismo.

Supongamos que G es de *orden finito* y escribamos que su orden es la suma de los cardinales de las diferentes clases de conjugación. Obtenemos:

$$O(G) = \underbrace{1 + \ldots + 1}_{O(c)\ \text{veces}} + \Sigma\, d_i\,, \qquad (1 < d_i \mid O(G))$$

es decir

$$(4) \qquad O(G) = O(C) + \Sigma\, d_i \qquad (1 < d_i \mid O(G))$$

donde las d_i son divisores de $O(G)$ distintos de 1.

La ecuación (4), debida a Frobenius y llamada *ecuación de las clases,* admite interesantes consecuencias. Consideremos un *grupo G de orden* p^α, siendo p un número primo: tal grupo recibe el nombre de *p-primario.* En (4), las d_i son divisores de p^α distintos de 1, luego son potencias de p: en consecuencia, $O(C)$ es, como todos los demás términos, un múltiplo de p y podemos enunciar:

Teorema 3. *El orden del centro de un grupo p-primario es un múltiplo de p (es pues diferente de 1).*

Consideremos en particular un grupo de orden p^2. Su centro no puede ser de orden 1, ni de orden p pues entonces el índice del centro sería el número primo p, lo que es imposible (Capítulo I, § 3, Teorema 11). El centro es pues de orden p^2, es decir, coincide con G.

Corolario 1. *Todo grupo de orden* p^2 *(p primo) es abeliano.*

Definición. Un grupo G es *simple* si no admite *ningún subgrupo normal propio.* Un Δ-grupo G es Δ-simple (más brevemente, *simple*), si no admite ningún Δ-subgrupo normal *propio.*

Corolario 2. *Un grupo G de orden* p^α, $\alpha > 1$, *y no abeliano, no es nunca simple.*

En efecto, su centro C es un *subgrupo normal propio.*

Observación. A toda *parte A* de un grupo G se le puede asociar el conjunto N_A de los elementos g de G que conmuten con A: $gA = Ag$. Este conjunto es un subgrupo de G, llamado *normalizador de A.* Si A es un *subgrupo S* de G, su normalizador N_S contiene a S y S es *normal en* N_S. Además, si H es un subgrupo de G que contiene a S como subgrupo normal: $S \lhd H$, se tiene $H \subseteq N_S$:*el normalizador de un subgrupo S es el mayor subgrupo de G en el cual S es un subgrupo normal.* Por otra parte, *el número de conjugados distintos de A o de S,* igual al índice del normalizador N_A o N_S, *divide al orden de G,* supuesto finito.

b) TRASLACIONES TEOREMAS DE SYLOW (según Wielandt)

Demos un grupo G y tomemos de nuevo $E = G, \Gamma = G$, pero asociemos ahora a cada elemento a de G la aplicación γ_a de C en sí mismo definida por

$$\gamma_a(x) = ax \ ;$$

γ_a *es por definición la traslación por la izquierda* asociada a a; es una *biyección* de G sobre sí mismo (existencia y unicidad de los cocientes). Además la aplicación Φ de G en

$\mathscr{S}(G)$ definida aquí por

$$\Phi(a) = \gamma_a$$

es un *homomorfismo*, puesto que

$$(\gamma_b \circ \gamma_a)(x) = b(ax) = (ba)\,x = \gamma_{ba}(x)\,.$$

Todo grupo G *opera pues en sí mismo por las traslaciones por la izquierda.* Además, G opera así *transitivamente* (existencia de los cocientes).

Además, la aplicación Φ de G en $\mathscr{S}(G)$ es *inyectiva* (regla de simplificación) y en consecuencia *el grupo* $\Phi(G)$ de las traslaciones por la izquierda es *isomorfo con* G. De ello resulta, para un grupo G de orden finito:

Teorema de Cayley (Teorema 4). *Todo grupo* G *de orden finito* n *es isomorfo con un subgrupo del grupo simétrico* $\mathscr{S}_n$.

Observación. Se observará que la composición de traslaciones por la derecha ($\delta_a(x) = xa$), se escribe

$$(\delta_b \circ \delta_a)(x) = (xa)\,b = x(ab) = \delta_{ab}\ ;$$

La aplicación ψ definida por $\psi(a) = \delta_a$ es aquí un *antimorfismo* de G en $\mathscr{S}(G)$.

Otra aplicación, menos inmediata, del hecho de que todo grupo G opere en sí mismo por las traslaciones por la izquierda, consiste en demostrar los teoremas de Sylow (1872); este método de demostración, mucho más reciente, es debido a H. Wielandt.

Designado en primer lugar G un grupo cualquiera, consideremos el conjunto $\mathscr{F}_\lambda$ de las partes de G cardinal igual a λ. Consideremos la ley de composición externa $G \times \mathscr{F}_\lambda \longrightarrow \mathscr{F}_\lambda$ definida asociando a todo elemento $g \in G$ y a toda parte $X \in \mathscr{F}_\lambda$ el producto

$$gX = \{\, gx,\, x \in X \,\} \in \mathscr{F}_\lambda\,.$$

Se satisfacen las condiciones (1) y (2):

$$(1') \qquad g_1(g_2\,X) = (g_1\,g_2)\,X\,,$$

$$(2') \qquad eX = X$$

y en consecuencia, G opera en $\mathscr{F}_\lambda$ por las traslaciones por la izquierda. La clase de transitividad de X es

$$\mathscr{C} = \{\, gX,\, g \in G \,\}\,.$$

En particular, si X es un subgrupo S de G, la clase de transitividad $\mathscr{C}$ no es otra cosa que el conjunto $G/_S\mathscr{R}$ de las clases por la izquierda con respecto a S. *No contiene otro subgrupo que S y su cardinal es el índice de S en G:*

$$\text{card}\,\mathscr{C} = i_G(S)\,.$$

Supongamos ahora que *el orden de G es finito* y evidenciemos uno de sus factores primos p:

$$O(G) = n = mp^r \text{ donde } p \nmid m$$

(p no divide a m, luego m y p son primos entre sí).

Hagamos $\lambda = p^\alpha$, donde $1 \leqslant \alpha \leqslant r$, y demostremos que el *número* n_α *de elementos de* $\mathscr{F}_\lambda$,

$$n_\alpha = \binom{n}{p^\alpha} \qquad (\text{o } C_n^{p^\alpha})$$

es divisible exactamente por $p^{r-\alpha}$: $n_\alpha = mp^{r-\alpha}(1 + hp)$ (h entero).

Tenemos en efecto:

$$n_\alpha = \frac{mp^r.(mp^r - 1).\dots.(mp^r - p^\alpha + 1)}{(p^\alpha)\,!}$$

$$= \frac{mp^r}{p^\alpha} \cdot \frac{mp^r - 1}{1} \cdot \dots \cdot \frac{mp^r - (p^\alpha - 1)}{p^\alpha - 1} = mp^{r-\alpha}\,v$$

donde $v = \binom{mp^r - 1}{p^\alpha - 1}$ es un *entero* que podemos escribir

(6) $$v = \prod_{s=1}^{p^\alpha - 1} \left(-1 + \frac{mp^r}{s}\right).$$

De acuerdo con las desigualdades $\alpha \leqslant r$ y $s \leqslant p^\alpha - 1$, la potencia más alta de p que divide eventualmente a s es más pequeña que p^r. Cada uno de los factores del segundo miembro es pues de la forma

$$-1 + \frac{mp^{r'}}{s'} \qquad \underline{\text{con} \quad r' > 0}\,,$$

s' y p primos entre sí, y tenemos:

$$v = (-1)^{p^\alpha - 1} + p\,\frac{u}{\Pi s'} \qquad (u \text{ entero}).$$

Si p es distinto de 2, luego *impar,* $p^\alpha - 1$ es *par* y, puesto que el producto de las s' es, también, primo con p, v es de la forma

(7) $$v = 1 + hp \qquad (h \text{ entero}).$$

Para $p = 2$, se tiene $\nu = -1 + hp$ pero, reemplazando h por $h + 1$ volvemos a poner ν en la forma (7). Finalmente, *en todos los casos* se tiene

$$n_\alpha = mp^{r-\alpha}(1 + hp) \qquad (h \text{ entero}). \tag{7'}$$

Siendo así, n_α, cardinal de $\mathscr{F}_\lambda$, es la suma de los cardinales de las diferentes clases de transitividad $\mathscr{C}_k$ en las cuales se descompone $\mathscr{F}_\lambda$:

$$n_\alpha = \sum_k \text{card}\,(\mathscr{C}_k)\,.$$

De (7') resulta *que por lo menos una clase de transitividad* $\mathscr{C}_k$ *tiene un cardinal divisible como máximo por* $p^{r-\alpha}$. O bien, designando por G_k al estabilizador de un representante X de $\mathscr{C}_k$, tenemos:

$$\text{card}\,(\mathscr{C}_k) = i(G_k) = \frac{O(G)}{O(G_k)} = \frac{mp^r}{O(G_k)}\,.$$

En consecuencia, $O(G_k)$ es divisible *por lo menos* por p^α, lo que implica la desigualdad:

$$O(G_k) \geqslant p^\alpha\,. \tag{8}$$

Pero como G_k es el estabilizador de la parte X, se tiene:

$$(\forall g \in G_k) \qquad gX = X$$

de donde

$$G_k X = X$$

luego

$$(\forall x \in X) \qquad G_k x \subseteq X$$

y

$$O(G_k) = \text{card}\,(G_k x) \leqslant \text{card}\, X = p^\alpha \tag{8'}$$

luego finalmente, según (8),

$$O(G_k) = p^\alpha\,. \tag{8''}$$

Hemos construido pues un subgrupo G_k *de orden* p^α.

Además, los conjuntos finitos $G_k x$ y X coinciden:

$$G_k x = X\,,$$

X es pues la órbita de uno cualquiera de sus elementos x bajo la acción de G_k.

Observemos ahora que la clase de transitividad $\mathscr{C}_k$ de X contiene a toda parte aX ($a \in G$). en particular

$$\mathscr{C}_k \ni x^{-1} X = x^{-1} G_k x = S$$

que es también un *grupo de orden* p^α puesto que es la imagen de G_k por un automorfismo (interior). $\mathscr{C}_k$ es pues el conjunto de las clases por la izquierda con respecto a este subgrupo y no contiene ningún otro. Así, *toda clase de transitividad* $\mathscr{C}_k$ *cuyo cardinal es divisible todo lo más por* $p^{r-\alpha}$ *contiene un subgrupo S de orden* p^α *y uno solo;* $\mathscr{C}_k$ *es el conjunto de las clases por la izquierda con respecto a S y su cardinal es* $i(S) = mp^{r-\alpha}$, *divisible exactamente por* $p^{r-\alpha}$.

Sea entonces s_α el número de subgrupos de orden p^α. Según lo anterior, se tiene:

$$\text{card}\,(\mathscr{F}_\lambda) = n_\alpha = s_\alpha . mp^{r-\alpha} + tp^{r-\alpha+1}\,, \qquad (t \text{ entero}),$$

de donde, teniendo en cuenta la expresión (7') obtenida para n_α :

$$m(s_\alpha - 1) = (mh - t)\,p$$

y puesto que m y p son primos entre sí:

$$s_\alpha \equiv 1 \qquad (p)\,.$$

Hemos establecido el

Primer teorema de Sylow (1872) (Teorema 5). *a) Un grupo G cuyo orden, supuesto finito, es divisible exactamente por* p^r *(p primo,* $r \geqslant 1$*) admite, para todo entero* α *comprendido entre 1 y r, por lo menos un subgrupo de orden* p^α.

b) El número de subgrupos de orden p^α *es congruente con 1 módulo p.*

Definición. Los subgrupos de orden p^r reciben el nombre de *p-subgrupos de Sylow* de G.

Sea H un subgrupo cualquiera, S un *p-subgrupo* de Sylow de G y $\mathscr{M} = G/_S\mathscr{R}$ el conjunto de las clases por la izquierda de G con respecto a S:

$$O(S) = p^r\,, \qquad \text{card}\,\mathscr{M} = m = \sum_i \text{card}\,\mathscr{D}_i$$

donde las $\mathscr{D}_i$ son las clases de transitividad en las cuales se descompone $\mathscr{M}$ bajo la acción de H. Puesto que m es primo con p, *por lo menos una de estas clases,* $\mathscr{D}$, *tiene un cardinal no múltiplo de p.* Ahora bien, este cardinal es el índice en H, $i_H(D)$, del estabilizador D de un representante K de la clase $\mathscr{D}$: así

$$p \nmid i_H(D)\,.$$

Tomemos como H un subgrupo de orden p^α $(1 \leqslant \alpha \leqslant r)$: $i_H(D)$ divide a $O(H) = p^\alpha$; como no es múltiplo de p, esto exige:

$$I_H(D) = 1\,, \qquad \textit{es decir,} \qquad \text{card}\,(\mathscr{D}) = 1\,,$$

luego

$$\mathscr{D} = \{\,K\,\}\,.$$

Esta clase $K = kS$, elemento único de su clase de transitividad $\mathscr{D}$, es pues *invariante por H*:

$$HkS = kS\,,$$

de donde

$$HkSk^{-1} = kSk^{-1} .$$

Ahora bien, $T = kSk^{-1}$ es, como S, un subgrupo de orden p^r y la igualdad precedente que se escribe $HT = T$ implica

$$H \subseteq T, \text{ donde } T \text{ es un } p\text{-subgrupo de Sylow.}$$

Si $\alpha = r$, H coincide con T, luego es un *conjugado* de S. El número de conjugados de S, igual al índice del normalizador de S, es un divisor del orden de G. Así,

Segundo teorema de Sylow. (Teorema 6). *a) En un grupo G cuyo orden es divisible exactamente por p^r, (p primo), todo subgrupo de orden p^α $(1 \leqslant \alpha \leqslant r)$ está contenido en un p-subgrupo de Sylow.*

b) Todos los p-subgrupos de Sylow son conjugados de uno de ellos y su número (congruente con 1 módulo p según el teorema 5) es un divisor del orden del grupo G.

Caso particular. Todo grupo G cuyo orden es múltiplo del número primo p admite un *subgrupo de orden p.* Este subgrupo es *cíclico* (Capítulo I, teorema 7, corolario 2), luego:

Teorema de Cauchy (1845). *Todo grupo cuyo orden es múltiplo de p (p primo), contiene un elemento de orden p.*

Observación. El par (E, G) formado por un conjunto E y un grupo G que opera *transitivamente* en E, se llama *espacio homogéneo.* Según lo anterior, tenemos un ejemplo de esto tomando como E el conjunto $G/_S\mathcal{R}$ de las clases por la izquierda de G con respecto a uno cualquiera de sus subgrupos S. Para el estudio de los espacios homogéneos, y en particular para la definición de sus homomorfismos, se puede consultar nuestro texto de Algebra Moderna, Capítulo II, §6.

§ 2. *DESCOMPOSICIONES DIRECTAS EN PRODUCTO DE SUBGRUPOS NORMALES. APLICACIONES: GRUPOS CÍCLICOS, GRUPOS ABELIANOS*

a) PRIMERAS NOCIONES SOBRE DESCOMPOSICIONES. DESCOMPOSICIONES DIRECTAS

La descomposición (eventual) de un grupo G en producto de n subgrupos A_1, A_2, ..., A_n permutables dos a dos

$$(1) \qquad G = A_1 A_2 \dots A_n, \qquad (A_i A_j = A_j A_i, \ i \neq j)$$

es importante sobre todo cuando se verifican ciertas condiciones suplementarias.

Consideremos en primer lugar una representación.

(2) $$g = a_1 a_2 \dots a_n \qquad (a_i \in A_i)$$

de un elemento g de G y busquemos en qué caso el factor correspondiente a cierto índice, por ejemplo a_1, está *determinado de forma única.* Es evidente que si la intersección

$$A_1 \cap A_2 \dots A_n$$

contiene un elemento x distinto del elemento unidad e de G,

$$x = x_1 = x_2 \dots x_n \neq e \qquad (x_i \in A_i)$$

este elemento admite las dos representaciones diferentes

$$x = x_1 e \dots e = e x_2 \dots x_n .$$

Una condición *necesaria* es pues:

(3) $$A_1 \cap A_2 \dots A_n = E \quad \text{donde} \quad E = (e) .$$

Recíprocamente, si se verifica esta condición, una igualdad de la forma

(4) $$a_1 a_2 \dots a_n = b_1 b_2 \dots b_n , \qquad (a_i, b_i \in A_i)$$

se escribe

$$b_1^{-1} a_1 = b_2 \dots b_n a_n^{-1} \dots a_2^{-1} \in A_2 \dots A_n A_n \dots A_2 = A_2 \dots A_n$$

(utilizando la permutabilidad de las A_i dos a dos), de donde

$$b_1^{-1} a_1 \in A_1 \cap A_2 \dots A_n = E , \quad \text{es decir } b_1 = a_1 .$$

Siendo así, *para que todo elemento de G admita una representación* (2) *única, es necesario y suficiente que las A_i verifiquen las condiciones,*

(3') $$A_i \cap A_1 \dots A_{i-1} A_{i+1} \dots A_n = E \qquad (i = 1, \dots, n) .$$

La unicidad de $n - 1$ factores implica la del enésimo: una de las condiciones (3') es pues, superflua. Por otra parte, en el caso $n = 2$, tenemos dos condiciones idénticas: $A_1 \cap A_2 = E$. Para $n > 2$, las n condiciones (3') implican de forma inmediata las $n - 1$ condiciones

(3'') $$A_i \cap A_{i+1} \dots A_n = E \qquad (i = 1, \dots, n - 1)$$

(puesto que el primer miembro de (3'') es un subgrupo del primer miembro de (3')). Inversamente, las condiciones (3'') son suficientes para la unicidad, puesto que, en la igualdad (4), la primera implica $a_1 = b_1$, de donde $a_2 \ldots a_n = b_2 \ldots b_n$: la condición (3''), para $i = 2$, implica entonces $a_2 = b_2$ y así sucesivamente. Finalmente, las $n - 1$ condiciones (3'') son equivalentes a las condiciones (3').

Una consecuencia importante de la unicidad de la representación (2) cuando el grupo G es de *orden finito* es que *el orden de G es el producto de los órdenes de las* A_i

Casos particulares

1) Sea N un subgrupo *normal* de G, S un subgrupo cualquiera. Supongamos S y N tales que se tenga

$$(5) \quad NS = G \qquad \text{y} \qquad (5') \quad N \cap S = E,$$

todo elemento g de G se escribe de una manera única en la forma $g = ns$ $(n \in N, s \in S)$. Podemos pues definir una aplicación f de G en G haciendo

$$f(g) = s\,;$$

f es un *endomorfismo* de G puesto que, con notaciones evidentes, tenemos:

$$g_1 g_2 = n_1 s_1 n_2 s_2 = n' s_1 s_2 \quad \text{donde} \quad n' \in N$$

es decir

$$f(g_1 g_2) = f(g_1) f(g_2)\,.$$

El *núcleo* de f es N *y la imagen* $f(G)$ es S. Además, se tiene:

$$(\forall s \in S) \qquad f(s) = s$$

de donde

$$(\forall g \in G) \qquad f[f(g)] = f(g) \qquad \text{es decir} \qquad f \circ f = f,$$

lo que se expresa diciendo que el endomorfismo f asociado a (5) y (5') es *idempotente* (para la composición).

Aquí, la unicidad significa también que cada clase de G con respecto a su subgrupo normal N admite un solo representante perteneciente a S, lo que evidencia el isomorfismo

$$G/N \rightarrowtail\!\!\!\twoheadrightarrow S$$

del grupo cociente G/N y de la imagen $S = f(g)$. Tal descomposición $G = NS$, $N \lhd G$, $N \cap S = E$ se llama *semidirecta;* el subgrupo S es lo que se llama un *retracto* de G. Volveremos sobre ello más adelante.

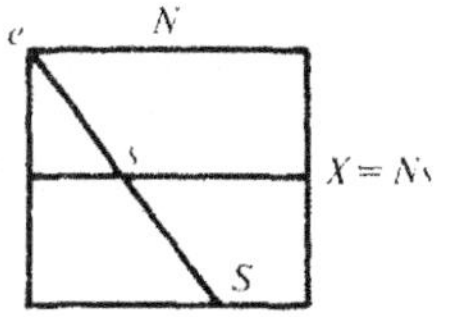

2) La situación precedente cesa de ser simétrica cuando S es un subgrupo normal

de G. Más generalmente, sean $A_1, A_2, \ldots, A_n$ subgrupos normales de G (luego permutables dos a dos) verificando las condiciones (3"). Se dice entonces que *la descomposición* (1) *de G es directa* y se escribe:

(6) $$G = A_1 \times A_2 \times \cdots \times A_n ;$$

se dice también que G es *compuesto directo* (o, por un abuso del lenguaje sobre el cual volveremos, *producto directo*) de los subgrupos *normales* $A_1, A_2, \ldots, A_n$. Entonces tenemos la siguiente propiedad.

Un elemento cualquiera a_i de A_i y un elemento cualquiera a_j de A_j ($j \neq i$) son permutables (se dice que A_i, A_j son "*permutables elemento por elemento*"). Para constatar que $a_i a_j = a_j a_i$, es decir, que:

$$a_i a_j a_i^{-1} a_j^{-1} = e ,$$

basta observar que el primer miembro $(a_i a_j a_i^{-1}) a_j^{-1} = a_i(a_j a_i^{-1} a_j^{-1})$ pertenece a A_j y a A_i, y por lo tanto a $A_i \cap A_j$ y que se tiene, suponiendo por ejemplo $i < j$: $A_i \cap A_j \subseteq A_i \cap A_{i+1} \ldots A_j \ldots A_n = E$, luego $A_i \cap A_j = E$.

De ello resulta que, si $g = a_1 a_2 \ldots a_n$ y $g' = a'_1 a'_2 \ldots a'_n$ se tiene:

$$gg' = a_1 a'_1 . a_2 a'_2 \ldots a_n a'_n .$$

Se dice que a_i es la *componente i-ésima* de g (o su componente en A_i) y que *la multiplicación, en G, se efectúa "componente por componente"*.

Estudiaremos más adelante, de forma más sistemática, las descomposiciones directas (Capítulo IV, § 3).

3) En *un grupo abeliano G*, se cumplen todas las condiciones de permutabilidad. Si G es el producto de n subgrupos $A_1, A_2, \ldots, A_n$, la descomposición es directa puesto que se cumplen las condiciones (3') o (3"). Si la ley de grupo se denota *aditivamente*, la descomposición directa (6) se escribe:

(6') $$G = A_1 \oplus A_2 \oplus \cdots \oplus A_n .$$

Aplicación

Teorema 1. *Si, en un grupo G, un elemento a es de orden $r_1 r_2$ siendo r_1, y r_2 dos enteros primos entre sí, el subgrupo cíclico $A = (a)$ admite la descomposición directa*

$$A = A_1 \times A_2 ,$$

donde A_i es un subgrupo cíclico de A de orden r_i ($i = 1, 2$).

La *relación* de Bezout

$$1 = \lambda_1 r_1 + \lambda_2 r_2 \qquad (\lambda_1, \lambda_2 \in \mathbf{Z})$$

implica

$$a = a^{\lambda_2 r_2} . a^{\lambda_1 r_1} .$$

Hagamos $a_1 = a^{\lambda_2 r_2}$, $a_2 = a^{\lambda_1 r_1}$. Tenemos:

$$a_1^{r_1} = e = a_2^{r_2} ,$$

luego r_i es un múltiplo del orden ρ_i de a_i. Pero, puesto que a_1 y a_2, potencias de a, conmutan, tenemos:

$$a^{\rho_1 \rho_2} = (a_1\, a_2)^{\rho_1 \rho_2} = (a_1^{\rho_1})^{\rho_2} . (a_2^{\rho_2})^{\rho_1} = e ;$$

$\rho_1\, \rho_2$ es pues un múltiplo del orden $r_1\, r_2$ de a, por lo que, necesariamente, $\rho_i = r_i$.

Sea A_i el subgrupo cíclico de A engendrado por a_i. Puesto que $a \in A_1\, A_2$, tenemos $A \subseteq A_1\, A_2 \subseteq A$ de donde se deduce la igualdad:

$$A = A_1\, A_2 .$$

Por otra parte, la intersección $A_1 \cap A_2$ es un subgrupo de A_1 y de A_2, luego el orden, que divide a r_1 y r_2, es necesariamente 1:

$$A_1 \cap A_2 = E ,$$

luego

$$A = A_1 \times A_2 .$$

Progresivamente, se ve que *si el orden de un elemento a es de la forma* $r_1\, r_2\, ..\, r_k$, *donde las* r_i *son primas entre sí dos a dos, se tiene, para el grupo cíclico* $A = (a)$, *la descomposición directa*

(7) $$A = A_1 \times A_2 \times \cdots \times A_k$$

donde A_i *es un subgrupo cíclico de A de orden* r_i.

Descomponiendo en factores primos el orden de a,

$$O(a) = p_1^{\alpha_1} \ldots p_n^{\alpha_n}$$

es como se obtiene, para el grupo cíclico $A = (a)$, la descomposición directa *más fina:* $k = n$, $r_i = p_i^{\alpha_i}$.

Aplicaremos a esta proposición el estudio de los grupos cíclicos y de los grupos monógenos (revisión).

b) GRUPOS MONÓGENOS, GRUPOS CÍCLICOS

Estudiemos en primer lugar el *grupo aditivo* de los enteros de signo cualquiera, **Z**. **Z** es monógeno: $\mathbf{Z} = (+1) = (-1)$ y no tiene otros generadores que $+1$ y -1.

Sea S un subgrupo de **Z**. Si $S \neq (0)$, S tiene un elemento mínimo positivo, a. La división con resto de un elemento s cualquiera de S por a se escribe:

$$s = qa + r \qquad 0 \leqslant r < a$$

y tenemos $r \in S$, luego $r = 0$ según la definición de a, lo que implica $S = (a)$. Puesto que el subgrupo (0) es, también él, monógeno, podemos enunciar:

Teorema 2. *Todo subgrupo S de* **Z** *es monógeno.*

Adoptaremos, para S, el generador positivo (o nulo).

Consideremos entonces dos subgrupos (a), (b) de $\mathbf{Z}$, $\neq (0)$. Su intersección es de la forma

$$(a) \cap (b) = (m) \, .$$

Puesto que $m \in (a)$ y $m \in (b)$, el entero m es un múltiplo común de a y de b Por otra parte, todo múltiplo común de a y b pertenece al subgrupo $(a) \cap (b) = (m)$, luego es un múltiplo de m: finalmente, *m es el m.c.m. de a y b.*

Igualmente la suma $(a) + (b)$ es de la forma

$$(a) + (b) = (d) \, .$$

Tenemos $a \in (d)$ luego $d \mid a$ Igualmente, $d|b$. Por lo tanto d divide al m.c.d. δ de a y b. Por otra parte, tenemos $d \in (a) + (b)$, lo que se escribe

$$d = \lambda a + \mu b = (\lambda a' + \mu b') \, \delta$$

de donde $\delta \mid d$ y $d = \delta$.

Sea ahora $G = (a)$ un grupo monógeno cualquiera denotado multiplicativamente. La aplicación h de $\mathbf{Z}$ en G definida por

$$h(\lambda) = a^{\lambda} \qquad (\lambda \in \mathbf{Z})$$

es evidentemente un homomorfismo suprayectivo, su *núcleo* Ker (h) es un subgrupo de $\mathbf{Z}$.

1) Si Ker $(h) = (0)$, h es un *isomorfismo:* todas las potencias de a son diferentes, G es de orden infinito, $G \simeq \mathbf{Z}$.

2) Si no, $\mathrm{Ker}(h) = (N)$, $(N > 0)$ y en consecuencia $a^N = e$; tenemos: $G = \{e, a, \ldots, a^{N-1}\}$, $O(G) = N$. El grupo G es *cíclico.* Además, *tenemos:*

$$(\forall g \in G) \, , \qquad g^N = e \, ,$$

puesto que

$$g = a^{\lambda}, \quad g^N = a^{\lambda N} = (a^N)^{\lambda} = e.$$

Teorema 3. *Todo subgrupo S de un grupo monógeno G es monógeno (cíclico si G es cíclico).*

Sea $G = (a)$ y h el homomorfismo suprayectivo: $\mathbf{Z} \xrightarrow{h} G$ ya estudiado. La imagen recíproca $h^{-1}(S) = \{ \lambda ; \lambda \in \mathbf{Z} \mid a^{\lambda} \in S \}$ es un subgrupo de $\mathbf{Z}$, luego $h^{-1}(S) = (n)$ lo que implica

$$S = h((n)) = \{ a^{\mu n} ; \mu \in \mathbf{Z} \} = (a^n) .$$

Si G es cíclico, es de orden finito; S igualmente, luego S es cíclico.

Teorema 4. *Toda imagen homomorfa –en particular todo grupo cociente– de un grupo monógeno (cíclico) es monógena (cíclica).*

Sea f un homomorfismo suprayectivo

$$f : G \twoheadrightarrow \overline{G} = f(G) \qquad \text{con} \qquad G = (a) .$$

Si $\bar{x} \in \overline{G}$, tenemos

$$\bar{x} = f(x) = f(a^{\lambda}) = [f(a)]^{\lambda} \qquad \text{de donde } \overline{G} = (f(a)) .$$

Generadores de un grupo cíclico $G = (a)$, de orden N : $O(G) = N$

Lema 1. *El subgrupo engendrado por un elemento $g = a^k$ $(0 < k < N)$ de G coincide con el subgrupo (a^d), donde $d =$ m.c.d. (N, k).*

Tenemos $k = \lambda d$, luego $a^k \in (a^d)$, $(a^k) \subseteq (a^d)$.
Por otra parte, $d = uN + vk$ $(u, v \in \mathbf{Z})$ —*relación de Bezout*— de donde

$$a^d = (a^N)^u . (a^k)^v = (a^k)^v \in (a^k) ,$$

luego $(a^d) \subseteq (a^k)$, y la *igualdad* $(a^d) = (a^k)$.

Puesto que d divide a N, $N = qd$, los elementos diferentes del subgrupo (a^d) son e, $a^d, \ldots, a^{(q-1)d}$ y tenemos $O((a^d)) = q = N/d$, de donde

$$(1) \qquad O((a^k)) = O((a^d)) = \frac{N}{d} = \frac{N}{m.c.d. (N, k)}$$

El elemento $g = a^k$ es un generador del grupo G si y sólo si $O((a^k)) = N$, es decir si m.c.d.$(N, k) = 1$: *k primo con N.* El número de generadores distintos es pues el número de enteros como máximo iguales a $N = O(G)$ y primos con N: este número es una función φ del orden N del grupo, llamada *función de Euler* (o indicador de Euler).

Cálculo de la función de Euler $\varphi(n)$

Por definición, $\varphi(1) = 1$.

Si n es de la forma $n = p^{\alpha}$, siendo p primo, entre los p^{α} números $1, 2, \ldots, p^{\alpha}$, sólo los múltiplos λp de p $(\lambda = 1, 2, \ldots, p^{\alpha - 1})$ no son primos con p; luego:

$$\varphi(p^{\alpha}) = p^{\alpha} - p^{\alpha - 1} = p^{\alpha}\left(1 - \frac{1}{p}\right)$$

Si n ($\neq 1$) no es potencia de un número primo, se escribe por lo menos de una manera en la forma

$$n = ab, \text{ con } a > 1, b > 1, a \text{ y } b \text{ primos entre sí.}$$

Sea x un número inferior a n y primo con n; las divisiones con resto de x por a y b se escriben:

$$x = qa + r \qquad 0 \leqslant r < a\,, \qquad q < b\,;$$

$$x = q'b + s \qquad 0 \leqslant s < b\,, \qquad q' < a\,;$$

x es primo con a y b, luego r es primo con a, s es primo con b.

Recíprocamente, tratemos de determinar x mediante su resto r módulo a y su resto s módulo b, r primo con a, s primo con b. La diferencia

$$r - s = -qa + q'b$$

debe pertenecer a la suma $(a) + (b)$ de los grupos monógenos aditivos engendrados por a y b. Ahora bien, esta suma es el grupo engendrado por el m.c.d. de a y b que es 1, por hipótesis, es decir, el mismo grupo $\mathbf{Z}$. Tenemos siempre pues una relación de la forma

$$r - s = ua + vb \qquad (u, v \in \mathbf{Z})\,.$$

Efectuemos la división con resto de $-u$ por b:

$$-u = \lambda b + q \qquad (0 \leqslant q < b)\,;$$

queda

$$r - s = -qa + (v - \lambda a)\,b = -qa + q'b$$

haciendo $v - \lambda a = q'$; el entero

$$x = qa + r = q'b + s$$

es inferior a ab y primo con este número, ya que r es primo con a y s primo con b. De ello resulta

$$\varphi(ab) = \varphi(a)\,\varphi(b) \quad (a \text{ y } b \text{ primos entre sí}).$$

En consecuencia, si $n = p_1^{\alpha_1} \dots p_h^{\alpha_h}$ es la descomposición de n en factores primos:

$$\varphi(n) = \prod_{i=1}^{h} \varphi(p_i^{\alpha_i}) = n\left(1 - \frac{1}{p_1}\right) \cdots \left(1 - \frac{1}{p_h}\right).$$

Se observará que, para $n \geqslant 3$, el número de polígonos regulares de n lados inscritos en el círculo unidad y que tienen un mismo vértice A, es $1/2\ \varphi(n)$.

c) GRUPOS ABELIANOS DE ORDEN FINITO

Si en un grupo G, que en principio supondremos *cualquiera,* dos elementos a, b conmutan, $ab = ba$, tenemos: $(\forall \lambda \in \mathbf{Z})$, $(ab)^{\lambda} = a^{\lambda} b^{\lambda}$. Si $O(a) = \alpha, O(B) = \beta$, el orden ρ del producto ab es un divisor del m.c.m. μ de α y β; tomando $b = a^{-1}$, se ve que se puede tener $\rho < \mu$. Pero tenemos el siguiente teorema.

Teorema 5. *Si dos elementos a, b de un grupo G conmutan y si sus órdenes α, β son primos entre sí, su producto ab es de orden $\alpha\beta$.*

Demostremos por ejemplo que α divide a $\rho = O(ab)$. Lo mismo ocurrirá con β y, puesto que α y β son primos entre sí, $\alpha\beta$ dividirá a ρ (se ve por ejemplo considerando la descposición de ρ en factores primos); tendremos pues la *igualdad* $\rho = \alpha\beta$.

Tenemos $(ab)^{\beta} = a^{\beta} b^{\beta} = a^{\beta}$. Puesto que β es primo con el orden α de a, a^{β} es un *generador* del grupo cíclico (a) (lema 1, *b*)). Tenemos pues: $a = a^{\lambda\beta}$ $(\lambda \in \mathbf{Z})$ luego $a = (ab)^{\lambda\beta}$, de donde $(a) \subseteq (ab)$, lo que implica que $\alpha \mid \rho$.

Consideremos ahora un *grupo abeliano A que denotaremos aditivamente.* Sea P el conjunto de los elementos periódicos de A: es un *subgrupo* de A. Demostremos que el *grupo cociente A/P es sin torsión.*

Si un elemento X de A/P, distinto del elemento neutro, fuese de orden *finito* α un representante x de la clase X verificaría $x \notin P$, $\alpha x \in P$. Pero esta última relación implica: $(\exists \beta \in \mathbf{Z})$ tal que $\beta\alpha x = 0$: x sería pues periódico, lo que contradice $x \notin P$. Podemos enunciar:

Teorema 6. *El conjunto P de los elementos periódicos de un grupo abeliano A es un subgrupo de A y el grupo cociente A/P es sin torsión.*

Sea ahora un *número primo p* y sea S_p *el conjunto de los elementos a cuyo orden es una potencia de p:*

$$O(a) = p^{\lambda(a)} \qquad (\lambda(a) \geqslant 0)\,.$$

También tenemos $a^{-1} \in S_p$; si a y b pertenecen a S_p, el orden de su producto es también una potencia de p (eventualmente de exponente nulo): S_p *es pues un subgrupo de A.*

Supongamos ahora el grupo abeliano A, de orden finito:

$$O(A) = n = p_1^{\alpha_1} \dots p_r^{\alpha_r}\,, \qquad (p_i \text{ primos}, \qquad p_i \neq p_j,\ \alpha_i \geqslant 1)\,.$$

Si el número primo p no es uno de los factores primos $p_1, \dots, p_r$ de n, tenemos $S_p = (0)$ puesto que ninguna potencia de p es divisor de n. Consideremos pues solamente los números primos $p_1, \dots, p_r$ y, para simplificar la escritura, designemos por S_i el subgrupo formado por los elementos de A cuyo orden es una potencia de p_i.

La suma $A' = S_1 + \cdots + S_r$ es un subgrupo de A: si tuviéramos la inclusión *estricta* $A' \subset A$, el orden de un elemento a de $A - A'$, por ser un divisor m de $n = p_1^{\alpha_1} \dots p_r^{\alpha_r}$ sería de la forma

$$m = p_1^{\beta_1} \dots p_r^{\beta_r} \qquad (0 \leqslant \beta_i \leqslant \alpha_i),$$

y por lo tanto el grupo cíclico (a) admitiría, según el teorema 2, una descomposición directa en suma

$$(a) = (a_i) \oplus \cdots \oplus (a_k)$$

de grupos cíclicos (a_λ) de órdenes $p_\lambda^{\beta_\lambda}$, correspondiendo a los índices λ para los cuales el exponente β_λ no es nulo. Como $a_i \in S_i$, tendríamos

$$a \in S_1 + \cdots + S_r = A'$$

contrariamente a la hipótesis. Así, tenemos:

$$A = A' = S_1 + \cdots + S_r\,.$$

Además, esta descomposición de A es *directa* pues, si un elemento x pertenece por ejemplo a la intersección $S_1 \cap (S_2 + \cdots + S_r)$, tenemos:

$$x = s_1 = s_2 \dots s_r \qquad \text{con} \qquad O(s_i) = p_i^{\lambda_i}\,.$$

El orden de $s_2 + \cdots + s_r$ es $p_2^{\lambda_2} \dots p_r^{\lambda_r}$ $(\lambda_i \geqslant 0)$ (teorema 5). Como el de s_1 es $p_1^{\lambda_1}$, tenemos necesariamente $O(x) = 1$, $x = 0$. Podemos enunciar:

Teorema 7. *Todo grupo abeliano (aditivo) A de orden finito $n = p_1^{\alpha_1} \dots p_r^{\alpha_r}$ es suma directa de sus subgrupos $S_1, \dots, S_r$, siendo S_i el conjunto de los elementos de A cuyo orden es una potencia de p_i.*

Estudiemos ahora la estructura de un *grupo abeliano finito S todo elemento del cual tiene por orden una potencia* (de exponente $\geqslant 0$) *de un número primo p.* Vamos a demostrar[1] que tal grupo admite una descomposición directa en suma de grupos cíclicos.

Sea a un elemento de S de *orden máximo* p^α. Consideremos el conjunto $\mathscr{E}$ de los subgrupos X de S tales que $(a) \cap X = (0)$, $(\mathscr{E} \neq \varnothing)$, y sea H un subgrupo *máximo en* $\mathscr{E}$. Consideremos la suma

$$K = (a) + H = (a) \oplus H$$

puesto que $(a) \cap H = (0)$, y supongamos que K, subgrupo de S, sea *distinto de S.* Un elemento *no nulo* x de $S - K$ tiene por orden una potencia de p : $p^\lambda x = 0 \in K, \lambda \leqslant \alpha$. Sea

(1) Según L. Fuchs, *Grupos Abelianos;* lema 10-2.

μ *el entero más pequeño* tal que $p^\mu x \in K(\mu > 0)$. Si μ es mayor que 1, haciendo $p^{\mu-1} x = y$, tenemos $y \notin K$ y $py \in K$, lo que nos vuelve al caso $\mu = 1$. Sea pues $px \in K$, $x \notin K$. La primera de estas relaciones se escribe:

$$(7) \qquad px = ma + h \qquad (m \in \mathbf{Z},\ h \in H)\,.$$

El orden p^λ de x divide a p^α; tenemos pues

$$p^{\alpha-1} ma + p^{\alpha-1} h = p^\alpha x = 0\,,$$

de donde

$$p^{\alpha-1} ma \in (a) \cap H = (0) \qquad \text{es decir} \qquad p^{\alpha-1} ma = 0\,,$$

luego $p^\alpha = O(a)$ divide a $p^{\alpha-1} m$, es decir, $m = pr$ $(r \in \mathbf{Z})$ y (7) se escribe:

$$(8) \qquad p(x - ra) = h \in H\,.$$

Ahora bien, $x - ra \notin H$, pues si no $x = ra + h'$ pertenecería a K. El subgrupo $H' = (x-ra) + H$ contiene pues estrictamente a H; en consecuencia, siendo H máximo en ϵ, la intersección $H' \cap (a)$ no está reducida a cero: existe pues $za \neq 0 (z \in Z)$ tal que

$$za = z'(x - ra) + h'' \qquad (z' \in \mathbf{Z},\ h'' \in H)$$

de donde

$$z' x \in (a) + H = K\,.$$

Si z' fuera múltiplo de p, el elemento no nulo za pertenecería a H, según (8), lo que es imposible puesto que, por definición, $(a) \cap H = (0)$.

En consecuencia, z' y p son primos entre sí. La relación de Bezout, $1 = uz' + vp (u, v \in \mathbf{Z})$ implica entonces

$$x = uz' x + vpx \in K \qquad (\text{pues} \quad z' x \in K,\ px \in K)$$

lo que contradice la definición de x. Tenemos pues necesariamente $K = S$, es decir:

$$S = (a) \oplus H\,.$$

H es, como S, un grupo en el que todo elemento tiene por orden una potencia de p. Admite pues a su vez una descomposición directa en suma de un grupo cíclico (a') y de un subgrupo H'. Como todo elemento de (S) es representable, de manera única, en la forma $na + n' a' + h'$, tenemos $S = (a) \oplus (a') \oplus H'$. Como S es finito, el razonamiento no continúa indefinidamente: S admite pues una *descomposición directa en suma de grupos cíclicos:*

$$S = (a_1) \oplus (a_2) \oplus \cdots \oplus (a_k)\,.$$

Cada grupo cíclico (a_i) tiene un *orden* igual al de su generador, es decir, a una *potencia de p.* Hemos establecido el

Teorema 8. *Un grupo abeliano finito S todo elemento del cual tiene por orden una potencia de p, es suma directa de un número finito de grupos cíclicos que tienen por órdenes potencias de p.*

Corolario. *El orden de tal grupo S es también una potencia de p.*

El orden de S es en efecto el producto de los órdenes de los grupos cíclicos (a_i), luego de potencias de p. Vemos así que, para grupos abelianos finitos, los grupos donde todo elemento tiene por orden una potencia de p no son otra cosa que los p-grupos.

Conciliando los teoremas 7 y 8, obtenemos inmediatamente el

Teorema 9 (Frobenius y Stickelberger, 1878). *Un grupo abeliano de orden finito* $n = p_1^{\alpha_1} \dots p_r^{\alpha_r}$ *admite una descomposición directa en suma de grupos cíclicos cuyos órdenes son potencias de* $p_1, \dots, p_r$.

Un grupo cíclico (a) de orden p^λ debe tener por lo menos un elemento de orden p (a saber por ejemplo $p^{\lambda-1}a$); obtenemos el:

Corolario. Teorema de Cauchy (caso abeliano). *Si el orden de un grupo abeliano finito A es divisible por el número primo p, A contiene por lo menos un elemento de orden p.*

La ecuación de las clases, de Frobenius, *permite ampliar fácilmente el teorema de Cauchy al caso de un grupo finito cualquiera.* Sea $O(G) = kp, p$ primo. Si $k = 1$, es cíclico, su generador es de orden p. Razonemos pues por recurrencia sobre k.

Si G admite un *subgrupo propio S* cuyo orden es múltiplo de $p, O(S) = k'p$, tenemos $k' < k$ luego, por recurrencia, S contiene un elemento de orden p.

Supongamos finalmente que todo subgrupo *propio* de G sea de *orden no múltiplo de p.* En la ecuación de clases (ecuación (4), § 1),

$$kp = O(G) = O(C) + \Sigma d_i \qquad (1 < d_i \mid O(G))\,;$$

cada d_i es el índice $i_G(S_i)$ de un subgrupo propio de G, luego es múltiplo de p. De ello resulta que el orden del centro es múltiplo de p: C no es pues un subgrupo propio, $C = G$, y G, abeliano, contiene por lo menos un elemento de orden p.

Complemento

Volvamos a un *grupo abeliano finito S, todo elemento del cual tiene por orden una potencia del número primo p:* según el teorema 8, S admite una descomposición directa en suma de grupos cíclicos

(9) $$S = (a_1) \oplus \cdots \oplus (a_r), \qquad O(a_i) = p^{\alpha_i},$$

(S es pues un p-grupo, de orden p^α, $\alpha = \alpha_1 + \cdots + \alpha_r$). Hecho importante es que además se aplican a la descomposición (9) ciertas *propiedades de unicidad.*

Teorema 9'. *En la descomposición directa (9) del p-grupo abeliano S, el número r de los sumandos cíclicos y sus órdenes están determinados de forma única: son los "invariantes" del grupo S.*

Si S es de orden p, cíclico por tanto, el teorema es evidente.

Razonemos por recurrencia sobre el orden de S utilizando dos subgrupos de S: el subgrupo

$$S_p = \{ s, s \in S \mid ps = 0 \}$$

y el subgrupo

$$_pS = \{ px, x \in S \} .$$

En particular, para un grupo cíclico $C = (a)$ de orden p^α, tenemos inmediatamente:

$$C_p = (p^{\alpha-1} a) \text{ de donde } O(C_p) = p ,$$

$$_pC = (pa) \text{ de donde } O(_pC) = p^{\alpha-1} .$$

Según (9), para que un elemento s de S pertenezca a S_p, es necesario y suficiente que cada una de sus componentes s_i en (a_i) pertenezca a $(a_i)_p$. Tenemos pues

$$S_p = (p^{\alpha_1-1} a_1) \oplus \cdots \oplus (p^{\alpha_r-1} a_r) .$$

Cada sumando es de orden p. S_p es pues de orden p^r y, como S_p no depende más que de S, *el entero r queda determinado de forma única.*

Por otra parte, podemos suponer la colocación de los índices de las a_i de forma que se tenga: $\alpha_1 \geqslant \alpha_2 \geqslant \cdots \geqslant \alpha_r$ ($\geqslant 1$). Consideremos una segunda descomposición (con el mismo número r de sumandos):

(9') $$S = (b_1) \oplus \cdots \oplus (b_r), \qquad O(b_j) = p^{\beta_j},$$

y $$\beta_1 \geqslant \beta_2 \geqslant \cdots \geqslant \beta_r \, (\geqslant 1) .$$

Para que $_pS$ sea igual a (0), es necesario y suficiente que todos los α_i sean iguales a 1: esta propiedad tiene lugar, pues, al mismo tiempo para las dos descomposiciones (9) y (9') y, en este caso, queda demostrado el teorema.

En el caso contrario, designemos por ρ el mayor índice i para el cual se tiene: $\alpha_i > 1$ y por σ al mayor índice j para el cual se tiene: $\beta_j > 1$. El grupo ${}_pS$ admite las dos representaciones:

$${}_pS = (pa_1) \oplus \cdots \oplus (pa_\rho) = (pb_1) \oplus \cdots \oplus (pb_\sigma)$$

con

$$O(pa_i) = p^{\alpha_i - 1}, \qquad O(pb_j) = p^{\beta_j - 1}.$$

Como el orden de ${}_pS$ es inferior al de S, tenemos, según la hipótesis de recurrencia, $\sigma = \rho$ y $\alpha_i - 1 = \beta_i - 1$ para $i = 1, \ldots, \rho$, de donde, finalmente $\alpha_i = \beta_i$ para *todo* índice i.

d) CLASES DOBLES; TEOREMAS DE SYLOW (segunda demostración)

Consideremos un conjunto E y dos relaciones binarias $\mathscr{S}$, $\mathscr{T}(\subseteq E \times E)$. La *relación compuesta* $\mathscr{S} \circ \mathscr{T}$ *viene definida por*

$$x(\mathscr{S} \circ \mathscr{T})\, y \quad (x, y \in E) \text{ si existe } n \in E \text{ tal que } x\, \mathscr{S}\, m \text{ y } m\, \mathscr{T}\, y\,.$$

La composición de relaciones es visiblemente *asociativa.*

La reflexividad de $\mathscr{S}$ y de $\mathscr{T}$ implica la de $\mathscr{S} \circ \mathscr{T}$; no ocurre necesariamente lo mismo para la simetría ni para la transitividad. En particular, *si $\mathscr{S}$ y $\mathscr{T}$ son relaciones de equivalencia, $\mathscr{S} \circ \mathscr{T}$ no lo es necesariamente.* Pero tenemos la importante proposición siguiente:

Proposición 1. *La relación compuesta $\mathscr{S} \circ \mathscr{T}$ de dos equivalencias $\mathscr{S}$, $\mathscr{T}$ definidas sobre el mismo conjunto E es simétrica si y sólo si $\mathscr{S}$ y $\mathscr{T}$ son permutables, es decir, $\mathscr{S} \circ \mathscr{T} = \mathscr{T} \circ \mathscr{S}$. Entonces $\mathscr{S} \circ \mathscr{T}$ es transitiva: es una equivalencia.*

$\mathscr{S} \circ \mathscr{T}$ es simétrica si y sólo si

$$x(\mathscr{S} \circ \mathscr{T})\, y \quad \text{implica} \quad y(\mathscr{S} \circ \mathscr{T})\, x\,,$$

es decir si, siendo m un elemento conveniente de $\mathscr{T}$, $y\, \mathscr{S}\, m$ y $m\, \mathscr{T}\, x$. Como $\mathscr{S}$ y $\mathscr{T}$ equivalencias, esto se escribe también: $x\, \mathscr{T}, m$ y $m\, \mathscr{S}\, y$ es decir, $x(\mathscr{T} \circ \mathscr{S}) y$. Es pues necesario y suficiente que $\mathscr{S} \circ \mathscr{T}$ y $\mathscr{T} \circ \mathscr{S}$ se verifiquen para los mismos pares (x, y), es decir que $\mathscr{S} \circ \mathscr{T} = \mathscr{T} \circ \mathscr{S}$.

Si se cumple esta condición, y si además tenemos $y(\mathscr{S} \circ \mathscr{T})\, z$, podemos escribir: $x(\mathscr{S} \circ \mathscr{T} \circ \mathscr{S} \circ \mathscr{T})\, z$, es decir, $x(\mathscr{S} \circ \mathscr{S} \circ \mathscr{T} \circ \mathscr{T})\, z$ y, puesto que las equivalencias $\mathscr{S}$ y $\mathscr{T}$ son transitivas: $x(\mathscr{S} \circ \mathscr{T})\, z$. Luego $\mathscr{S} \circ \mathscr{T}$ es transitiva, por lo que es una equivalencia.

Casos particulares

1) Tomemos como conjunto E un grupo G y como equivalencias $\mathscr{S}$, $\mathscr{T}$ las equivalencias regulares por la derecha $\mathscr{R}_S$, $\mathscr{R}_T$ asociadas a dos subgrupos S y T de G. Dos elementos

g y a de G verifican $g(\mathcal{S} \circ \mathcal{T})\, a$ si y sólo si existe $b \in G$ tal que $g \mathcal{S} b$ y $b \mathcal{T} a$; es decir $g \in Sb$, $b \in Ta$ luego finalmente $g \in STa$. En particular, $u(\mathcal{S} \circ \mathcal{T})\, e$ equivale a $u \in ST$. Las condiciones análogas para la relación $\mathcal{T} \circ \mathcal{S}$ se escriben $g \in TSa$ y $u \in TS$. En consecuencia, *tenemos* $\mathcal{S} \circ \mathcal{T} = \mathcal{T} \circ \mathcal{S}$ *si y sólo si los subgrupos S y T son permutables:* $ST = TS$.

2) Tomemos de nuevo $\mathcal{S} = \mathcal{R}_S$ pero reemplacemos $\mathcal{R}_T$ por ${}_T\mathcal{R}$, equivalencia regular *por la izquierda* asociada al subgrupo T. Aquí, $y(\mathcal{S} \circ \mathcal{T})\, x$ significa que existe m tal que $y \in Sm$ y $m \in xT$ luego $y \in SxT$, mientras que $y(\mathcal{T} \circ \mathcal{S})\, x$ significa que existe m' tal que $y \in m'T$ y $m' \in Sx$, es decir, de nuevo $y \in SxT$. Luego tenemos *siempre* $\mathcal{S} \circ \mathcal{T} = \mathcal{T} \circ \mathcal{S}$ y $\mathcal{S} \circ \mathcal{T}$ es una equivalencia $\mathcal{B}$ tal que la clase de x sea

$$\mathcal{B}(x) = SxT\,.$$

Podemos enunciar:

Teorema 10. *Dados dos subgrupos S y T de un grupo G,*

a) *Las equivalencias regulares por la derecha $\mathcal{R}_S$ y $\mathcal{R}_T$ asociadas a ellos son permutables si y sólo si S y T lo son; entonces $\mathcal{R}_S \circ \mathcal{R}_T$ es la equivalencia regular por la derecha $\mathcal{R}_{ST}$ asociada al subgrupo producto;*

b) *la equivalencia regular por la derecha $\mathcal{R}_S$ y la equivalencia regular por la izquierda ${}_T\mathcal{R}$ son siempre permutables; la relación compuesta $\mathcal{B} = \mathcal{R}_S \circ {}_T\mathcal{R}$ es pues siempre una equivalencia; la clase de x viene dada por $\mathcal{B}(x) = SxT$.*

Definición. Las clases $\mathcal{B}(x) = SxT$ reciben el nombre de *clases dobles* con respecto al par (ordenado) de dos subgrupos S y T. Las clases dobles fueron introducidas por Cauchy y su estudio lo prosiguió Frobenius.

La clase unidad $\mathcal{B}(e)$ es el producto ST. La equivalencia $\mathcal{B}$ no tiene, *en general*, ninguna propiedad de regularidad. Pero si S es subgrupo *normal* de G, tenemos $SxT = x\, ST$ luego $\mathcal{B}$ es regular por la izquierda y descompone a G en clases por la izquierda con respecto al subgrupo ST.

La clase doble $\mathcal{B}(x) = SxT = \bigcup_{s \in S} sxT$ *es la unión de las clases por la izquierda con respecto a T* que contienen un elemento de la forma sx, es decir, *que encuentran a la clase por la derecha* Sx de x con respecto a S. Para que dos elementos s, s_1 de S sean tales que $sxT = s_1\, xT$, es necesario y suficiente que $x^{-1} s_1^{-1} sx \in T$ o bien, $s_1^{-1} s \in xTx^{-1}$. Como $s_1^{-1} s \in S$, la condición precedente se escribe:

$$s_1^{-1}\, s \in S \cap xTx^{-1}$$

y significa que s_1 y s *pertenecen a una misma clase por la izquierda de S con respecto a su subgrupo* $S \cap xTx^{-1}$. El número k de clases distintas por la izquierda, con respecto a T, que están contenidas en $\mathscr{B}(x)$ es pues el *índice* en S de $S \cap xTx^{-1}$, es decir, suponiendo G finito:

$$k = i_S(S \cap xTx^{-1}) = \frac{O(S)}{O(S \cap xTx^{-1})}$$

y tenemos:

$$\text{card } \mathscr{B}(x) = \frac{O(S)\,O(T)}{O(S \cap xTx^{-1})}.$$

Observación. De la misma forma se puede determinar el número de clases por la derecha con respecto a S contenidas en $\mathscr{B}(x)$; Se obtiene

$$k' = \frac{O(T)}{O(T \cap x^{-1}\,Sx)},$$

luego

$$\text{card } \mathscr{B}(x) = \frac{O(T)\,O(S)}{O(T \cap x^{-1}\,Sx)}.$$

Resulta claro a priori que los subgrupos *conjugados*

$$A = S \cap xTx^{-1} \quad \text{y} \quad B = T \cap x^{-1}\,Sx$$

tienen el mismo orden.

Utilizando lo que precede, vamos a ver una *segunda demostración de los teoremas de Sylow.*

Teorema 11. *Sea G un grupo de orden finito, $O(G) = mp^r$, siendo p un número primo que no divide a m. Para todo entero α que verifique $1 \leqslant \alpha \leqslant r$, G admite por lo menos un subgrupo H de orden p^α y, si se tiene, $\alpha \leqslant r - 1$, H es normal en un subgrupo K de orden $p^{\alpha+1}$.*

Según el teorema de Cauchy (corolario del teorema 10), G admite por lo menos un subgrupo de orden p. Sea entonces H un subgrupo de orden p^α $(1 \leqslant \alpha \leqslant r - 1)$; demostremos que G contiene un subgrupo K de orden $p^{\alpha+1}$. Consideremos la partición de G en clases dobles HxH. Tal clase $Hx_i H$ es la unión de clases por la derecha Ha, en número

$$(10) \qquad k_i = i_H(H \cap x_i\,Hx_i^{-1});$$

k_i divide al orden p^α de H, luego es *igual a 1 o a una potencia de* p.

El número total de clases por la derecha, $i_G(H)$, es múltiplo de p $(\alpha \leqslant r - 1)$ pero este número es la suma de las k_i:

$$(11) \qquad i_G(H) = \sum_i k_i,$$

luego

$$p \mid \sum_i k_i,$$

y en consecuencia *el número de enteros k_i iguales a 1 es necesariamente un múltiplo de p.*

Según (10), $k_i = 1$ equivale a $H \cap x_i H x_i^{-1} = H$ luego, por ser H finito, a $x_i H x_i^{-1} = H$, es decir, al hecho de que x_i pertenece al *normalizador* N de H. En este caso, la clase doble $Hx_i H$ coincide con la clase por la derecha Hx_i. El número de enteros k_i iguales a 1 no es pues otra cosa que el índice $i_N(H)$ de H en N. Puesto que este número es múltiplo de p, *el grupo cociente $N/H (H \lhd N)$ tiene un orden múltiplo de p: $O(N/H) = \lambda p$.*

Según el teorema de Cauchy, N/H tiene un subgrupo C de orden p. Sea $\gamma : N \twoheadrightarrow N/H$, el homomorfismo canónico de N sobre N/H y $\gamma^{-1}(C) = K$ la imagen recíproca de C. K *es un subgrupo de* N ($x_1, x_2 \in K$ implica, haciendo $\gamma(x_i) = X_i = x_i H$, $\gamma(x_1 x_2^{-1}) = X_1 X_2^{-1} \in C$, luego $x_1 x_2^{-1} \in K$).

Por otra parte, K es la unión de las p clases $X = xH$ que son elementos de C; cada una de estas clases tiene (en tanto que conjunto) un número de elementos igual a $O(H) = p^\alpha$. Tenemos pues $O(K) = p^{\alpha+1}$ lo que establece la existencia de un subgrupo K (de N, luego de G) de orden $p^{\alpha+1}$, con la doble inclusión $H \subseteq K \subseteq N$. H, normal en N, luego a fortiori en K. Queda pues demostrado el teorema.

En particular, G admite por lo menos un grupo de orden p^r llamado (como en § 1), *p-subgrupo de Sylow* de G. El teorema 11 implica, progresivamente, que todo subgrupo de orden p de G está contenido en un p-subgrupo de Sylow.

Observemos también que un grupo G de orden p^r es su único p-subgrupo de Sylow; según el teorema 11, G admite subgrupos de orden p^{r-1} y cada uno de estos subgrupos es *normal* (en G).

Teorema 12. *Los p-subgrupos de Sylow de G son conjugados.*

Sean S y T dos p-subgrupos de Sylow de G. Consideremos la descomposición de G en clases dobles SxT y sea $k = i_S(S \cap xTx^{-1})$ *el número de clases por la izquierda con respecto a T contenidas en SxT.*

Este entero k divide a $O(S) = p^r$, luego es igual a 1 o a una potencia de p. Ahora bien, $\Sigma\, k = i_G(T)$ no es múltiplo de p: existe pues por lo menos una clase doble para la cual $k = 1$ es decir, $S \cap xTx^{-1} = S$ de donde $xTx^{-1} \subseteq S$, luego $xTx^{-1} = S$ (puesto que estos dos grupos son de igual orden, p^r).

Teorema 13. *El número ν de p-subgrupos de Sylow de un grupo finito G (de orden múltiplo de p) es congruente con 1 módulo p y divide al orden de G.*

El teorema es inmediato si $\nu = 1$. Supongamos $\nu > 1$ y sean $S_1, \ldots, S_\nu$ los p-subgrupos de Sylow. S_1, por ejemplo, opera en el conjunto $\{ S_1, S_2, \ldots, S_\nu \}$ por efecto de los automorfismos internos *asociados a sus elementos.* El cardinal k_i de una clase de conjugados $s_1 S_i s_1^{-1}$, $s_1 \in S_1$ $(i \neq 1)$, es el *índice* en S_1 de la intersección $K_i = S_1 \cap N_i$, designando con N_i al normalizador de S_i en G.[1]

Pero S_i es también un p-subgrupo de Sylow de N_i y es el *único,* puesto que es normal en N_i por lo que coincide con sus conjugados en N_i. Ahora bien, para $i \neq 1$, la igualdad $K_i = S_1$ implicaría $S_1 \subseteq N_i$ luego $S_1 = S_i$ lo que no es. Tenemos pues la inclusión *estricta* $K_i \subset S_1$, de donde $k_i = p^{e_i}$, $e_i > 0$ $(i \neq 1)$. Como por otra parte la clase de S_1 se reduce a S_1, tenemos $k_1 = 1$ y finalmente:

$$\nu = 1 + \lambda p \qquad (\gamma \text{ entero}).$$

Además, según el teorema 12, el número ν de p-subgrupos de Sylow, $S_1, \ldots, S_\nu$, es el índice del normalizador de S_1 : en consecuencia, ν divide al orden de G.

EJERCICIOS

1. Sea G un grupo *no abeliano* de orden p^3, p primo. Sea x el número de clases de conjugación cuyo cardinal es p, e y el número de clases de conjugación cuyo cardinal es p^2. Demostrar que x e y verifican una relación sencilla. ¿Puede tenerse $x = 0$? Examinar el caso particular $p = 2$. ¿Cuáles son x e y en el caso del grupo de los cuaternios?

2. Sea G un grupo de orden finito g, que admite dos subgrupos S y T de órdenes s y t *primos entre sí* y tales que $st = g$. Determinar el cardinal del producto

$$ST = \{ st ; s \in S, t \in T \} :$$

y deducir de allí que S y T son permutables. Si $g = p^\alpha q^\beta$ donde p y q son números primos distintos, ¿cuál es el producto de un p-subgrupo de Sylow por un q-subgrupo de Sylow?

3. Se llama *centralizador* de una parte A de un grupo C al conjunto C_A de los elementos c de G que tienen la propiedad: $(\forall a \in A)$, $ca = ac$. Demostrar que C_A es un subgrupo del normalizador N_A y que coincide con él si card $A = 1$. Para que un subgrupo normal H de G tenga un centralizador igual a su normalizador, es necesario y suficiente que H esté contenido en el centro de G.

4. *a)* Sea G un grupo de orden $n = mp$ donde p es un número primo que no divide a m. Demostrar que el número k_p de los subgrupos de G son de orden p es un divisor de m.

b) Si m es un número primo q mayor que $p : p < q$, G admite un subgrupo normal de orden q y uno solo.

c) Cumplidas las hipótesis *de b),* se supone además que q no es congruente a 1 módulo p. Demostrar que entonces G es cíclico (ejemplo: $p = 3$, $q = 5$).

[1] Dos elementos s_1, t_1 de S_1 dan en efecto el mismo conjugado de S_i : $s_1 S_i s_1^{-1} = t_1 S_i t_1^{-1}$ si y sólo si $s_1^{-1} t_1$ conmuta con S_i, de donde $s_1^{-1} t_1 \in S_1 \cap N_i$.

capítulo III

Generación de grupos

§ 1. *RETÍCULOS DE SUBGRUPOS Y DE Δ-SUBGRUPOS*

Dado un grupo o un Δ-grupo G, nos proponemos estudiar los siguientes conjuntos:
– el conjunto $\mathscr{S}$ de los *subgrupos*;
– el conjunto $\mathscr{N}$ de los *subgrupos normales* (o distinguidos);
– el conjunto $\mathscr{S}_\Delta$ de los *Δ-subgrupos*;
– el conjunto $\mathscr{N}_\Delta$ de los *Δ-subgrupos normales.*
Para un mismo Δ-grupo G, tenemos evidentemente las inclusiónes

$$\mathscr{N} \subseteq \mathscr{S}, \qquad \mathscr{N}_\Delta \subseteq \mathscr{S}_\Delta \subseteq \mathscr{S}, \qquad \mathscr{N}_\Delta \subseteq \mathscr{N}.$$

Cada uno de los conjuntos precedentes está provisto de la relación de inclusión $X \subseteq Y$, restricción al conjunto considerado de la inclusión en el conjunto $\mathscr{P}(G)$ de las partes de G. Estos conjuntos son pues *conjuntos ordenados* por inclusión y habremos de utilizar las nociones más fundamentales y algunos resultados relativos a los conjuntos ordenados, más particularmente, referentes a los conjuntos de las partes de un conjunto dado.

a) CONJUNTOS ORDENADOS

Un *conjunto ordenado* E es un conjunto provisto de una *relación de orden,* es decir, de una relación binaria $\leqslant$, *reflexiva, transitiva* y *propia* (o *antisimétrica*): $x \leqslant y$ y $y \leqslant x$ implican $x = y$. También se utilizan las notaciones $\preccurlyeq$, $\subseteq$, $|$, etc.

Dos elementos a, b de un conjunto ordenado E para los cuales se tiene $a \leqslant b$ o bien $b \leqslant a$ reciben el nombre de *comparables.* Si se tiene esta propiedad cualesquiera que sean $a, b \in E$, se dice que el orden es *total,* y que E está *totalmente ordenado;* también se dice que E es un *cadena.*

La restricción del orden de E a una parte A de E es también una relación de orden: toda parte A de E es pues un conjunto ordenado.

Si se tiene $a < b$ (estrictamente) y si no existe ningún x que verifique $a < x < b$, se dice que b *cubre* a a.

Diagrama. Con frecuencia resulta cómodo representar un conjunto ordenado E (suficientemente simple) mediante un conjunto de puntos del plano, biyectivamente. Se une el punto a (que representa al elemento a de E) con el punto b mediante un *trazo ascendente,* provisto de una flecha, si y sólo si b cubre a a.

Por ejemplo, el conjunto de los enteros $\{1, 2, 3, 4, 6, 8, 9\}$ *ordenado por divisibilidad,* puede representarse mediante el diagrama

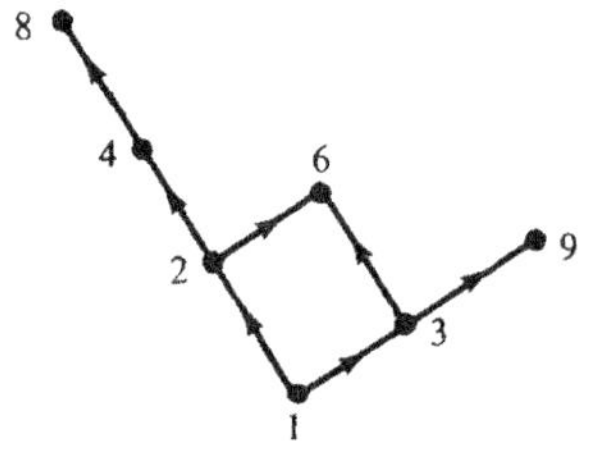

Es evidente que los diagramas pueden utilizarse también para *definir* o *construir* conjuntos ordenados. Para simplificar, pueden omitirse las flechas.

Una parte A de un conjunto ordenado E admite un *elemento máximo* u si se tiene: $u \in A$ y$(\forall a \in A), a \leqslant u$; un *elemento mínimo* z si se tiene: $z \in A$ y $(\forall a \in A)$, $z \leqslant a$.

Un elemento m *de* A es *máximal* si $m \leqslant a$ y $a \in A$ *implican* $m = a$; un elemento p de A es *mínimal* si $a \leqslant p$, $a \in A$ implican $a = p$.

El conjunto $\{1, 2, 3, 4, 6, 8, 9\}$ ordenado por la relación de divisibilidad admite un elemento mínimo 1 y tres elementos maximales 6, 8, 9.

Un *minorante* de una parte A de un conjunto ordenado E es un elemento m de E tal que se tenga:

$$(\forall a \in A) \qquad m \leqslant a.$$

Todo elemento inferior a m es también un minorante. *Si el conjunto de los minorantes de A admite un elemento máximo, este minorante máximo* recibe el nombre de *cota inferior* (o *ínfimo*) de A y se designa por inf A o bien por $\bigwedge_{x \in A} x$, por $x \wedge y$ o por inf (x, y) si $A = \{x, y\}$.

Se llama *inf-semirretículo* a un conjunto *ordenado* T en el *cual dos elementos cualesquiera tienen cota inferior (o ínfimo).* Es entonces inmediato, progresivamente, que toda parte finita $\{a_1, \ldots, a_n\}$ $(n > 2)$ tiene cota inferior, inf $(a_1, \ldots, a_n)$; en particular, inf$[a_1, \text{inf}(a_2, a_3)]$es cota inferior de$\{a_1, a_2, a_3\}$,tenemos:

$$a_1 \wedge (a_2 \wedge a_3) = \bigwedge_{i \in \{1,2,3\}} a_i = (a_1 \wedge a_2) \wedge a_3 .$$

La ley de composición $\wedge$ es pues *asociativa.* Es también evidentemente *conmutativa* e *idempotente*$(x \wedge x = x)$. Recíprocamente, se demuestra que todo conjunto E provisto de una ley de composición interna $\top$ asociativa, conmutativa e idempotente puede estar ordenando, haciendo $x \leqslant y$ si y sólo si $x \top y = x$ y que E, así ordenado, es un semi-rretículo en el cual

$$\inf(x, y) = x \top y$$

(ver ejercicio 1 o nuestra Algebra Moderna, Capítulo V, § 5).

Un inf-semirretículo T es *completo* si la cota inferior existe para toda parte no vacía, finita o *infinita.* En particular, el mismo T admite una *cota inferior* que aquí es *elemento mínimo.*

Si, para dos inf-semirretículos T, T', se tiene $T \subseteq T'$ y si la cota inferior de dos elementos a, b cualesquiera de T es *la misma en* T *que en* T', se dice que T es un *sub-inf-semirretículo* de T'. Si T y T' son completos y si, para toda parte *no vacía* A de T, la cota inferior de A en T es la misma que en T', se dice que T es *sub-inf-semirretículo completo de* T'.

Se define de forma *dual* (es decir, cambiando el sentido de las desigualdades) los *mayorantes* eventuales de una parte A de un conjunto ordenado E, designando la *cota superior* o supremo (mayorante mínimo), si existe, por *sup,* o por el signo $\vee$. Un - *sup-semirretículo* es un conjunto ordenado en el cual $a \vee b$ existe para todo para (a, b) de elementos de E. Tenemos las mismas propiedades que para un inf-semirretículo. Un sup-semirretículo es *completo* si toda parte A *no vacía,* finita o infinita, admite cota superior.

Un conjunto ordenado T es un *retículo* si todo par *(a, b)* de elementos de T admite cota inferior y cota superior. Entonces, tenemos en T dos leyes $\vee$ y $\vee$, cada una de las cuales es asociativa, conmutativa e idempotente y además están relacionadas por la *doble ley de absorción:*

$$(\forall x, y \in T) \qquad x \wedge (x \vee y) = x\,, \qquad x \vee (x \wedge y) = x\,.$$

Se demuestra recíprocamente que todo conjunto provisto de dos leyes internas $\perp$ y $\perp$, cada una de las cuales es asociativa, conmutativa e idempotente, y que verifica la doble ley de absorción, puede estar provisto de un orden definido (de forma equivalente) por $x \leqslant y$ si $x \top y = x$ o bien $x \perp y = y$ y que entonces es un retículo, coincidiendo $\wedge$ con $\top$ y $\vee$ con $\perp$ (ejercicio 1, o nuestra Algebra Moderna, Capítulo V, § 5).

Si *toda* parte no vacía de un retículo T admite cota superior y cota inferior, T es un *retículo completo.* Tenemos el importante

Teorema 1. *Todo inf-semirretículo completo T con elemento máximo u es un retículo completo.*

Sea A una parte no vacía de T. El conjunto M de los mayorantes m de A no es vacío, puesto que $u \in M$. Como T es un inf-semirretículo completo, M tiene *cota inferior* s.

Ahora bien, para *todo* elemento a de A, tenemos:

$$(\forall m \in M), \qquad a \leqslant m ;$$

a es pues un *minorante* de M, lo que implica $a \leqslant s$. Por consiguiente, s es un mayorante de A, es decir, $s \in M$. Pero puesto que s es minorante (mayor) de M, es su *más pequeño elemento.* Finalmente, A admite la cota superior s.

Un *subrretículo* S de un retículo T es un subconjunto T tal que, si se le ordena por la restricción a S del orden de T, existe, para todo par (s_1, s_2) de elementos de S, una cota inferior y una cota superior *en* S, que coinciden, respectivamente, con la cota correspondiente *en* T. De forma análoga se define un subrretículo completo de un retículo completo.

Un retículo T es *distributivo* si cada una de las leyes de composición $\wedge$ y $\vee$ es distributiva con respecto a la otra:

(1) $$x \wedge (y \vee z) = (x \wedge y) \vee (x \wedge z), \qquad (\forall x, y, z \in T),$$

(1') $$x \vee (y \wedge z) = (x \vee y) \wedge (x \vee z).$$

En realidad, estas dos condiciones se reducen a una: cada una de ellas implica la otra (ver ejercicio 2, o nuestra Algebra Moderna, Capítulo V, § 6).

Ejemplo. El conjunto de las partes $\mathscr{P}(E)$ de un conjunto E es un conjunto ordenado por la relación de inclusión $\subseteq$. Es un *retículo completo,* siendo la cota superior de un conjunto $\mathscr{M}$ de partes la *reunión* $R = \bigcup_{X \in \mathscr{M}} X$ y su cota inferior la *intersección* $I = \bigcap_{X \in \mathscr{M}} X$. $\mathscr{P}(E)$ admite un elemento máximo, E, y un elemento mínimo $\varnothing$. Además, el retículo $\mathscr{P}(E)$ es *distributivo.* Recordemos finalmente que está *complementado,* es decir, que para cada $X \in \mathscr{P}(E)$, existe Y tal que $X \cap Y = \varnothing$ y $X \cup Y = E$: este Y no es otra cosa que la parte *complementaria* $E - X$ (o bien, $\complement_E X$); de forma general, la unicidad del complementario es una consecuencia de la distributividad (ver ejercicio 2, o nuestra Algebra Moderna, Capítulo V, § 6, teorema 1: un retículo distributivo, con elementos máximo y mínimo, y complementado, es lo que se llama un *retículo de Boole).*

Ya que el conjunto E está provisto de una cierta estructura, en particular de una estructura algebraica, nos vemos llevados a considerar en E ciertas partes notables, a ordenar el conjunto $\mathscr{F}$ de estas partes por la relación de inclusión (restringida a $\mathscr{F}$) y a estudiar las propiedades del conjunto ordenado $\mathscr{F}$.

Definición. Se llama *familia de Moore* (o *sistema de clausura*) a todo conjunto $\mathscr{F}$ de partes de un conjunto dado E que tiene las propiedades:

1) $E \in \mathscr{F}$ (luego es su *elemento máximo*);
2) *toda intersección (finita o infinita) de partes pertenecientes a* $\mathscr{F}$, *pertenece a* $\mathscr{F}$.

Según las definiciones, dado un grupo G, *el conjunto* $\mathscr{S}$ *de los subgrupos de* G, *el conjunto* $\mathscr{N}$ *de sus subgrupos normales, los conjuntos* $\mathscr{S}_\Delta$ y $\mathscr{N}_\Delta$ *de sus Δ-subgrupos y de sus Δ-subgrupos normales, son familias de Moore.*

Ahora bien, por definición, toda familia de Moore es un inf-semirretículo completo y posee un elemento máximo. *Una familia de Moore es pues un retículo completo* (teorema 1). En particular, dado un *grupo* G, *los conjuntos* $\mathscr{S}$, $\mathscr{N}$, $\mathscr{S}_\Delta$, $\mathscr{N}_\Delta$ *son retículos completos.*

De acuerdo con la propia demostración del teorema 1, no hay ninguna razón para que, en una familia de Moore $\mathscr{M}$ de partes de un conjunto E, la cota superior sea la reunión de conjuntos. Por ejemplo, consideremos un espacio vectorial V ($\mathbf{R}_3$ en la figura)

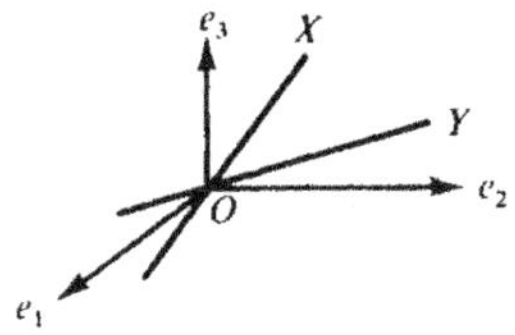

y dos subespacios X, Y; su cota superior (es decir, el subespacio más pequeño que los contiene) es su *suma* $X + Y$ que, para $X \neq Y$, contiene estrictamente a la unión $X \cup Y$. Es pues esencial *determinar la cota superior en el retículo de los subgrupos* $\mathscr{S}$, $\mathscr{N}$, $\mathscr{S}_\Delta$, $\mathscr{N}_\Delta$ observamos desde ahora que, en general, estos conjuntos de subgrupos no son subrretículos de $\mathscr{P}(G)$, sino solamente sub-inf-semirretículos.

Un concepto próximo al de familia de Moore, el de *cierre (o clausura) de Moore*, resultará también útil. Dado un conjunto cualquiera E, *consideremos una familia de* Moore $\mathscr{F}$, de partes de E. Para toda parte A de E, consideremos el conjunto $\mathscr{M}$ de las partes $F \in \mathscr{F}$ que contiene a A. $\mathscr{M}$ no es vacío, ya que $E \in \mathscr{M}$. La intersección $I = \bigcap_{F \in \mathscr{M}} F$ pertenece a $\mathscr{F}$ y contiene a A: I es pues *elemento mínimo de* $\mathscr{M}$. Así, en una familia de Moore $\mathscr{F}$, existe siempre un elemento mínimo I que contiene a una parte dada A: pongamos $I = \bar{A}$. Se dice que $\bar{A}$ es el elemento de $\mathscr{F}$ *engendrado por A*. Si E es un espacio vectorial, $\bar{A}$ es el *subespacio engendrado por A* (menor subespacio que contiene a A).

Volvamos al caso general. Asociando a A esta parte $\bar{A} \in \mathscr{F}$ engendrada por A, definimos una aplicación μ de $\mathscr{P}(E)$ en $\mathscr{P}(E)$: $\mu(A) = \bar{A}$. Según la definición de $\bar{A}$, esta aplicación μ tiene las siguientes propiedades:

(i) es *extensiva*: $A \subseteq \mu(A)$ o bien $A \subseteq \bar{A}$;
(ii) es *creciente* (o *isotona*): $A \subseteq B$ implica $\mu(A) \subseteq \mu(B)$ o bien $\bar{A} \subseteq \bar{B}$;

(iii) es *idempotente*: $\mu[\mu(A)] = \mu(A)$ o bien $\bar{\bar{A}} = \bar{A}$.

Se dice que μ es el *cierre (o clausura) de Moore* asociado a la familia de Moore $\mathscr{F}$ y que las imágenes $\mu(A) = \bar{A}$ son los *cerrados* asociados a $\mathscr{F}$.

Recíprocamente, consideremos una aplicación φ de $\mathscr{P}(E)$ en $\mathscr{P}(E)$ y demostremos que, *si φ posee las tres propiedades precedentes, la imagen $\mathscr{F} = \varphi[\mathscr{P}(E)]$ es una familia de Moore;* además, *φ es el cierre de Moore asociado a esta familia.*

Según (i), tenemos, $E \subseteq \varphi(E)(\subseteq E)$, luego $E = \varphi(E) \in \mathscr{F}$.

Por otra parte, sea $\mathscr{X}$ un subconjunto no vacío de $\mathscr{F}$ e $I = \bigcap_{X \in \mathscr{X}} X$. Tenemos $I \subseteq \varphi(I)$. Pero la inclusión $I \subseteq X$ $(\forall X \in \mathscr{X})$ implica, según (ii), $\varphi(I) \subseteq \varphi(X)$. Ahora bien, $X \in \mathscr{F}$, luego $X = \varphi(Y)$, de donde $\varphi(X) = X$, según (iii). Tenemos pues $\varphi(I) \subseteq X (\forall X \in \mathscr{X})$, de donde $\varphi(I) \subseteq I$ y la *igualdad* $\varphi(I) = I$. Luego I pertenece a $\mathscr{F}$ y $\mathscr{F}$ es por tanto una *familia* de Moore.

Si ahora F es un elemento de $\mathscr{F}$ que contiene a una parte dada A, $A \in \mathscr{P}(E)$, tenemos $\varphi(A) \in \mathscr{F}$ y la inclusión $A \subset F$ implica

$$\varphi(A) \subseteq \varphi(F) = F,$$

según (ii) y (iii). Luego $\varphi(A)$ es el menor elemento de $\mathscr{F}$ que contiene a A y *φ es por tanto el cierre de Moore asociado a $\mathscr{F}$.*

Observación. Los "cerrados" de un espacio topológico E forman igualmente una *familia de Moore* que es *estable para la unión finita:* luego los cerrados forman un *subrretículo* del retículo de las partes de $\mathscr{P}(E)$. Pero en general, *este subrretículo no* es completo (los axiomas de los espacios topológicos solamente estipulan que *toda intersección finita de abiertos es un abierto,* o que *toda unión finita de cerrados es un cerrado).* Así, los cierres de Moore que intervienen en Topología son cierres de Moore *particulares.*

Finalmente, debemos hacer constar también que *en general los retículos de subgrupos no son distributivos* como lo era $\mathscr{P}(E)$. En el espacio vectorial $\mathbf{R}^2$, por ejemplo,

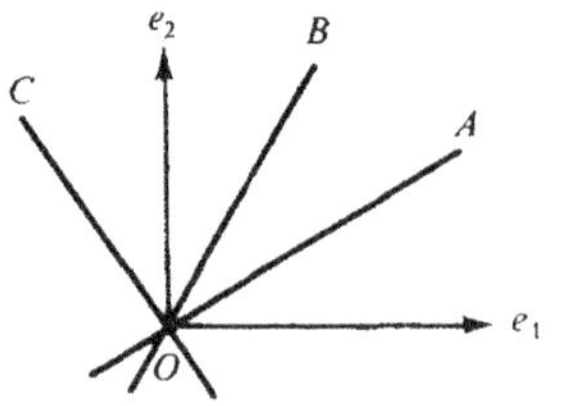

tomando tres subespacios A, B, C de dimensión 1, distintos dos a dos, tenemos:

$$A \wedge (B \vee C) = A \wedge E = A,$$

$$(A \wedge B) \vee (A \wedge C) = 0 \vee 0 = 0.$$

El retículo de los subespacios de un espacio vectorial no es pues distributivo. Sin embargo, este retículo tiene una importante propiedad, más débil que la distributividad es la *propiedad modular,* descubierto por Dedekind en 1900.

Para definirla, observemos en primer lugar que, *en todo retículo $\mathcal{C}$, se tiene la siguiente propiedad:*

(2) $(\forall A, B, C \in \mathcal{C}) \qquad A \vee (B \wedge C) \leqslant (A \vee B) \wedge (A \vee C)$

porque $A \leqslant A \vee B$, $A \leqslant A \vee C$ et $B \wedge C \leqslant (A \vee B) \wedge (A \vee C)$.

En consecuencia,

(2') *la desigualdad* $A \leqslant C$ *implica* $A \vee (B \wedge C) \leqslant (A \vee B) \wedge C$.

Siendo así, el retículo $\mathcal{C}$ es *modular* si

(3) *la desigualdad* $A \leqslant C$ *implica* $A \vee (B \wedge C) = (A \vee B) \wedge C$.

Según (2'), *para esto es necesario y suficiente que*

(3') *la desigualdad* $A \leqslant C$ *implique* $(A \vee B) \wedge C \leqslant A \vee (B \wedge C)$.

Propiedad. *Todo subrretículo de un retículo modular es modular.*

Demostremos que *el retículo de los subespacios de un espacio vectorial E es modular.* La propiedad (3') a demostrar se convierte aquí en:

la inclusión $A \subseteq C$ *implica* $(A + B) \cap C \subseteq A + (B \cap C)$.

Un vector x del primer miembro se escribe

$$x = a + b = c \qquad (a \in A \subseteq C,\ b \in B,\ c \in C).$$

De ello resulta inmediatamente que $b = c - a \in C$ luego $b \in B \cap C$ y

$$x = a + b \in A + (B \cap C).$$

Veremos que el retículo $\mathcal{N}$ de los subgrupos normales de un grupo G es un retículo modular.

b) RETÍCULOS DE SUBGRUPOS; UNIÓN COMPLETA

Sea G un grupo y $\mathcal{A}$ un conjunto no vacío de subgrupos de G. Según el teorema 1, $\mathcal{A}$ admite una cota superior

$$\tilde{R} = \bigvee_{A \in \mathcal{A}} A = \bigcap_{M \in \mathcal{M}} M$$

siendo $\mathcal{M}$ el conjunto de los subgrupos M de G con mayorante $\mathcal{A}$: $(\forall A \in \mathcal{A})$, $A \subseteq M$.

Esta cota superior $\tilde{R}$ es, por definición, la *unión completa* de los subgrupos pertenecientes a $\mathscr{A}$. Contiene (estrictamente en general) a la unión conjuntista R de estos subgrupos. Precisemos la relación entre R y $\tilde{R}$ por medio del siguiente concepto.

Siendo el conjunto $\mathscr{S}$ de los subgrupos de G una familia de Moore, podemos asociar a cada *parte* $X \neq \varnothing$ de G el grupo $\overline{X}$ engendrado por esta parte (subgrupo más pequeño que contiene a X, igual a la intersección de todos los subgrupos de G que contienen a X).

Teorema 2. *El subgrupo $\overline{X}$ engendrado por una parte $X \neq \varnothing$ de un grupo G es el conjunto P de los productos de un número (finito) cualquiera de factores elementos de X o inversos de elementos de X:*

$$p = x_1 x_2 \dots x_k \qquad (k \geqslant 1 \,;\, x_i \in X \text{ o } x_i^{-1} \in X)\,.$$

(*Un solo* elemento x tal que x o $x^{-1} \in X$ se considera como tal "producto"; se puede escribir $xx^{-1}x$.)

Es evidente que todo subgrupo M de G que contenga a X contiene cada uno de estos productos p, luego su conjunto P también esta contenido en él. Pero P es un subgrupo de G (pues si p y q son dos de los productos considerados, pq^{-1} también es uno de ellos). *Luego P es el subgrupo más pequeño de G que contiene a X:*

$$P = \overline{X}\,.$$

Caso particular. Supongamos que X sea un *sub-semigrupo abeliano* del grupo G, es decir, una parte estable en la que dos elementos cualesquiera conmutan. Sea X^- el conjunto de los inversos de los elementos de X. $X \cup X^-$ es también una parte de G en la que dos elementos cualesquiera conmutan, y todo elemento p de $P = \overline{X}$ puede ponerse en la forma $p = xy^{-1}$ $(x, y \in X)$. El subgrupo $\overline{X}$ coincide pues con el *conjunto de los elementos de esta forma* y es *abeliano.* En el caso particular en que X es una parte estable de un grupo abeliano G y con la notación aditiva, $\overline{X}$ es el conjunto de los elementos de la forma $x - y$ $(x, y \in X)$.

Teorema 3. 1). *La unión completa $\tilde{R}$ de un conjunto $\mathscr{A}$ de subgrupos de un grupo G es el subgrupo $\overline{R}$ engendrado por la unión conjuntista de estos subgrupos:*

$$\tilde{R} = \overline{R}\,, \qquad R = \bigcup_{A \in \mathscr{A}} A\,.$$

2) Si G *es un Δ-grupo (Δ-**distributivo**) y si todo subgrupo $A \in \mathscr{A}$ es un Δ-subgrupo de G, la unión completa $\tilde{R}$ es un Δ-subgrupo. En particular, si todo subgrupo $A \in \mathscr{A}$ es subgrupo normal de G, la unión completa $\tilde{R}$ es un subgrupo normal de G.*

1) Siendo R una reunión de subgrupos, las condiciones $x \in R$ y $x^{-1} \in R$ se verifican a la vez; por lo tanto, $\overline{R}$ es el conjunto de los productos finitos $p = a_1 \ldots a_k$ $(k \geqslant 1)$, cuyos factores a_i pertenecen respectivamente a subgrupos $A_i \in \mathscr{A}$.

Como tenemos $A_i \subseteq \tilde{R}$, de ello resulta $p \in \tilde{R}$ luego $\overline{R} \subseteq \tilde{R}$.

Pero inversamente, todo subgrupo $A \in \mathscr{A}$ está contenido en la unión conjuntista R, lo que implica $A = \overline{A} \subseteq \overline{R}$ de donde $\tilde{R} \subseteq \overline{R}$ (según la definición de $\tilde{R}$), y la *igualdad* $\tilde{R} = \overline{R}$.

2) La distributividad de un operador $\alpha \in \Delta$ implica

$$\alpha p = \alpha(a_1 \ldots a_k) = (\alpha a_1) \ldots (\alpha a_h) .$$

puesto que A_i es por hipótesis un Δ-subgrupo, tenemos

$$\alpha a_i \in A_i \qquad (i = 1, \ldots, k) ,$$

luego $\alpha p \in \overline{R}$.

En particular, los automorfismos interiores son operadores distributivos: *toda unión completa de subgrupos normales es pues un subgrupo normal.* Lo anterior significa que *el conjunto $\mathscr{S}_\Delta$ de los Δ-subgrupos de G y el conjunto $\mathscr{N}$ de los subgrupos normales son subrretículos completos del retículo $\mathscr{S}$ de todos los subgrupos.* El mismo razonamiento demuestra que el conjunto $\mathscr{N}_\Delta$ de los Δ-subgrupos normales es también un subrretículo completo de $\mathscr{S}$, de $\mathscr{N}$ o de $\mathscr{S}_\Delta$.

Casos particulares

a) Supongamos que el conjunto $\mathscr{A}$ de subgrupos considerado sea una *cadena* $\mathscr{C}$. Entonces, la *unión completa* $\overline{R} = \bigvee_{A \in \mathscr{A}} A$ *coincide con la reunión conjuntista* $R = \bigcup_{A \in \mathscr{A}} A$.

Evidentemente, basta demostrar que R es un *subgrupo* de G. Sea $r_i \in R$ $(i = 1, 2)$. Tenemos $r_i \in A_i$, $A_i \in \mathscr{C}$. Sea C el de los subgrupos A_1, A_2 que contienen al otro; tenemos $r_1 r_2^{-1} \in C$ y $C \subseteq R$ luego R es efectivamente un subgrupo de G.

b) El conjunto de subgrupos considerado, $\mathscr{A}$, *es finito:* $\mathscr{A} = \{ A_1, \ldots, A_n \}$.

Consideremos *el producto*

$$K = A_1 A_2 \ldots A_n = \{ a_1 a_2 \ldots a_n, a_i \in A_i \}$$

de estos subgrupos, tomados en el orden de los índices. Como K está contenido en el conjunto $P = \overline{R}$ de los productos finitos de elementos tomados en los subgrupos $A_i \in \mathscr{A}$, tenemos

$$\overline{K} \subseteq \overline{\overline{R}} = \overline{R} .$$

Pero las inclusiones $A_i \subseteq K$ $(i = 1, 2, \ldots, n)$ implican $R \subseteq K$, de donde $\overline{R} \subseteq \overline{K}$. Finalmente

$$\overline{R} = \overline{K}.$$

Podemos enunciar:

Teorema 4. *La unión completa* $\overline{R}$ *de un conjunto* **finito** $\mathscr{A}$ *de subgrupos de un grupo G es también el subgrupo engendrado por todo producto de estos subgrupos, colocados en uno u otro orden.*

(Los diferentes productos dependen del orden elegido, pero todos engendran el *mismo* subgrupo $\overline{R}$). En particular, para *dos* subgrupos A y B de G, tenemos

$$\overline{AB} = \overline{BA} = \overline{A \cup B}.$$

Caso particular. Si los n subgrupos $A_1, \ldots, A_n$ considerados son *permutables dos a dos*, su producto $A_1 \ldots . A_n$ es un *subgrupo* y tenemos:

$$A_1 \ldots . A_n = \overline{A_1 \ldots A_n} = \overline{R};$$

aquí, el producto coincide con la unión completa. Sucede así, en particular, si las A_i son *subgrupos normales de G.*

En lugar de estudiar, como acabamos de hacerlo, el subgrupo engendrado por un conjunto dado $\mathscr{A}$ de subgrupos de G o por una parte dada X de G, es necesario con frecuencia hallar las partes A de un grupo dado G que *engendran G:*

$$\overline{A} = G.$$

Tal parte es, por definición, un *sistema generador* de G. Si además, para toda parte B contenida estrictamente en A, se tiene $\overline{B} \neq G$, se dice que A es un *sistema generador mínimo o irreducible.* Así es como hemos determinado los generadores de un grupo cíclico (a). En el estudio del grupo simétrico $\mathscr{S}_n$ (§ 2), será interesante poner en evidencia sistemas generadores; algunos de ellos serán irreducibles.

Terminaremos ([1]) por el siguiente teorema.

Teorema 5 (Dedekind, 1900). *El retículo* $\mathscr{N}$ *de los subgrupos normales de un grupo G es modular.*

En este retículo $\mathscr{N}$, la cota inferior es la *intersección* y la cota superior el *producto.* Hemos pues de demostrar, según (3'), que, para tres subgrupos normales A, B, C de G,

[1]. Para un estudio más avanzado de los retículos distributivos y de los retículos modulares, se puede consultar nuestra *Algebra Moderna,* capítulo V. § § 5, 6 y 8.

la inclusión $A \subseteq C$ *implica* $AB \cap C \subseteq A(B \cap C)$.

Sea $x \in AB \cap C$, es decir, $x = ab = c$ $(a \in A, b \in B, c \in C)$, de donde $b = a^{-1} c \in C$ y en consecuencia, $b \in B \cap C$, de donde $x = ab \in A(B \cap C)$. (Excepto en lo que se refiere a las notaciones, esta demostración no difiere de la que hemos visto en el caso particular de los espacios vectoriales).

Observación. Si G es un Δ-grupo, $\mathcal{N}_\Delta$, subrretículo de $\mathcal{N}$, es también un retículo modular.

§ 2. *GRUPO SIMETRICO* $\mathcal{S}_n$

El grupo simétrico $\mathcal{S}_n$ ha sido definido como el grupo, con respecto a la composición, de las *biyecciones* o *permutaciones* de un *conjunto finito E,* de cardinal n. Emplearemos la *notación multiplicativa* y tomaremos como E al conjunto $\{ 1, 2, \ldots, n \}$. El orden de $\mathcal{S}_n$ es $1.2.\ldots.n = n\,!$ (Capítulo I, § 2).

Las n permutaciones particulares

$$\gamma_k = \begin{pmatrix} 1 & 2 & \ldots & n-k & n-k+1 & \ldots & n \\ k+1 & k+2 & \ldots & n & 1 & \ldots & k \end{pmatrix} \quad (k = 1, 2, \ldots, n)$$

reciben el nombre de *permutaciones circulares:* forman un subgrupo cíclico de $\mathcal{S}_n$ engendrado por

$$\gamma_1 = \begin{pmatrix} 1 & 2 & \ldots & n-1 & n \\ 2 & 3 & \ldots & n & 1 \end{pmatrix}; \qquad \gamma_1^k = \gamma_k, \quad \gamma_1^n = \varepsilon .$$

Se llama *transposición* a una permutación que deja fijos $n - 2$ elementos de E y cambia los otros dos, i y j: esta permutación se escribe τ_{ij} o bien (i, j). Toda transposición es de orden 2 o *involutiva:* $\tau_{ij}^2 = \varepsilon$. Hay

$$\binom{n}{2} = \frac{n(n-1)}{2} \; (= C_n^2) \quad \text{transposiciones} .$$

Teorema 1. *El grupo simétrico* $\mathcal{S}_n$ *está engendrado por el conjunto de las transposiciones.*

Para $n = 2$, el teorema es evidente, ya que $\mathcal{S}_n$ está formado por la permutación idéntica ϵ y por $t = (1, 2)$.

Razonemos por *recurrencia sobre n.* Sea $\alpha \in \mathcal{S}_n$. Si $\alpha(n) = n$, la restricción de α al conjunto $E_{n-1} = \{ 1, 2, \ldots, n-1 \}$ es una permutación $\alpha' \in \mathcal{S}_{n-1}$: α' es un producto π' de transposiciones $\tau' \in \mathcal{S}_{n-1}$. Pero poniendo

$$\tau(i) = \tau'(i) \qquad \text{para} \qquad i \in E_{n-1}$$

y

$$\tau(n) = n$$

definimos una transposición $\tau \in \mathscr{S}_n$ y α es igual al producto π de estas transposiciones, pues α y π dejan fijo n y tienen el mismo efecto sobre todo elemento i de E_{n-1}.

Si $\alpha(n) = m < n$, la permutación $\tau_{nm} \circ \alpha = \beta$ deja n fijo, luego es un producto de transposiciones (primer caso): tenemos $\alpha = \tau_{nm} \circ \beta$ y α es también un producto de transposiciones.

El conjunto de las $n(n-1)/2$ transposiciones es pues un *sistema generador para* $\mathscr{S}_n$.

Aplicación: *Centro del grupo simétrico* $\mathscr{S}_n$. Cuando se conoce, para un grupo G, un sistema generador A, un elemento z de G pertenece al centro cuando conmuta con todo elemento a de A : $za = az$ $(\forall a \in A)$.

En particular, una permutación $\zeta \in \mathscr{S}_n$ pertenece al centro de $\mathscr{S}_n$ si y sólo si se tiene (denotando multiplicativamente la composición):

$$\zeta(i, j) = (i, j)\,\zeta \qquad (i \neq j)$$

para todo par de índices distintos i y j. Designemos por α al primer miembro y por β al segundo. Tenemos, para todo índice $x \neq i$ y j $\alpha(x) = \zeta(x)$; la igualdad $\alpha = \beta$ exige pues $\beta(x) = \zeta(x)$ para todo $x \neq i$ y j, luego $\zeta(x) \neq i$ y j para $x \neq i$ y j, ζ debe pues aplicar al complementario del conjunto $\{ i, j \}$ sobre sí mismo y por consiguiente también al conjunto $\{ i, j \}$ sobre sí mismo, puesto que ζ es una biyección del conjunto $E = \{ 1, 2, \ldots, n \}$ sobre sí mismo.

Suponiendo $n > 2$, sea k un índice diferente de i y j : ζ deja también invariante al conjunto $\{ i, k \}$. Tenemos pues necesariamente $\zeta(i) = i$, y ζ coincide con la permutación idéntica. Así:

Corolario. *Para* $n > 2$, *el centro del grupo simétrico* $\mathscr{S}_n$ *se reduce a la permutación idéntica.*

Teorema 2. *Las* $n - 1$ *transposiciones* $(1, 2), (2, 3) \ldots (n-1, n)$ *constituyen un sistema generador irreducible* Σ.

Supongamos por ejemplo $i < j$. La fórmula:

$$(1) \qquad (i, j) = (i,\ i+1) \ldots (j-2,\ j-1)\ (j-1,\ j) \ldots (i+1,\ i+2)\ (i,\ i+1)$$

muestra que toda transposición es producto de transposiciones pertenecientes a Σ; según el teorema 1, Σ es un sistema generador. Este sistema es *irreducible,* pues si se excluye de

Σ la transposición $(i, i+1)$, el complemento engendra un subgrupo H cuyas permutaciones cambian entre ellos los elementos $1, \ldots, i$ y, entre ellos también, $i+1, \ldots, n$, es decir, un *subgrupo propio* de $\mathcal{S}_n$.

Corolario. *La transposición* $\tau_{12} = (1, 2)$ *y la permutación circular*

$$\gamma = \begin{pmatrix} 1 & 2 & \ldots & n-1 & n \\ 2 & 3 & \ldots & n & 1 \end{pmatrix}$$

forman un sistema generador irreducible.

Tenemos

$$\gamma^k = \begin{pmatrix} 1 & 2 & \ldots & n-k & n-k+1 & \ldots & n \\ k+1 & k+2 & & n & 1 & \ldots & k \end{pmatrix} = \gamma_k \; ;$$

como τ_{12} deja fijo todo elemento diferente de 1 ó 2, el producto $\gamma^k \tau_{12} \gamma^{-k}$ deja fijo todo elemento distinto de $k+1, k+2$ e intercambia estos dos elementos :

$$\gamma^k \tau_{12} \gamma^{-k} = (k+1, k+2) \qquad (k = 0, \ldots, n-2) .$$

Cada una de las $n-1$ transposiciones del sistema Σ pertenece pues al subgrupo S engendrado por τ_{12} y γ: como Σ es un sistema generador de $\mathcal{S}_n$, tenemos $S = \mathcal{S}_n$ y $\{\tau_{12}, \gamma\} = \Sigma'$ es un sistema generador. Para $n = 2$, tenemos $\tau_{12} = \gamma$ y $\Sigma' = \{\tau_{12}\}$ es evidentemente irreducible. Para $n > 2$, τ_{12} engendra el subgrupo propio $\{\varepsilon, \tau_{12}\}$, γ engendra un subgrupo cíclico de orden n, propio también: Σ' sigue siendo irreducible.

Se ve que *diferentes sistemas generadores mínimos no tienen necesariamente el mismo cardinal.*

La representación de una permutación como compuesto (o "producto") de transposiciones (cualesquiera, o incluso tomadas en el sistema Σ) no es única, puesto que tenemos por ejemplo, para $n \geqslant 4$,

$$(1, 2) = (3, 4)\,(1, 2)\,(3, 4) .$$

Pero vamos a ver que, *para todas las representaciones posibles la paridad del número de factores es la misma: es un "invariante".*

Primer método

Dada una permutación σ y un conjunto no ordenado de dos índices distintos o *combinación* $\{i, j\}$, diremos que σ presenta una *inversión* para este conjunto $\{i, j\}$, si se tiene:

$$\frac{\sigma(i) - \sigma(j)}{i - j} < 0 .$$

Asignaremos a σ el número total $\nu(\sigma)$ de sus inversiones, así como el número

$$\mu_\sigma = (-1)^{\nu(\sigma)} \qquad (= +1 \text{ o } -1)$$

llamado *signatura* de la permutación σ. Diremos que σ es *par* o *impar* según que $\nu(\sigma)$ sea un entero par o impar o, lo que viene a ser lo mismo, según que $\mu_\sigma = +1$ o $\mu_\sigma = -1$.

Puesto que σ es una biyección del conjunto $\{1, 2, \ldots, n\}$ sobre sí mismo, el producto

$$P_\sigma = \prod \frac{\sigma(i) - \sigma(j)}{i - j}$$

extendido a las $n(n-1)/2$ combinaciones $\{i, j\}$ es igual a $+1$ o a -1; su signo es el de $(-1)^{\nu(\sigma)}$. Tenemos pues:

$$P_\sigma = \mu_\sigma\,.$$

Por otra parte, P_σ es independiente del orden en el cual se escriben las combinaciones $\{i, j\}$ y, en consecuencia, tenemos, designando por τ una permutación cualquiera:

$$\mu_\sigma = \prod \frac{\sigma[\tau(i)] - \sigma[\tau(j)]}{\tau(i) - \tau(j)}$$

(producto extendido a las $n(n-1)/2$ combinaciones), de donde

$$\mu_\sigma \, \mu_\tau = \prod \frac{(\sigma\tau)(i) - (\sigma\tau)(j)}{\tau(i) - \tau(j)} . \prod \frac{\tau(i) - \tau(j)}{i - j}$$

$$= \prod \frac{(\sigma\tau)(i) - (\sigma\tau)(j)}{i - j} = \mu_{\sigma\tau}\,.$$

Así:

Teorema 3. *La signatura de una permutación compuesta $\sigma\tau$ es el producto de las signaturas de σ y de τ; la aplicación que asocia a σ el número μ_σ es un homomorfismo suprayectivo del grupo simétrico $\mathcal{S}_n$ sobre el grupo (multiplicativo) $C_2 = \{-1, +1\}$* $= (-1)$.

Este teorema implica las siguientes consecuencias.

a) Componiendo dos permutaciones pares, o dos permutaciones impares, se obtiene una permutación par; componiendo una permutación par y una permutación impar, se obtiene una permutación impar. Una transposición de elementos consecutivos, $(i, i+1) \in \Sigma$ presenta una sola inversión, luego es impar. Una transposición cualquiera (i, j) $(i < j)$, compuesta por $2(j - i) + 1$ transposiciones pertenecientes a Σ (teorema 2), es impar. *Toda permutación par está compuesta por un número par de transposiciones, toda permutación impar está compuesta por un número impar de transposiciones.*

b) El homomorfismo h de $\mathcal{S}_n$ sobre l grupo cíclico$C_2 = (-1)$tiene por *núcleo N* al conjunto de las permutaciones pares: N es pues *subgrupo normal de* $\mathcal{S}_n$. Su orden es n!/2.

Segundo método (según P. Cartier) ([1])

Consideremos las permutaciones de $\mathcal{S}_n$ que son (por lo menos de una forma) producto de un número *par* de transposiciones: el conjunto $\mathcal{A}_n$ de estas permutaciones es un *subgrupo* de $\mathcal{S}_n$, llamado *grupo alternado;* $\mathcal{A}_n$ es el subgrupo engendrado por los productos $\tau\tau'$ de dos transposiciones.

Llamemos ahora $\mathcal{B}_n$ al conjunto de las permutaciones que son (por lo menos de una forma) producto de un número *impar* de transposiciones: a priori no es cierto que $\mathcal{A}_n$ y $\mathcal{B}_n$ sean disjuntos. Pero como τ es una transposición cualquiera, evidentemente tenemos $\mathcal{A}_n \tau \subseteq \mathcal{B}_n$ e igualmente $\mathcal{B}_n \tau \subseteq \mathcal{A}_n$, de donde $\mathcal{B}_n \subseteq \mathcal{A}_n\tau(\tau^2 = \varepsilon)$, y en consecuencia:

$$\mathcal{B}_n = \mathcal{A}_n \tau ,$$

$\mathcal{B}_n = \mathcal{A}_n \tau$ es una *clase por la derecha* con respecto al subgrupo $\mathcal{A}_n$. Demostremos que $\mathcal{B}_n$ y $\mathcal{A}_n$ *son disjuntos* para $n \neq 1$. De ello resultará por otra parte que $\mathcal{A}_n$ de índice 2, es *subgrupo normal* de $\mathcal{S}_n$.

Sea K un cuerpo conmutativo de *característica diferente de 2* (por ejemplo, el cuerpo de los racionales o el de los reales) y $K[x_1, x_2, \ldots, x_n] = R_n$ el anillo de los polinomios de n indeterminadas $x_1, x_2, \ldots, x_n$ y con coeficientes en K. A todo polinomio $f = f(x_1, \ldots, x_n) \in R_n$ y a toda permutación $\sigma \in \mathcal{S}_n$, asociemos el polinomio

$$\sigma f = f[x_{\sigma(1)}, \ldots, x_{\sigma(n)}] .$$

Tenemos:

$$(2) \qquad (\forall \rho \in \mathcal{S}_n) \qquad \rho(\sigma f) = f[x_{\rho(\sigma(1))}, \ldots, x_{\rho(\sigma(n))}] = (\rho \circ \sigma) f .$$

Tomemos como polinomio

$$f = \prod_{\lambda < \mu} (x_\lambda - x_\mu)$$

(el producto está extendido a todas las combinaciones (λ, μ) posibles) y para σ la transposición $\tau_{i,i+1}$. Esta transposición no tiene ningún efecto sobre los factores $x_\lambda - x_\mu$ para los cuales $\lambda < \mu < i$ o para los cuales $i + 1 < \lambda < \mu$. Para $\lambda < i$ y $\mu = i$, cambia los factores $x_\lambda - x_i$ y $x_\lambda - x_{i+1}$ y, para $\lambda = i, \mu > i + 1$, cambia $x_i - x_\mu$ y $x_{i+1} - x_\mu$. Finalmente, reemplaza el factor $x_i - x_{i+1}$ por $x_{i+1} - x_i$. Finalmente, tenemos

$$\tau_{i,i+1} f = -f .$$

[1] *L'Enseignement Mathématique*, 2ª Série, tomo XVI, pág. 8-19.

Puesto que una transposición cualquiera τ es, según la fórmula (1), el producto de un número *impar* de transposiciones $\tau_{i,i+1}$ que intercambian dos índices consecutivos, tenemos también, según (2):

$$\tau f = -f \quad \text{para } toda \text{ transposición } \tau .$$

Finalmente, si una permutación $\alpha \in \mathscr{A}_n$, tenemos:

$$\alpha f = f ;$$

si una permutación $\beta \in \mathscr{B}_n$, tenemos

$$\beta f = -f .$$

De ello resulta

$$\mathscr{A}_n \cap \mathscr{B}_n = \varnothing$$

que es lo que queríamos demostrar.

Con frecuencia resulta útil una descomposición de una permutación σ, menos fina que la descomposición en transposiciones y por otra parte, única. La obtendremos considerando el grupo cíclico (σ) engendrado por σ operante en el conjunto $E = \{ 1, 2, \ldots, n \}$ y utilizando el siguiente concepto.

Definición. Un *ciclo* es una permutación $\gamma \in \mathscr{S}_n$ que permuta circularmente los k elementos de un subconjunto A de E $(k \leqslant n)$ y que deja fijos todos los demás elementos de E:

$$\gamma(a_1) = a_2 , \qquad \gamma(a_2) = a_3, \ldots, \gamma(a_{k-1}) = a_k , \qquad \gamma(a_k) = a_1 ,$$
$$A = \{ a_1, a_2, \ldots, a_k \} ,$$
$$\gamma x = x \qquad (\forall x \in E - A) .$$

Se escribe: $\gamma = (a_1, a_2, \ldots, a_k)$.

Los ciclos $(a_1, a_2, \ldots, a_k), (a_2, \ldots, a_k, a_1), \ldots, (a_k, a_1, \ldots, a_{k-1})$ son *idénticos*, en tanto que *permutaciones*.

El entero k es la *longitud* del ciclo. Es también su *orden* $(\gamma^k = \varepsilon)$. Un ciclo de longitud 1 es la identidad; un ciclo de longitud 2 es una transposición. El ciclo $\gamma = (a_1, a_2, \ldots, a_k)$, igual al producto de $k - 1$ transposiciones:

$$\gamma = (a_1, a_2)(a_2, a_3) \ldots (a_{k-1}, a_k)$$

tiene por *signatura*

$$\mu_\gamma = (-1)^{k-1} .$$

Dada una *permutación cualquiera* $\sigma \in \mathscr{S}_n$, *la equivalencia de transitividad* $\mathscr{C}$ *del grupo cíclico* (σ) *que engendra, descompone a* E en órbitas o clases de transitividad A, B,

. . . (llamadas también sistemas circulares). Consideremos una de ellas, A. *Su cardinal k es un divisor del orden del grupo (σ) o de la permutación σ*:

$$k \mid O(\sigma) = r$$

(Capítulo II, § 1, corolario del teorema 2). A es la *órbita* de uno de sus elementos a_1: los elementos

$$\sigma(a_1) = a_2\,, \qquad \sigma(a_2) = a_3, \ldots, \sigma(a_{k-1}) = a_k$$

son pues distintos; además, $\sigma(a_k)$ pertenece a A y no puede ser uno de los elementos a_2, $a_3, \ldots, a_k$ (puesto que σ es una biyección). Luego $\sigma(a_k) = a_1$ y *σ tiene el mismo efecto sobre los elementos de A que el ciclo de orden k*

$$\gamma_A = (a_1, a_2, \ldots, a_k)\,.$$

Como dos órbitas distintas A, B son disjuntas, los ciclos correspondientes γ_A, γ_B *conmutan*: $\gamma_A\ \gamma_B = \gamma_B\ \gamma_A$. Finalmente, la permutación σ tiene el mismo efecto sobre un elemento cualquiera x de E que la permutación $\gamma_A\ \gamma_B \ldots \gamma_L$ compuesta de ciclos asociados a las órbitas $A, B, \ldots, L$: tenemos pues

$$\sigma = \gamma_A\, \gamma_B \cdots \gamma_L\,,$$

siendo indiferente el orden de los ciclos, en el segundo miembro. (En realidad, no se escriben los ciclos de longitud 1, iguales a la permutación idéntica ε, asociados a los elementos de E que deja fijos σ, si existen.).

El orden r de σ es, como hemos recordado, un múltiplo de los órdenes k_A, $k_B, \ldots$, k_L de los ciclos $\gamma_A, \gamma_B, \ldots, \gamma_L$, luego lo es de su mínimo común múltiplo $m : m \mid r$. Pero tenemos

$$\sigma^m = (\gamma_A\, \gamma_B \cdots \gamma_L)^m = \gamma_A^m\, \gamma_B^m \cdots \gamma_L^m = \varepsilon\,,$$

luego $r \mid m$ y, finalmente, $r = m$.

Finalmente, la *signatura* de σ es $\varepsilon_\sigma = \varepsilon_{\gamma_A} . \varepsilon_{\gamma_B} . \ldots . \varepsilon_{\gamma_L} = (-1)^{\Sigma(k-1)}$; llamando l al número de órbitas, *comprendidas las de cardinal 1, si existen,* tenemos $\Sigma\, k = n$, $\Sigma\, (k-1) = n - l$ y

$$\varepsilon_\sigma = (-1)^{n-l}\,.$$

Podemos enunciar:

Teorema 4. *Toda permutación $\sigma \in \mathscr{S}_n$ es producto de ciclos $\gamma_A, \gamma_B, \ldots, \gamma_L$ que conmutan dos a dos, su orden es el m.c.m. de los órdenes de dichos ciclos, su signatura es $(-1)^{n-l}$, designando con l, el número de órbitas, comprendiendo en él a aquellas que están reducidas a un elemento.*

La descomposición en ciclos es evidentemente única, excepto en lo que respecta al orden. Por ejemplo tenemos

$$\begin{pmatrix} 1 & 2 & 3 & 4 & 5 & 6 & 7 & 8 & 9 \\ 7 & 6 & 8 & 9 & 3 & 2 & 4 & 5 & 1 \end{pmatrix} = (1, 7, 4, 9)\,(2, 6)\,(3, 8, 5)\,.$$

El orden de esta permutación es m.c.m. $(4, 2, 3) = 12$; su signatura es $+1$.

La descomposición en ciclos de las permutaciones permite también estudiar las *clases de conjugación del grupo simétrico* $\mathscr{S}_n$.

Lema 1. *Todo conjugado* $\beta = \sigma\alpha\sigma^{-1}$ *de un ciclo* α *es un ciclo del mismo orden.*

Sea $\alpha = (a_1, a_2, \ldots, a_k)$, $A = \{ a_1, a_2, \ldots, a_k \}$, $\sigma \in \mathscr{S}_n$. Hagamos

$$b_i = \sigma(a_i)\,, \qquad B = \{ b_1, \ldots, b_k \}\,.$$

Si y es un índice no perteneciente a B, $\sigma^{-1}(y)$ no pertenece a A, luego $\alpha\sigma^{-1}(y) = \sigma^{-1}(y)$ y $\beta(y) = \sigma\sigma^{-1}(y) = y$. Si, por el contrario, $y = b_i \in B$, tenemos $\sigma^{-1}(y) = a_i$ y, para $i < k$, $\alpha\sigma^{-1}(y) = a_{i+1}$ de donde $\beta(y) = \sigma(a_{i+1}) = b_{i+1}$; para $i = k$, $\alpha\sigma^{-1}(y) = \alpha a_k = a_1$, de donde $\beta(y) = \sigma(a_1) = b_1$.

La permutación $\sigma\alpha\sigma^{-1} = \beta$ es pues el ciclo

$$\beta = (b_1, b_2, \ldots, b_k)\,.$$

Lema 2. *Dos ciclos del mismo orden,*

$$\alpha = (a_1, a_2, \ldots, a_k)\,, \qquad \beta = (b_1, b_2, \ldots, b_k)$$

son conjugados.

Sea σ una permutación que verifica las condiciones:

$$\sigma a_i = b_i \qquad (i = 1, 2, \ldots, k)$$

y por lo demás cualquiera.

Tenemos:

$$\sigma\alpha\sigma^{-1} = \beta\,.$$

Siendo así, sea λ una permutación cualquiera, $\lambda \in \mathscr{S}_n$ y $\mu = \sigma\lambda\sigma^{-1}$ $(\sigma \in \mathscr{S}_n)$ una conjugada de λ. Descompongamos λ en ciclos:

$$\lambda = \gamma_1\, \gamma_2 \cdots \gamma_r\,.$$

Tenemos:

$$\mu = \sigma\lambda\sigma^{-1} = \sigma\gamma_1\sigma^{-1}.\sigma\gamma_2\sigma^{-1}.\dots.\sigma\gamma_r\sigma^{-1}$$
$$= \gamma_1'.\gamma_2'.\dots.\gamma_r'$$

donde γ_i' es un ciclo del mismo orden k_i que γ_i.

Teniendo en cuenta los ciclos (eventuales) de orden 1, tenemos

$$\sum_i k_i = n ,$$

lo que se expresa diciendo que los órdenes k_i de los ciclos en los que se descompone λ, constituyen una *partición* del entero *n.* Lo anterior puede enunciarse: *a las descomposiciones en ciclos de dos permutaciones conjugadas de $\mathcal{S}_n$ corresponde una misma partición del entero n.*

Recíprocamente, si dos permutaciones λ y μ dan lugar a una misma partición *n,* se puede, según el lema 2, construir por lo menos una permutación $\sigma \in \mathcal{S}_n$ tal que $\mu = \sigma\lambda\sigma^{-1}$ Una vez elegida la escritura de los ciclos en que se descomponen factorialmente λ y μ y la forma de asociar a cada ciclo de λ un ciclo del mismo orden en μ (si existe más de uno), σ viene determinada por la condición $\sigma a_i = b_i$ sobre cada órbita del grupo cíclico (σ), luego finalmente sobre el mismo conjunto E. Hemos establecido el:

Teorema 5. *En $\mathcal{S}_n$, dos permutaciones son conjugadas si y sólo si tienen el mismo número de ciclos de cada orden. Las clases de conjugación del grupo simétrico $\mathcal{S}_n$ corresponden pues biyectivamente a las particiones de n.*

Caso $n = 3$. El número 3 admite las tres particiones

$$3 = 1 + 1 + 1 = 2 + 1 = 3 .$$

$\mathcal{S}_3$ admite pues tres clases de conjugación que comprenden, respectivamente:

a) *la permutación idéntica* ε,
b) *las transposiciones:* $(1, 2)$, $(2, 3)$, $(3, 1)$,
c) *los ciclos de orden 3:* $(1, 2, 3)$ y $(1, 3, 2) = (1, 2, 3)^2 = (2, 3)(1, 2, 3)(2, 3)$.

§ 3. *COMPLEMENTOS SOBRE LA GENERACION DE GRUPOS; PROBLEMAS UNIVERSALES*

a) GRUPO CONMUTADOR O PRIMER DERIVADO

Un homomorfismo $h : G \longrightarrow A$ de un grupo G en un grupo A recibe el nombre de *abelizante* si *la imagen h(G) es un grupo abeliano.* Si h tiene esta propiedad y si $v: A \longrightarrow B$

es un homomorfismo *cualquiera* de A en un grupo B, el homomorfismo compuesto $v \circ h$ es también abelizante, puesto que

$$(v \circ h)(G) = v[h(G)],$$

imagen homomorfa de un grupo abeliano es ella misma un grupo abeliano.

Entonces resulta natural preguntarse si, dado G, existe un par particular (h_0, A_0) tal que *todo* homomorfismo abelizante h se descomponga en factores por medio de h_0 (por la derecha) en la forma

$$(1) \qquad h = v \circ h_0$$

con un homomorfismo v *único*. Un problema de este tipo es lo que se llama un *problema universal.*

Observemos en primer lugar que, para todo homomorfismo abelizante h, la imagen de un *conmutador* $c = xyx^{-1}y^{-1}$ $(x, y \in G)$ es siempre el elemento unidad e_A del grupo de llegada A:

$$h(xyx^{-1}y^{-1}) = h(x)\,h(y)\,[h(x)]^{-1}\,[h(y)]^{-1} = e_A\,.$$

En consecuencia, *el núcleo* N =Ker h *de un homomorfismo abelizante debe contener a todo conmutador c. N contiene pues al grupo G' engendrado por el conjunto de los conmutadores.* Puesto que el inverso $c^{-1} = yxy^{-1}x^{-1}$ de un conmutador es un conmutador, *G' es el conjunto de los productos finitos* $c_1 \dots c_k$ $(k \geqslant 1)$ *de conmutadores:* se le llama *grupo conmutador* o *primer derivado* de G.

El conjunto C de los conmutadores no solamente es estable para el paso al inverso; lo es también para todo automorfismo interno α puesto que

$$\alpha(xyx^{-1}y^{-1}) = \alpha(x).\alpha(y).[\alpha(x)]^{-1}.[\alpha(y)]^{-1} \in C\,.$$

De ello resulta inmediatamente que el derivado G' de G es subgrupo *normal* de G:

$$G' \lhd G\,.$$

Más generalmente, *todo subgrupo N que contiene al derivado G' es normal, el grupo cociente G/N es abeliano, y existe un homomorfismo suprayectivo canónico* μ *de G/G' sobre G/N.*

Sea en efecto $n \in N(\supseteq G')$. Tenemos:

$$(\forall a \in G) \qquad ana^{-1} = ana^{-1}n^{-1}.n \in G'\,n \subseteq N\,,$$

N es pues normal.

Por otra parte, sean X, $Y \in G/N$ y x, y dos representantes respectivos de las clases X, Y; $XYX^{-1}Y^{-1}$ admite el representante $xyx^{-1}y^{-1} \in G' \subseteq N$. Luego $XYX^{-1}Y^{-1}$ es el elemento unidad de G/N, de donde $XY = YX$: G/N es pues *abeliano*.

Como la equivalencia compatible asociada a G' está contenida en la equivalencia compatible asociada a N, existe un homomorfismo suprayectivo canónico μ del cociente G/G' sobre el cociente G/N (Capítulo I, § 1, teorema 3); la imagen $\mu(X')$ de una clase $X' = xG' \in G/G$ está definida como la clase $X = xN$ que la contiene). Además, el *homomorfis-*

mo suprayectivo canónico $\gamma: G \twoheadrightarrow G/N$ se descompone en factores por medio de μ y del homomorfismo canónico $\gamma': G \twoheadrightarrow G/G'$:

$$\gamma = \mu \circ \gamma' .$$

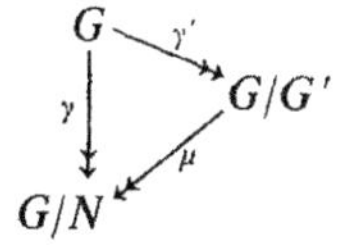

DC

Apliquemos pues al homomorfismo abelizante h el teorema de homomorfismo (Capítulo I, § 3, teorema 9). Sea i el isomorfismo canónico del grupo cociente G/N sobre la imagen $h(G)$ y j la inyección canónica de $h(G)$ en A.

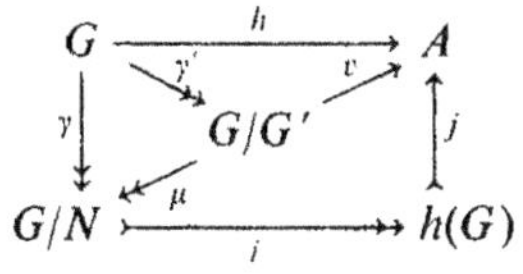

DC

Tenemos la descomposición factorial

$$h = j \circ i \circ \gamma$$

de donde

$$h = j \circ i \circ \mu \circ \gamma' = v \circ \gamma'$$

haciendo $$v = j \circ i \circ \mu .$$

Basta pues hacer $G/G' = A_0$, $\gamma' = h_0$, para tener la descomposición factorial buscada

$$h = v \circ h_0$$

donde v es única, puesto que h_0 es *suprayectivo* (según el teorema 2 del Capítulo I, § 1, todo homomorfismo suprayectivo es simplificable por la derecha).

Observación. La solución del problema universal, cuya existencia acabamos de demostrar (que no es ni evidente, ni siquiera cierta a priori) *es única excepto isomorfismos,* lo que constituye un hecho general. Supongamos en efecto que tengamos dos soluciones (h_0, A_0) y (h_0', A_0'); cada uno de los homomorfismos h_0, h_0' se descompone en factores por medio del otro (y también por medio de sí mismo):

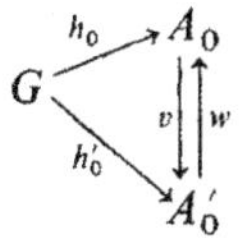

$$h_0' = v \circ h_0$$
$$h_0 = w \circ h_0'$$

de donde $\begin{cases} h_0' = (v \circ w) \circ h_0' \\ h_0 = (w \circ v) \circ h_0 \end{cases}$ mientras que $\begin{cases} h_0' = I_{A_0'} \circ h_0' \\ h_0 = I_{A_0} \circ h_0 \end{cases}$

designando I_X la aplicación idéntica del conjunto X sobre sí mismo. La unicidad del factor de la izquierda implica entonces

$$v \circ w = I_{A'_0} \quad \text{(luego } w \text{ inyectivo, } v \text{ suprayectivo)},$$

$$w \circ v = I_{A_0} \quad \text{(luego } v \text{ inyectivo, } w \text{ suprayectivo)};$$

en consecuencia, v y w son dos isomorfismos recíprocos: A_0 queda pues definido excepto isomorfismos.

Generalización

De forma más general, consideremos los homomorfismos $h: G \longrightarrow \Gamma$ de un grupo *dado* G en uno u otro grupo Γ, que envían *todo elemento de una parte dada* P del grupo G *sobre el elemento neutro* ε *de* Γ :

$$(\forall p \in P) \qquad h(p) = \varepsilon .$$

(Para los homomorfismos abelizantes, teníamos $P = C$, conjunto de los conmutadores).

Para que un homomorfismo h tenga esta propiedad, es necesario y suficiente que su núcleo N contenga al *subgrupo normal* N_0 *engendrado por* P; N_0 *es la intersección de los* subgrupos normales que contienen a P (si $P = \varnothing$, $N_0 = E$).

Pero entonces, existe, como más arriba, un homomorfismo suprayectivo canónico de G/N_0 sobre G/N y, llamando h_0 al homomorfismo suprayectivo canónico de G sobre G/N_0, tenemos, para el homomorfismo canónico $\gamma : G \twoheadrightarrow G/N$, la descomposición factorial:

$$\gamma = \mu \circ h_0 .$$

Aplicando a h el teorema de homomorfismo, tenemos de nuevo el diagrama conmutativo:

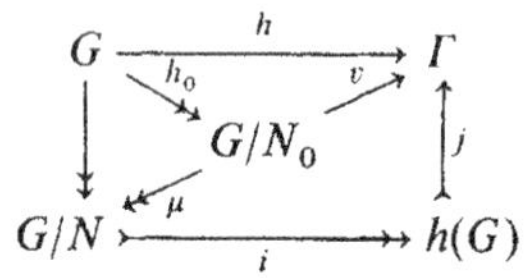

y la descomposición factorial

$$h = v \circ h_0$$

donde $v = j \circ i \circ \mu$ viene determinado de forma única puesto que h_0 es suprayectivo.

Si tomamos, por ejemplo, como P al conjunto de los elementos de G que son de orden infinito, los homomorfismos h son aquellos que dan por imagen $h(G)$ un *grupo periódico.*

Vamos a dar todavía dos ejemplos importantes de problemas universales en Teoría de grupos.

b) INMERSIÓN DE UN SEMIGRUPO ABELIANO SIMPLIFICABLE EN UN GRUPO, CONSIDERADO COMO PROBLEMA UNIVERSAL

Sea S un *semigrupo abeliano simplificable,* es decir, un conjunto provisto de una ley de composición interna, asociativa, conmutativa y verificando la regla de simplificación ($ax = bx$ implica $a = b$).

Propongámonos construir un grupo G_0 (que será abeliano) y un homomorfismo *inyectivo* $f_0 : S \rightarrowtail G_0$, tales que, para todo homomorfismo *inyectivo* $f : S \rightarrowtail G$ de S en un *grupo cualquiera* G, existe un homomorfismo *único* $h : G_0 \longrightarrow G$ tal que se tenga la descomposición factorial

(2) $$f = h \circ f_0 .$$

G_0 quedará pues, como acabamos de ver, *definido excepto isomorfismos.*

Dados S, G y f, consideremos la imagen $f(S) = X$ de S en G: es una parte estable de G cuyos elementos conmutan dos a dos, y la aplicación i de S sobre X definida por

(3) $$(\forall s \in S) \qquad i(s) = f(s)$$

es un isomorfismo de S sobre X, $i : S \rightarrowtail\!\!\!\twoheadrightarrow X$ (será conveniente construir a pasos desde ahora el diagrama que figura más adelante).

El subgrupo $\overline{X} = H$ engendrado por X en G es *abeliano* y todo elemento de H es de la forma $h = ab^{-1}$ donde $a, b \in X$ (§ 1, teorema 2, caso particular). Esta representación de un elemento h de H no es única; tenemos $ab^{-1} = cd^{-1}$ si y sólo si, en X,

(4) $$ad = bc$$

y esta igualdad define, como se comprueba inmediatamente, una relación de equivalencia $\mathcal{R}$ en el producto cartesiano $X \times X$. $\mathcal{R}$ es *compatible* con la multiplicación de pares definida por

(5) $$(a, b)(a', b') = (aa', bb')$$

(multiplicación término a término). Consideremos el conjunto cociente

$$Q = X \times X / \mathcal{R}$$

provisto de la multiplicación de clases definida a partir de la de pares (Capítulo I, § 1).

Asociando a un elemento $h = ab^{-1}$ de H la clase $\overline{h} \in Q$ que admite como representante al par (a, b), definimos una biyección ρ de H sobre Q. Según (5), y teniendo en cuenta la conmutatividad de H, esta biyección es un *isomorfismo* y, en consecuencia, $Q = \rho(H)$ es un *grupo.*

Sea γ la inyección canónica de X en H: la aplicación $\varphi = \rho \circ \gamma$ de X en Q es un homomorfismo inyectivo que asocia, a todo elemento x de X, escrito en la forma $x = xy.y^{-1} \in H$ $(y \in X)$, la clase $\bar{x} \in Q$ que tiene como representante al par (xy, y). Finalmente, designando por j la inyección canónica de H en G, tenemos:

(2) $$f = j \circ \gamma \circ i = j \circ \rho^{-1} \circ \varphi \circ i\,.$$

Pero el isomorfismo recíproco i^{-1}: $X \rightarrowtail\!\!\twoheadrightarrow S$ permite evidentemente reemplazar el grupo $Q = X \times X / \mathscr{R}$ por un grupo *isomorfo* G_0 *definido a partir de S* como Q lo está a partir de X: consideremos en $S \times S$ la multiplicación de pares término a término

(5′) $$(s, t)\,(s', t') = (ss', tt')$$

y la relación de equivalencia $\mathscr{T}$ definida por

(4′) $$(s, t)\,\mathscr{T}\,(u, v) \qquad ssi \qquad sv = tu\,.$$

Asociando a un elemento de Q, representado por el par (a, b), el elemento de $S \times S / \mathscr{T}$ representado por el par $(i^{-1}(a), i^{-1}(b))$, definimos un isomorfismo α de Q sobre $S \times S / \mathscr{T}$ $S \times S/\mathscr{T} = G_0$ es pues un *grupo, isomorfo a H*: $G_0 = (\alpha \circ \rho)\,(H)$.

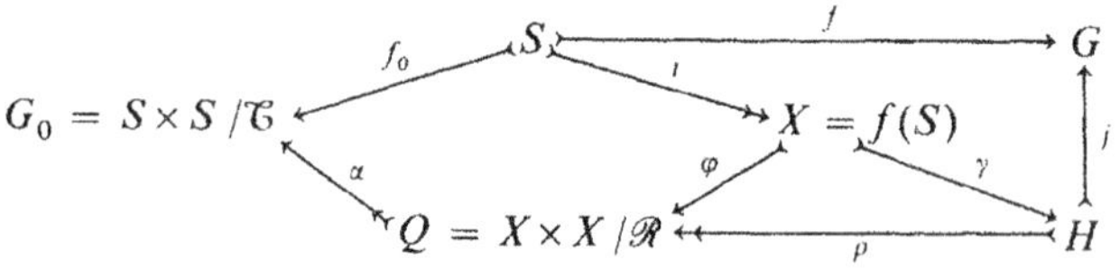

DC

Sea f_0 el homomorfismo inyectivo canónico, análogo a φ, que a todo elemento s de S, asocia en G_0 la clase representada por los pares (st, t) $(t \in S)$. Tenemos, haciendo $x = i(s) = f(s)$, $y = i(t) = f(t)$,

$$(\alpha \circ \varphi \circ i)\,(s) = (\alpha \circ \varphi)\,(x) = \alpha(\bar{x})$$

donde $\bar{x}$ está representado por (xy, y); luego $\alpha(\bar{x})$ es la clase representada por (st, t), es decir, la clase $f_0(s)$, y tenemos

(6) $$\alpha \circ \varphi \circ i = f_0\,.$$

Las igualdades (2) y (6) implican

(7) $$f = j \circ \rho^{-1} \circ \alpha^{-1} \circ f_0 = h \circ f_0$$

haciendo $h = j \circ \rho^{-1} \circ \alpha^{-1}$; h es un homomorfismo de G_0 en G.

El grupo G_0 está *engendrado por el conjunto* $S_0 = f_0(S)$ de las clases $\bar{s} = f_0(s)$, representadas por los pares (st, t). El homomorfismo h está pues determinado por las imágenes $h(\bar{s})$ de estas clases. Ahora bien, según (7), tenemos:

$$f(s) = h(\bar{s})$$

lo que, dados G, S y f, determinan enteramente los $h(\bar{s})$, y, en consecuencia, el homomorfismo h que es *único.*

A G_0 se le llama *grupo de las fracciones* de S.

Aplicaciones

1) El método anterior se aplica en primer lugar a la construcción del grupo *aditivo* **Z** de los enteros relativos (esto es, positivos y negativos) a partir del conjunto $\mathbf{N} = \{1, 2, \ldots, n, \ldots\}$ de los enteros naturales;* todo elemento α de **Z** puede estar representado por un par de la forma $(a, 0)$, $(0, 0)$ o $(0, a)$ $(a \in \mathbf{N})$ (α "positivo", "nulo" o "negativo"). Imponiendo a la multiplicación la condición de que coincida, para los números positivos, con la de los enteros naturales, y la de ser distributiva con respecto a la adición, se obtiene fácilmente la definición habitual. Hacemos así de **Z** un *anillo.*

2) Otra aplicación consiste en introducir el conjunto D^* de los elementos no nulos de un anillo conmutativo *íntegro* D ($ab = 0$, $b \neq 0$ implica $a = 0$) en un grupo multiplicativo $K.^*$ A continuación se hace de $K^* \cup \{0\}$ un *cuerpo,* definiendo convenientemente la adición. Basta imponer que coincida con la de D para los elementos de D y que sea distributiva por la multiplicacion para volver a encontrar la ley habitual. Se ha de tener

$$(ab^{-1} + cd^{-1})\, bd = ad + bc\,,$$

lo que impone tomar *por definición* $ab^{-1} + cd^{-1} = (ad + bc)b^{-1}d^{-1}$. La inmersión del anillo **Z** de los enteros en el cuerpo **Q** de los racionales es un caso particular de esto.

c) GRUPOS LIBRES

Un *sistema generador* S de un grupo G es *libre* si *toda* aplicación φ de S en un *grupo cualquiera* Γ *es la restricción a* S de un *homomorfismo* h de G en Γ:

$$(\forall s \in S) \qquad \varphi(s) = h(s) \qquad \text{donde} \qquad h \in \operatorname{Hom}(G, \Gamma)\,.$$

Es equivalente a decir que φ es la aplicación *compuesta* de la inyección canónica j de S en G : $(\forall s \in S)$, $j(s) = s$, , y del homomorfismo h:

* Debe advertirse que muy frecuentemente se incluye el 0 entre los enteros naturales, y en este caso es $\mathbf{N} = \{0, 1, 2, \ldots\}$, mientras el conjunto $\{1, 2, \ldots\}$ que considera el texto se designa entonces con $\mathbf{N}^* = \mathbf{N} - \{0\}$. N. del T.

$$(1) \qquad \varphi = h \circ j \qquad \text{donde} \qquad h \in \operatorname{Hom}(G, \Gamma),$$

$$\begin{array}{ccc} S & \overset{j}{\rightarrowtail} & G \\ & {}_{\varphi}\searrow & \downarrow h \\ & & \Gamma \end{array} \qquad \text{DC}$$

Es conveniente generalizar la situación anterior tomando como S a un *conjunto cualquiera* (y no un subconjunto de G); sean pues S un conjunto y f una *aplicación* de S en un grupo dado G.

Definición. *Si*

1) la imagen $f(S)$ engendra G,

2) *toda* aplicación φ de S en un *grupo cualquiera* Γ se descompone en factores en la forma:

$$(1') \qquad \varphi = h \circ f \qquad \text{donde} \qquad h \in \operatorname{Hom}(G, \Gamma),$$

$$\begin{array}{ccc} S & \overset{f}{\longrightarrow} & G \\ & {}_{\varphi}\searrow & \downarrow h \\ & & \Gamma \end{array} \qquad \text{DC}$$

entonces diremos que G es un *grupo libre* o, de forma más precisa, que G está *libremente engendrado* por S.

No hemos supuesto f *inyectiva* (como lo era j), pero de hecho *esta propiedad se desprende de la condición* (1'). En efecto, consideremos dos elementos distintos de S : $s_1 \neq s_2$ y una aplicación φ de S en un grupo Γ (de orden $\geqslant 2$) tal que se tenga $\varphi(s_1) \neq \varphi(s_2)$. Según (1'), tenemos necesariamente $f(s_1) \neq f(s_2)$, luego f es inyectiva.

Otra propiedad importante, consecuencia de la definición, es la *unicidad del homomorfismo h.* En efecto, según la primera condición, todo elemento de G es el producto de un número finito de elementos de $f(S) = T$ o de inversos de tales elementos; luego h está determinado si se conoce la imagen $h(t)$ de cada elemento de T. Ahora bien, según (1'), si $t = f(s), s \in S$, tenemos:

$$h(t) = h[f(s)] = \varphi(s) ;$$

luego las imágenes $h(t)$ están determinadas de manera única y lo mismo ocurre con h. De ello se desprende que la construcción de grupos libres es un *problema universal* y que, una vez dado S, G está definido excepto en un isomorfismo (cfr. sección *a*), observación); diremos, pues, que G es el *grupo libre engendrado por S.*

Por otra parte, todo conjunto S_1 del *mismo cardinal* que S es también un sistema generador libre de G. Sea en efecto β una *biyección* de S sobre S_1. Consideremos la aplicación $f_1 = f \circ \beta^{-1}$ de S_1 en G. Si φ_1 es una aplicación de S_1 en un grupo cualquiera Γ, hagamos

$$\varphi = \varphi_1 \circ \beta .$$

Por hipótesis tenemos

$$\varphi = h \circ f \qquad \text{donde} \qquad h \in \operatorname{Hom}(G, \Gamma) ,$$

es decir
$$\varphi_1 \circ \beta = h \circ f_1 \circ \beta ,$$

de donde
$$\varphi_1 = h \circ f_1 .$$

Si card$S = n$ $(<\infty)$,la propiedad anterior permite decir que G es *el grupo libre con n generadores.*

Por supuesto, falta demostrar la existencia del grupo libre engendrado por un conjunto cualquiera S.

Teorema 1. *Para todo conjunto S, existe un grupo libre G engendrado por S.*

Demostraremos este teorema por un método clásico, de carácter elemental. Otra demostración, debida a J. Tits, puede hallarse en S. Lang, Algebra I, § 8.

Consideremos un conjunto S' deducido de S mediante una *biyección* ρ. Para todo elemento s de S, hagamos $s' = \rho(s)$.Los elementos de S y los de S' recibirán el nombre de *letras* y diremos que s y $s' = \rho(s)$ son *dos letras asociadas.* Vamos a construir el grupo G como conjunto de "palabras" (convenientes) formadas con estas letras. Una *palabra* es, por definición, una sucesión finita tal como

$$M = cb'\, da'\, b'\, a .$$

Una palabra depende, no sólo de las letras que figura en ella, eventualmente con repeticiones, sino también del *orden* en el cual están escritas dichas letras. Consideraremos también la *palabra vacía,* $\emptyset$,que no comprende ninguna letra. La *longitud* de una palabra es el número de sus letras.

Una palabra está *reducida* si *no contiene letras consecutivas asociadas:* $ac'\,bc$ está reducida, $ac'\,cb$ no lo está. La palabra vacía debe ser considerada como reducida y toda palabra de longitud 1 es reducida.

Si una palabra M de longitud $l(>1)$ no está reducida, se obtiene, suprimiendo en ella dos letras consecutivas asociadas, una palabra M_1 de longitud $l - 2$. Repitiendo esta operación tantas veces como sea posible, se llega, por lo menos de una forma, a una palabra reducida, posiblemente vacía. Este principio va a permitir *definir una ley de composición,* $\top$, *en el conjunto* $\mathscr{E}$ *de las palabras reducidas.*

Sean $A = \alpha_1 \alpha_2 \ldots \alpha_p$, $B = \beta_1 \beta_2 \ldots \beta_q$ $(\alpha_i, \beta_j \in S \cup S')$ dos palabras *reducidas.* Escribamos la palabra B a continuación de la palabra A: obtenemos la palabra

$$M = \alpha_1 \alpha_2 \ldots \alpha_p \beta_1 \beta_2 \ldots \beta_q$$

que es reducida si α_p *et* β_1 *no son dos letras asociadas y solamente en este caso.*

Si por el contrario α_p y β_1 son asociadas, las suprimimos, y la palabra obtenida

$$M_1 = \alpha_1 \ldots \alpha_{p-1} \beta_2 \ldots \beta_q$$

es reducida si y sólo si las letras α_{p-1} y β_2 no son asociadas.

Si lo son, las suprimimos y consideramos la palabra

$$M_2 = \alpha_1 \dots \alpha_{p-2}\, \beta_3 \dots \beta_q$$

etc. Este procedimiento *canónico* de reducción de la palabra M proporciona, después de un número k finito de operaciones, una palabra *reducida* M_k *de longitud* $p+q-2k$ que es de una de las formas

$$M_k = \varnothing \qquad (\text{si } k = p = q)$$
$$M_k = \alpha_1 \dots \alpha_{p-q} \qquad (\text{si } k = q < p)$$
$$M_k = \beta_{p+1} \dots \beta_q \qquad (\text{si } k = p < q)$$
$$M_k = \alpha_1 \dots \alpha_{p-k}\, \beta_{k+1} \dots \beta_q \qquad (\alpha_{p-k} \text{ y } \beta_{k+1} \textit{ no asociadas}) .$$

Designemos a esta palabra M_k por $A \top B$: hemos definido así en el conjunto $\mathscr{E}$ de las palabras reducidas una *ley de composición* $\top$.

Evidentemente tenemos

$$A \top \varnothing = A = \varnothing \top A \qquad (\forall A \in \mathscr{E}) ;$$

luego la palabra ϕ es el *elemento neutro* para la ley considerada.

Designemos por A^{-1} a la palabra formada con las letras asociadas a las de la palabra A, escritas en el orden opuesto. A^{-1} es reducida si lo es A, e inversamente. Tenemos:

$$A \top A^{-1} = \varnothing = A^{-1} \top A ,$$

luego A^{-1} es *inversa* de A, para la ley $\top$.

Demostremos finalmente que esta ley es *asociativa:* de ello resultará que el conjunto $\mathscr{E}$ de las palabras reducidas es un *grupo.* La igualdad a establecer

$$(A \top C) \top B = A \top (C \top B) \qquad (\forall A, B, C \in \mathscr{E}) \tag{2}$$

es evidente si C es la palabra vacía. Consideremos el caso en que C es una palabra *de una sola letra* $C = \gamma$. *Pongamos en evidencia la última letra* α de la palabra *reducida* A escribiendo $A = A_1\,\alpha$ (por hipótesis, α no está asociada a la última letra de A_1, si $A_1 \neq \varnothing$); escribamos de la misma forma $B = \beta B_1$. Determinemos los dos miembros de (2) distinguiendo diferentes casos:

1) γ *no está asociada ni a* α *ni a* β : los dos miembros de (2) son la misma palabra reducida $A_1\, \alpha\gamma\beta B_1$;

2) γ *está asociada a* α *y a* β, lo que exige $\alpha = \beta$:los dos miembros de (2) son la misma palabra reducida $A_1\, \beta B_1 = A_1\, \alpha B_1$;

3) γ *está asociada a* α *pero no a* β; tenemos $A \top C = A_1, C \top B = \gamma\beta B_1$, los dos miembros de (2) son pues la misma palabra reducida $A_1 \top \beta B_1 = A_1 \top B$;

4) γ *está asociada a* β *pero no a* α; se ve, como en el caso anterior, que los dos miembros de (2) son la misma palabra reducida $A_1\, \alpha \top B_1 = A \top B_1$.

La asociativa (2) queda pues establecida siempre que la palabra intermediaria C está formada por una sola letra. Supongámosla cierta cuando esta palabra es de longitud $n - 1$ y demostremos que lo sigue siendo cuando C es una palabra reducida de longitud n.

Sea γ la última letra de C : $C = C'\gamma$, donde C' es una palabra *reducida* de longitud $n-1$; tenemos también $C = C' \top \gamma$, de donde, utilizando sucesivamente la hipótesis de recurrencia y el resultado establecido para $n = 1$:

$$\begin{aligned}(A \top C) \top B &= [A \top (C' \top \gamma)] \top B \\ &= [(A \top C') \top \gamma] \top B \\ &= (A \top C') \top (\gamma \top B) \\ &= A \top [C' \top (\gamma \top B)] \\ &= A \top [(C' \top \gamma) \top B] = A \top (C \top B) .\end{aligned}$$

Finalmente, el conjunto $\mathscr{E}$ de las palabras *reducidas,* provisto de la ley $\top$, es un *grupo G.*

Demostremos finalmente que *este grupo G está libremente engendrado por S.* Consideremos *la aplicación f de S en G* que, a todo elemento s de S asocia la palabra reducida $f(s)$ de longitud 1 formada por la letra s; la palabra inversa es la palabra reducida formada por la letra asociada s'. Toda palabra *reducida* $A = \alpha_1 \alpha_2 \dots \alpha_p$ es el resultado de la operación asociativa $\top$ aplicada a las palabras reducidas de una sola letra $\alpha_i (\in S \cup S')$: es decir, que la imagen $f(S)$ engendra a G.

Por otra parte, sea φ una aplicación de S en un grupo Γ, denotado multiplicativamente. Asociemos a φ la aplicación h de G en Γ definida de la siguiente forma. Para toda palabra reducida de *longitud* 1, α, hagamos, si $\alpha = f(s)$,

(3) $$h(\alpha) = \varphi(s) ,$$

– condición que en este caso implica la igualdad $\varphi = h \circ f$ —

(3′) $$h(\alpha) = [\varphi(s)]^{-1} \quad \text{si } \alpha \quad \text{es una letra} \quad s' = \rho(s) \in S' .$$

Si $A = \alpha_1 \alpha_2 \dots \alpha_p$ es una palabra reducida de longitud superior a 1, hagamos

(3″) $$h(A) = h(\alpha_1)\, h(\alpha_2) \dots h(\alpha_p) ;$$

finalmente, tomemos

(3‴) $h(\varnothing) = \varepsilon$, elemento unidad Γ .

Demostremos que:

(4) $$h(A \top B) = h(A).h(B) \qquad (\forall A, B \in G) ,$$

dicho de otra forma, que h es un *homomorfismo.*

En efecto, es claro que si B es de longitud 1 (distinguiendo dos casos según que la única letra de B sea o no asociada a la última letra de A), y la asociatividad de la ley $\top$ permite demostrar, por recurrencia sobre la longitud de B, que si (4) es cierta cuando B es de longitud $n-1$, esta igualdad sigue siendo cierta si B es de longitud n. En efecto, tenemos, si β designa a la última letra de B, $B = B_1 \top \beta$, de donde:

$$\begin{aligned} h(A \top B) &= h[A \top (B_1 \top \beta)] = h[(A \top B_1) \top \beta] \\ &= h(A \top B_1).h(\beta) = h(A).h(B_1).h(\beta) \\ &= h(A).h(B_1 \top \beta) = h(A).h(B) . \end{aligned}$$

Ejemplos. 1) $n = \operatorname{card} S = 1$; $S = \{ a \}. G$, engendrado por $f(a)$, es *monógeno.* No puede ser de orden finito: en efecto, tomando para Γ un grupo monógeno *infinito,* deberíamos tener un homomorfismo h del grupo cíclico G en Γ : $h(G)$ será un subgrupo (cíclico) *finito* de Γ, luego se reduciría a ε y tendríamos $\varphi(a) = h[f(a)] = \varepsilon$; ahora bien, según la definición (condición 2)), la descomposición factorial (1') debe tener lugar para *toda* aplicación φ de G en Γ.

Así, *el grupo libre engendrado por un elemento es el grupo monógeno infinito* (que está definido excepto en un isomorfismo).

2) Igualmente se define un grupo abeliano o un Δ-grupo G libremente engendrado por un conjunto S, tomando como Γ un grupo abeliano o un Δ-grupo. Tomemos por ejemplo para G un espacio vectorial sobre un cuerpo Δ, considerado como Δ-grupo, y supongamos G libremente engendrado por

$$S = \{ a_1, a_2, \ldots, a_n \} .$$

Por estar engendrado G por los n elementos $f(a_i)$, es como máximo de dimensión n. Tomemos ahora como Γ un espacio vectorial de dimensión $\delta \geqslant n$ y elijamos φ de forma que las $\varphi(a_i) = h[f(a_i)]$ formen una familia libre: esto exige que las $f(a_i)$ formen también, en G, una familia libre. *La dimensión de G es pues exactamente n:* todo espacio vectorial de dimensión n sobre un cuerpo Δ puede ser considerado como el Δ-grupo abeliano libre de n generadores.

Aplicación. Sea G un grupo *cualquiera,* S_G *el conjunto* subyacente, L el grupo *libre* engendrado por S_G. Tomemos como grupo Γ el grupo G mismo y como aplicación φ la inyección canónica j de S_G en G; φ es aquí una *biyección.* La igualdad $\varphi = h \circ f$ implica:

$$h[f(S_G)] = \varphi(S_G) = G$$

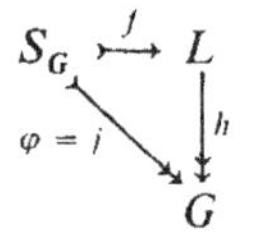

luego, a fortiori, $h(L) = G$: el homomorfismo h es pues *suprayectivo* y en consecuencia,

Teorema 2. *Un grupo cualquiera es imagen homomorfa de un grupo libre.*

Sistema generador y relaciones

Consideremos un grupo L libremente engendrado por una de sus partes S y sea R un conjunto de elementos de L: cada elemento r de R es, como todo elemento de L, producto finito de elementos de S o de inversos de tales elementos. Sea *N el subgrupo normal de L engendrado por R;* el grupo cociente L/N es lo que se llama *grupo engendrado por S con el sistema de relaciones R.* Este grupo difiere del grupo libre L por el hecho de que se tiene $\bar{r} = \bar{e}$ para todo elemento r de R, designando $\bar{r}$ a la clase de r con respecto a N.

Ejemplo. Si L es el grupo monógeno (a) y si R se compone del elemento a^n, L/R es el grupo cíclico de orden n cuyo generador $\bar{a}$ verifica la relación $\bar{a}^n = \bar{e}$.

Indiquemos también el teorema: *Todo subgrupo de un grupo libre es un grupo libre,* del que puede encontrarse una demostración en Marshall Hall, "Theory of Groups", Capítulo 2, § 7.

d) PRODUCTO TENSORIAL DE DOS ESPACIOS VECTORIALES

Ejemplo especialmente importante de problema universal lo constituye la definición del *producto tensorial de dos espacios vectoriales E, F* sobre el mismo cuerpo conmutativo K. Este concepto será de utilidad en la representación lineal. En todo lo que sigue, diremos "espacio vectorial" en lugar de espacio vectorial sobre K.

Dado un espacio vectorial P, una aplicación f del producto cartesiano $E \times F$ en P se llama *bilineal* si, para todo vector x de E, la aplicación f de F en P definida por $\overline{f}(y) = f(x,y)$ es lineal en y, es decir si

$$(1) \qquad f(x, y_1 + y_2) = f(x_1, y_1) + f(x, y_2)$$

$$\text{y} \qquad (\forall \lambda \in K) \quad f(x, \lambda y) = \lambda f(x, y)\,,$$

y si también, para todo vector y de E, la aplicación $\tilde{f}$ de E en P definida por $\tilde{f}(x) = f(x, y)$ es lineal en x, es decir si

$$(1') \qquad f(x_1 + x_2, y) = f(x_1, y) + f(x_2, y) \qquad \text{y} \qquad f(\mu x, y) = \mu f(x, y)\,.$$

Es claro según (1) y (1') que si f es una aplicación *bilineal* de $E \times F$ en P y φ una aplicación *lineal* de P en un espacio vectorial Q, $\varphi \circ f$ es una aplicación bilineal de $E \times F$ en Q. Esta propiedad nos lleva a proponer el siguiente problema universal.

¿Se puede construir un espacio vectorial P_0 y una *aplicación bilineal* f_0 de $E \times F$ en P_0 tales que, para toda aplicación bilineal f de $E \times F$ en un espacio vectorial P, exista una aplicación lineal *única* h de P, en P, que verifique

$$f = h \circ f_0 \ ?$$

Sea $(e_i)_{i \in I}$ una base de E, $(f_j)_{j \in J}$ una base de F (se podrá admitir la existencia de bases para espacios de dimensión infinita, o remitirse por ejemplo a nuestra Algebra Moderna, Capítulo IX, § 1). Vamos a construir P_0 por medio de una base $p_{i,j}$ que corresponde biyectivamente al conjunto de pares (e_i, f_j), y por lo tanto, al producto cartesiano $I \times J$. Un elemento de P_0 será una familia $(k^{i,j})_{i \in I, j \in J}$ de elementos $k^{i,j}$ del cuerpo fundamental K tal que se tenga $k^{i,j} = 0$ salvo para un conjunto finito de pares $(i, j) \in I \times J$. Haciendo

$$(k^{i,j})_{i \in I, j \in J} + (l^{i,j})_{i \in I, j \in J} = (k^{i,j} + l^{i,j})_{i \in I, j \in J}$$

y, para todo $\lambda \in F$,

$$\lambda(k^{i,j})_{i \in I, j \in J} = (\lambda k^{i,j})_{i \in I, j \in J} ,$$

proveemos al conjunto P_0 de estas familias de una estructura de espacio vectorial.

Llamemos $p_{i,j}$ al elemento particular de P_0 definido por $k^{i,j} = 1$ (elemento unidad de K) y $k^{\lambda,\mu} = 0$ para todo par $(\lambda, \mu) \neq (i, j)$. El conjunto de las $p_{i,j}$ es una parte generatriz y una parte libre de P_0, luego es una *base* de P_0.

Sea f_0 la aplicación bilineal de $E \times F$ en P_0 tal que $f_0(e_i, f_j) = p_{i,j}$: si $x = \sum_i x^i e_i$ e $y = \sum_j y^j e_j$, se tiene $f_0(x, y) = \sum_i \sum_j x^i y^j p_{i,j}$.

Si $f : E \times F \longrightarrow P$ es una aplicación bilineal, y si se tiene una relación de la forma $f = h \circ f_0$ donde h es una aplicación lineal de P_0 en P, se sigue necesariamente:

(2) $$h(p_{i,j}) = f(e_i, f_j) \qquad (i \in I, j \in J) .$$

Esto determina h de *forma única* mediante las imágenes de los elementos de la base $(p_{i,j})_{i \in I, j \in J}$. De acuerdo con una observación general formulada anteriormente, el espacio vectorial P_0 está *definido excepto en un isomorfismo.* Se le llama *producto vectorial* de los espacios E y F y se designa por $E \otimes F$ ("E tensorial F"); los elementos de base $p_{i,j}$ se denotan $e_i \otimes f_j$; el elemento de P_0 imagen del par $(x, y)(x \in E, y \in F)$ se escribe

$$x \otimes y = \sum_{i,j} x^i y^j e_i \otimes e_j \qquad \text{si} \qquad x = \sum_i x^i e_i , \quad y = \sum_j x^j e_j .$$

Si E es la dimensión finita r y F de simensión finita s, $E \otimes F$ es de dimensión rs.

Análogamente se define el producto tensorial de k espacios vectoriales.

EJERCICIOS

1. *a*) Sea E un conjunto dotado de una ley de composición interna $\wedge$, ("cap"), asociativa, conmutativa e idempotente ($x \wedge x = x$). Demostrar que la relación binaria $\mathcal{O}$ definida por

$$x \mathcal{O} y \qquad (x, y \in E) \qquad \text{así} \qquad x \wedge y = x$$

es una *relación de orden* para la cual E es un inf-semirretículo.

b) Si además E está dotado de una segunda ley interna $\vee$, ("cup"), asociativa, conmutativa, idempotente, y si se tiene:

$$(\forall x, y \in E) \qquad x \wedge (x \vee y) = x \vee (x \wedge y) = x \qquad \textit{(ley de absorción)},$$

el conjunto E, ordenado por $\mathcal{O}$, es un retículo.

2. Demostrar que, en un retículo distributivo con elemento mayor y menor, el complementario a' de un elemento a, si existe, es único.

3. Se da un número primo p y se considera, para todo entero natural k, el conjunto de los números complejos z que verifican la ecuación $z^{p^k} = 1$.

a) Demostrar que C^k es un grupo cíclico y que el conjunto de sus generadores$(k > 1)$ en el conjunto complementario de C_{k-1} en C_k.

b) ¿Cuál es la unión completa R de los gruposC_k, *kdescribiendo* k el conjunto$\{ 1, 2, \ldots, n, \ldots \}$ de los enteros naturales?

c) Demostrar que todo subgrupo propio S de R coincide con un C_k.

4. En un grupo G (que se denotará multiplicativamente), se designa porC_n al conjunto de los elementos de orden n (finito o infinito). Las partes C_n no vacías se llaman *capas* del grupo G.

a) Demostrar que el conjunto C_∞ es vacío o infinito; un grupo G toda capa del cual es finita, es periódico. Establecer que, en tal grupo, todo elemento no tiene más que un número finito de conjugados.

b) Se considera un grupo G en el cual toda parte finita está contenida en un subgrupo normal finito. Demostrar que G es periódico y que toda clase de conjugación es finita.

c) Se llama *parte normal* de un grupo G a una parte que contiene, al mismo tiempo que a un elemento x, a todo conjugado de x. ¿Qué puede decirse del subgrupo engendrado por tal parte?

Demostrar que, si A es una parte de G finita y normal y si todo elemento de A es periódico, el subgrupo $\bar{A}$ engendrado por A es finito.

d) Deducir de lo que precede la recíproca de *b*); si un grupo G es periódico y si toda clase de conjugación de G es finita, toda parte finita F de G está contenida en un grupo normal finito.

5. Sean H_1, H_2, H_3 tres subgrupos de un grupo G tales que, para toda permutación σ del grupo simétrico $\mathcal{S}_3$, se tenga

$$H_{\sigma(1)} \subseteq H_{\sigma(2)} H_{\sigma(3)} .$$

Demostrar que, para todo par (i, j) de índices distintos,$H_i H_j$es un subgrupo de G.

6. Se considera un conjunto finito E, de cardinal n, y una partición de E en dos clases A y B que tienen, respectivamente, p y q elementos $(p + q = n)$.. Sean a un elemento de A, b un elemento de B. ¿Cuál es el grupo de permutaciones de E engendrado por: $\mathscr{S}_p$ (operando en A) $\mathscr{S}_q$ (operando en B) y la transposición (a, b)?

7. Se considera el grupo simétrico $\mathscr{S}_9$ formado por las permutaciones del conjunto $E = \{1, 2, \ldots, 9\}$.

a) Determinar el orden y la signatura de las permutaciones

$$\alpha = \begin{pmatrix} 1 & 2 & 3 & 4 & 5 & 6 & 7 & 8 & 9 \\ 7 & 4 & 8 & 1 & 5 & 9 & 2 & 6 & 3 \end{pmatrix}, \quad \beta = \begin{pmatrix} 1 & 2 & 3 & 4 & 5 & 6 & 7 & 8 & 9 \\ 5 & 9 & 6 & 2 & 8 & 4 & 3 & 1 & 7 \end{pmatrix}.$$

b) ¿Cuál es el máximo del orden de una permutación $\mathscr{S}_9$? Proponer un ejemplo de una permutación que tenga este orden.

8. Se considera la permutación del alfabeto

$$\alpha = \begin{pmatrix} a & b & c & d & e & f & g & h & i & j & k & l & m & n & o & p & q & r & s & t & u & v & w & x & y & z \\ f & m & k & b & a & r & t & x & q & c & s & o & z & p & n & h & u & i & w & v & e & j & g & y & l & d \end{pmatrix}.$$

a) Determinar su orden y su signatura; ¿pertenece α al grupo alternado $\mathscr{A}_{26}$?

b) Descompuesta en ciclos la permutación α , sea γ el más corto de dichos ciclos y β el producto de los otros. Caracterizar las permutaciones pertenecientes al subgrupo K de $\mathscr{S}_{26}$ engendrado por β, γ y la transposición $(b, m) = \tau$. El sistema generador $\{\beta, \gamma, \tau\}$ ¿es mínimo (o irreducible)? ¿Cuál es el orden de K?

9. ¿Cuál es el grupo conmutador Q' del grupo de los cuaternios Q? (cfr. Capítulo I, ejercicio 8).

10. Sean a, b dos elementos de un grupo G y $A = (a)$, $B = (b)$ los subgrupos que engendran. Se supone que *cada uno de los elementos* a, b es permutable con el grupo engendrado por el otro: $aB = Ba$, $bA = Ab$. Se designa por (x, y) al conmutador $xyx^{-1}y^{-1}$ de los elementos x e y.

a) Demostrar que el conmutador $c = (a, b)$ de a y b pertenece al subgrupo $A \cap B$.

b) Establecer (por recurrencia) las igualdades:

$$(a^k, b) = c^k = (a, b^k),$$

para todo entero natural $k > 1$.

c) A partir de las dos cuestiones precedentes deducir que los elementos a y b, si no conmutan, son de orden finito.

11. Dado un grupo G, ¿existe un grupo *abeliano* A_0 y un homomorfismo $h_0 : A_0 \longrightarrow G$ tal que todo homomorfismo $h : A \longrightarrow G$ de un grupo *abeliano* A en G se descompone factorialmente en la forma $h = h_0 \circ f$, siendo f un homomorfismo de A en A_0 ?

capítulo IV

Productos directos Descomposiciones directas

§ 1. *ENDOMORFISMOS*

a) PROPIEDADES GENERALES

Consideremos un Δ-grupo G (Δ-distributivo), denotado multiplicativamente; sea e su elemento unidad. Dado un Δ-endomorfismo h de G, designaremos por $N = h^{-1}(e) = \operatorname{Ker} h$ a su *núcleo* y por $S = h(G) = \operatorname{Im} h$ a su *imagen*. De acuerdo con el teorema de homomorfismo (Capítulo I, § 3, teorema 9), la aplicación i del Δ-grupo cociente G/N sobre la imagen S, definida por $i(X) = h(x)$, siendo x un representante de la clase $X \in G/N$, es un Δ-*isomorfismo.*

Recíprocamente, sea S un Δ-subgrupo y N un Δ-subgrupo *normal* de G, tales que existe un Δ-isomorfismo i del Δ-grupo cociente G/N sobre S. Componemos el Δ-homomorfismo canónico γ de G sobre G/N con i y con la inyección canónica j de S en G: obtenemos un Δ-endomorfismo

$$h = j \circ i \circ \gamma$$

cuya imagen es S y el núcleo N.

$$\begin{array}{ccc} G & \longrightarrow & G \\ {\scriptstyle \gamma}\big\downarrow & & \big\uparrow{\scriptstyle j} \\ G/N & \underset{i}{\rightarrowtail\!\!\!\rightarrow} & S \end{array}$$

Los Δ-endomorfismos de G se obtienen pues a partir de *pares*

$$(N, S) \in \mathcal{N}_\Delta \times \mathcal{S}_\Delta,$$

donde $\mathcal{N}_\Delta$ designa al retículo de los Δ-subgrupos normales y $\mathcal{S}_\Delta$ al retículo de los Δ-subgrupos de G, *tales que se tenga*

$$G/N \simeq S .$$

Además, si i e i' son dos Δ-isomorfismos de G/N sobre S, $i' \circ i^{-1} = \alpha$ es un Δ-automorfismo de S: la forma general de los Δ-endomorfismos obtenidos a partir del par (N, S) es pues

$$h = j \circ \alpha \circ i \circ \gamma , \qquad (i : G/N \twoheadrightarrow S, \quad \alpha \in \text{Aut } S) .$$

Si un Δ-endomorfismo f de G es *idempotente*, es decir, si $f^2 = f$ (haciendo $f^2 = f \circ f$), tenemos para todo elemento $s = f(x)$ de la imagen $S = f(G)$, $f(s) = f^2(x) = f(x) = s$: *la restricción de f a su imagen S es la identidad.*

Además, tenemos $f(xs^{-1}) = (fx)(fs)^{-1} = ss^{-1} = e$, luego $xs^{-1} = n \in N$ y $x = ns \in NS$ es decir, $G = NS$.

Finalmente, si $y \in N \cap S$, tenemos $f(y) = e$ y $f(y) = y$, de donde $y = e$:

$$N \cap S = E (= (e)) .$$

Luego G admite *la descomposición semidirecta:*

$$(1) \qquad G = NS , \qquad \text{con} \qquad (1') \qquad N \cap S = E$$

y la imagen $f(G) = S$ es un *retracto* de G (cfr. Capítulo 2, § 2, *a*)).

Inversamente, si tenemos las relaciones (1) y (1'), la representación $x = ns$ ($n \in N$, $s \in S$) de un elemento x cualquiera de G es única y la aplicación f de G en G definida por

$$f(x) = s$$

es un *Δ-endomorfismo idempotente,* como vimos en § 2 del Capítulo 2.

Así pues, existe una *biyección* entre el conjunto de los Δ-endomorfismos *idempotentes* y el de los pares (N, S) que verifica (1) y (1').

Si h, h' son dos Δ-endomorfismos de G, de núcleos N, N', de imágenes S, S', el núcleo N_0 y la imagen S_0 del compuesto $h' \circ h$ verifican

$$N_0 \supseteq N \quad \text{puesto que } h(x) = e \quad \text{implica} \quad h'[h(x)] = e ,$$

$$S_0 \subseteq S' \quad \text{puesto que } S_0 = h'[h(G)] \subseteq h'(G) .$$

En particular, sea h^k el compuesto de h consigo mismo, k veces. Designemos por S_k a su imagen y por N_k a su núcleo. Las S_k forman una sucesión *decreciente:*

$$\text{(S)} \qquad (G \supseteq) \, S_1 \supseteq S_2 \supseteq \ldots . \supseteq S_k \supseteq S_{k+1} \supseteq \ldots ,$$

y las N_k forman una sucesión *creciente:*

$$(\mathbf{N}) \qquad (E \subseteq)\, N_1 \subseteq N_2 \subseteq \ldots\ldots \subseteq N_k \subseteq N_{k+1} \subseteq \ldots .$$

Estas sucesiones pueden ser *estacionarias* (igualdad a partir de un cierto rango), o *estrictas.*

Por ejemplo, en un espacio vectorial E sobre un cuerpo conmutativo K ($\Delta = K$), un endomorfismo h queda determinado dando las imágenes de los elementos de una base. Supongamos que E admite una base numerable $(a_1, a_2, \ldots, a_n, \ldots)$. Tomando $h(a_i) = a_{i+1}$, obtenemos un endomorfismo *inyectivo* para el cual S_k admite la base $(a_{k+1}, a_{k+2}, \ldots)$ las S_k forman una sucesión estrictamente decreciente mientras que $N_k = E$ para todo k. Tomemos ahora $h(a_1) = 0$ y, para $i \geqslant 2$, $h(a_i) = a_{i-1}$, obtenemos un endomorfismo *suprayectivo* para el cual N_k admite la base $(a_1, \ldots, a_k)$: las N_k forman una sucesión estrictamente creciente mientras que $S_k = G$ para todo k.

Definiciones. El retículo $\mathscr{S}_\Delta$ de los Δ-subgrupos de G verifica la *condición de cadena descendente* si toda sucesión decreciente de Δ-subgrupos:

$$H_1 \supseteq H_2 \supseteq \cdots \supseteq H_r \supseteq H_{r+1} \supseteq \ldots$$

es *estacionaria.* Esta propiedad del grupo G implica que, para todo Δ-endomorfismo h de G la sucesión $\mathbf{S}$ de imágenes S_k de los endomorfismos h^k es estacionaria.

El retículo $\mathscr{N}_\Delta$ de los Δ-subgrupos normales de G verifica la *condición de cadena ascendente* si toda sucesión creciente de los Δ-subgrupos normales

$$M_1 \subseteq M_2 \subseteq \cdots \subseteq M_s \subseteq M_{s+1} \subseteq \ldots$$

es *estacionaria.* Esta propiedad del grupo G implica que, para todo Δ-endomorfismo h de G la sucesión $\mathbf{N}$ de núcleos N_k de los endomorfismos h^k es estacionaria.

Para un *espacio vectorial* E sobre un cuerpo K ($\Delta = K$), $\mathscr{S}_\Delta$ y $\mathscr{N}_\Delta$ coinciden con el retículo $\mathscr{S}$ de los subespacios y éste verifica cada una de las condiciones de cadena si y sólo si E es de *dimensión finita:* en este caso, para todo endomorfismo h de E, las sucesiones $\mathbf{S}$ y $\mathbf{N}$ son *estacionarias.*

Las sucesiones $\mathbf{S}$ y $\mathbf{N}$ asociadas a un endomorfismo h del Δ-grupo G (supuesto cualquiera) son monótonas, por lo que la igualdad de los dos términos: $S_l = S_{l+\lambda}$ o $N_m = N_{m+\mu}$ implica la de los términos intermedios.

Por otra parte, la igualdad $S_l = S_{l+1}$, es decir, $h^l(G) = h^{l+1}(G)$ implica (tomando las imágenes por h) $S_{l+1} = S_{l+2}$, y así sucesivamente. Del mismo modo, la igualdad $N_m = N_{m+1}$, que expresa que $h^m(x) = e$ y $h^{m+1}(x) = e$ tienen las mismas soluciones, implica que $h^m[h(x)] = e$ y $h^{m+1}[h(x)] = e$ tienen las mismas soluciones, es decir, $N_{m+1} = N_{m+2}$, y así sucesivamente.

Una de las sucesiones $\mathbf{S}$, $\mathbf{N}$ es pues *estacionaria,* en cuanto dos de sus términos son iguales. Si la sucesión **S** es estacionaria, designaremos por *l al entero más pequeño tal que* $S_l = S_{l+1}$, tomando $l = 0$ si h es *suprayectivo* (entonces $G = S_1 = S_2 = \ldots$). la sucesión **N** es estacionaria, designaremos por *m al entero más pequeño* tal que $N_m = N_{m+1}$, tomando $m = 0$ si h es *inyectivo*.

Definiciones

1) Un Δ-endomorfismo h es *extensivo* si la sucesión **S** es estacionaria a partir de S_1 $S_1 = S_2$, luego si $l \leqslant 1$. Todo Δ-endomorfismo suprayectivo ($l = 0$) es extensivo.

2) Un Δ-endomorfismo h es *retractivo* si la sucesión **N** es estacionaria a partir de N_1: $N_1 = N_2$, luego si $m \leqslant 1$. Todo Δ-endomorfismo inyectivo es retractivo.

Por ejemplo, todo Δ-endomorfismo idempotente es evidentemente extensivo y retractivo. Pero la recíproca no es cierta pues un Δ-automorfismo $\alpha \neq \varepsilon$ no es idempotente (puesto que los Δ-automorfismos forman un grupo) pero es suprayectivo y por tanto extensivo, e inyectivo luego retractivo.

Lema 1. *Un Δ-endomorfismo h es extensivo si y sólo si su núcleo N_1 y su imagen S_1 verifican la condición*

$$N_1 S_1 = G. \tag{1}$$

1) La condición es *necesaria* pues $S_1 = S_2$ implica:

$$(\forall x \in G) \qquad h(x) \in S_1 = S_2 \quad \text{es decir} \qquad h(x) = h(s),$$

donde $s \in S_1$, luego $x = ns$ con $n \in N_1$, de donde $G = N_1 S_1$.

2) La condición es *suficiente*. Sea en efecto $N_1 S_1 = G$; basta establecer la inclusión $S_1 \subseteq S_2$ que implica la igualdad. Sea $s = h(x) \in S_1$; el elemento x de $G = N_1 S_1$ se escribe $x = n.h(y)$ $(n \in N_1,\ y \in G)$, de donde

$$s = h[n.h(y)] = h(n).h^2(y) = h^2(y) \in S_2 .$$

Lema 2. *Un Δ-endomorfismo h es retractivo si y sólo si su núcleo N_1 y su imagen S_1 verifican la condición*

$$N_1 \cap S_1 = E. \tag{1'}$$

1) La condición es *necesaria* pues $N_1 = N_2$ y $s \in N_1 \cap S_1$ implican $s = h(x) (x \in G)$ y $h(s) = e$ luego $h^2(x) = e$, es decir, $x \in N_2 = N_1$, de donde $s = e$: $N_1 \cap S_1 = E$.

2) La condición es *suficiente*. Sea en efecto $N_1 \cap S_1 = E$; basta establecer la inclusión $N_2 \subseteq N_1$. Sea pues $x \in N_2$: $h^2(x) = e$, es decir, $h(x) \in N_1$. Como $h(x) \in S_1$, tenemos, por hipótesis, $h(x) = e$, es decir, $x \in N_1$.

Teorema 1 (Jacobson, Marg. Ramalho, 1961). *Si, para un Δ-endomorfismo h, las dos sucesiones* **S** *y* **N** *son estacionarias, lo son a partir del mismo rango* [1]:

$$l = m .$$

Por una parte, sea

$$\ldots \supset S_l = S_{l+1} = \ldots ;$$

h^l es pues extensivo ($S_l = S_{2l}$), $N_l S_l = G$ (lema 1); por otra parte,

$$\ldots \subset N_m = N_{m+1} = \ldots$$

luego h^m es retractivo ($N_m = N_{2m}$) : $N_m \cap S_m = E$ (lema 2).

1) Supongamos $l < m$

Si $l = 0$, h es *suprayectivo*, $S_k = G$ para todo k. La desigualdad $0 < m$ implica la inclusión estricta: $N_{m-1} \subset N_m = N_m \cap G = N_m \cap S_m = E$, lo que es *imposible.*

Si $l \geqslant 1$, tenemos $S_l = S_m$ y $N_l \subset N_m$ de donde $N_l \cap S_l \subseteq N_m \cap S_m = E$, luego $N_l \cap S_l = E$, h^l es *retractivo:* $N_l = N_{l+1} = \cdots = N_{2l} = \cdots$ luego $l \geqslant m$, lo que es *contradictorio.*

2) Supongamos $m < l$

Si $m = 0$, h es *inyectivo*, $N_k = E$ para todo k. La desigualdad $0 < l$ implica la inclusión estricta: $S_{l-1} \supset S_l = ES_l = N_l S_l = G$ lo cual es *imposible.*

Si $m \geqslant 1$, tenemos $N_m = N_l$, $S_m \supset S_l$ de donde $N_m S_m \supseteq N_l S_l = G$, luego $N_m S_m = G$: h^m es *extensivo:* $S_m = S_{m+1} = \cdots = S_{2m} = \cdots$ luego $m \geqslant l$, lo cual es *contradictorio.* La única posibilidad es pues $l = m$.

Corolario. *Si el retículo $\mathcal{S}_\Delta$ de los Δ-subgrupos de G verifica la condición de cadena descendente y si el retículo $\mathcal{N}_\Delta$ de los Δ-subgrupos normales de G verifica la condición de cadena ascendente, un endomorfismo h es al mismo tiempo suprayectivo e inyectivo* ($l = m = 0$), *al mismo tiempo extensivo y retractivo* ($l = m \leqslant 1$), *al mismo tiempo extensivo no suprayectivo y retractivo no inyectivo* ($l = m = 1$).

En un Δ-grupo *cualquiera G,* consideremos un endomorfismo h tal que las dos sucesiones asociadas **N** y **S** sean *estacionarias* (a partir del mismo rango m); h^m es extensivo y retractivo, de núcleo $N = N_m = N_{m+1} = \ldots$, de imagen $S = S_m = S_{m+1} = \ldots$.

(1) Pero, como se ha visto anteriormente, puede ocurrir que una de las sucesiones sea estricta y la otra estacionaria (incluso a partir del rango 0).

Tenemos pues:

(1) $N_m S_m = G$ y (1') $N_m \cap S_m = E$,

lo cual nos da una *descomposición semidirecta* de G.

Indiquemos un caso importante en que esta descomposición es *directa.*

Definición. Una aplicación φ de G en sí mismo es *normal* si conmuta con *todo automorfismo interno* α de G:

$$\alpha \circ \varphi = \varphi \circ \alpha .$$

En particular, un *endomorfismo normal no es otra cosa que un* Δ_3-endomorfismo, designando con Δ_3 al conjunto de los automorfismos internos considerado como dominio de operadores.

Si h es un Δ-endomorfismo *normal, su imagen* S_1 *es un* Δ*-subgrupo normal,* puesto que

$$\alpha(S_1) = (\alpha \circ h)(G) = h[\alpha(G)] = h(G) = S_1 .$$

Las potencias h^k son también Δ-endomorfismos normales, puesto que la aplicación compuesta de dos o varias aplicaciones normales es normal. Luego las imágenes S_k son Δ-subgrupos normales, como los núcleos N_k, y las relaciones (1) y (1') significan que G admite la *descomposición directa* (cfr. Capítulo 2, § 2, a):

(2) $$G = N_m \times S_m$$

(pero no puede excluirse que esta descomposición sea *trivial,* es decir, que un factor sea igual a E y el otro a G).

Si G es un Δ-grupo cuyo *retículo* $\mathcal{N}_\Delta$ *de los* Δ*-subgrupos normales verifica a la vez la condición de cadena ascendente y la condición de cadena descendente,* queda asegurado que las series **S** y **N** son estacionarias para todo endomorfismo normal h de G y tenemos el:

Lema 3 (Lema de Fitting). *A todo* Δ*-endomorfismo normal* h *de un* Δ*-grupo* G *cuyo retículo* $\mathcal{N}_\Delta$ *de los subgrupos normales verifica las condiciones de cadena ascendente y de candena descendente, está asociada la descomposición directa:*

(2) $$G_m = N_m \times S_m$$

$$(\text{donde } N_m = \operatorname{Ker} h^m,\ S_m = \operatorname{Im} h^m = h^m(G)).$$

Volvamos al caso de un Δ-grupo G cualquiera, y precisemos el efecto que tienen *separadamente* la condición de cadena ascendente en $\mathcal{N}_\Delta$ y la condición de cadena descendente en $\mathcal{S}_\Delta$.

Teorema 2. a) *Si un endomorfismo σ es suprayectivo sin ser inyectivo, la sucesión* **N** *correspondiente es estrictamente creciente, luego la condición de cadena ascendente para el retículo $\mathcal{N}_\Delta$ implica que todo endomorfismo suprayectivo es inyectivo.*

b) *Si un endomorfismo θ es inyectivo sin ser suprayectivo, la sucesión* **S** *correspondiente es estrictamente decreciente, luego la condición de cadena descendente para el retículo $\mathcal{S}_\Delta$ implica que todo endomorfismo inyectivo es suprayectivo.*

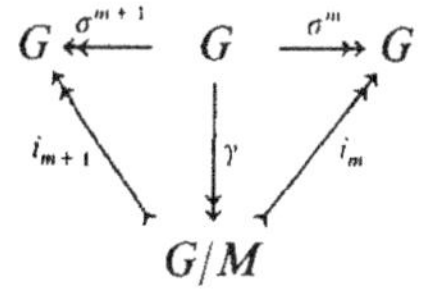

DC

a) Si los endomorfismos suprayectivos σ^m y *σ^{m+1}* tuvieran el *mismo núcleo M*, tendríamos, designando por γ al homomorfismo canónico de G sobre G/M el diagrama conmutativo anterior, donde i_m, i_{m+1} son Δ-isomorfismos de G/M sobre la imagen común, G, de σ^m y σ^{m+1} :

$$\sigma^{m+1} = i_{m+1} \circ \gamma\,, \qquad \sigma^m = i_m \circ \gamma\,,$$

de donde

$$\sigma^{m+1} = i_{m+1} \circ i_m^{-1} \circ \sigma^m = \alpha \circ \sigma^m\,,$$

donde $\alpha = i_{m+1} \circ i_m^{-1}$ es un *Δautomorfismo* de G. Todo endomorfismo suprayectivo es simplificable por la derecha (Capítulo I, § 1, teorema 2), luego resultaría $\sigma = \alpha$, lo que es contradictorio, puesto que, por hipótesis, σ no es inyectivo.

b) Toda potencia θ^k de θ es un Δ-endomorfismo inyectivo: su núcleo $N_k = E$ y el grupo cociente G/N se identifica con G.

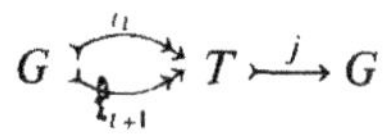

Si, para un entero l, los endomorfismos θ^l, θ^{l+1} tuvieran la misma imagen T, tendríamos, designando por j a la inyección canónica de T en G y por i_l, i_{l+1} a los isomorfismos canónicos de $G/E = G$ sobre T asociados a θ^l, θ^{l+1} :

$$\theta^l = j \circ i_l\,, \qquad \theta^{l+1} = j \circ i_{l+1}\,,$$

de donde

$$\theta^{l+1} = \theta^l \circ i_l^{-1} \circ i_{l+1} = \theta^l \circ \alpha'\,,$$

donde $\alpha' = i_l^{-1} \circ i_{l+1}$ es un Δ-automorfismo de G. Puesto que θ es simplificable por la izquierda (Capítulo I, § 1, teorema 2), resultaría $\theta = \alpha'$, lo que es contradictorio puesto que, por hipótesis, θ no es suprayectivo.

Estudiemos finalmente los *Δ-endomorfismos idempotentes* demostrando que a cada uno de ellos, f, está asociado un *grupo Γ_f* de endomorfismos (para la composición) que tienen a f como elemento neutro y que *la unión de estos grupos no es otra cosa que el conjunto de los Δ-endomorfismos que son extensivos y retractivos.*

La imagen S y el núcleo N de $f(=f^2)$ verifican las relaciones

$$(1) \qquad NS = G\,, \qquad\qquad (1') \qquad N \cap S = E$$

y la *restricción* del idempotente f a su imagen S es la *identidad.*

Todo endomorfismo h que tenga por imagen a S y por núcleo a N es pues extensivo (lema 1) y retractivo (lema 2). Además, si γ designa al homomorfismo suprayectivo canónico de G sobre G/N, i al isomorfismo canónico de G/N sobre $S = f(G)$ y j a la inyección canónica de S en G, tenemos, como hemos visto:

$$f = j \circ i \circ \gamma$$

y

$$\begin{array}{ccccc} G & & \xrightarrow{\quad h \quad} & & G \\ \gamma\downarrow & & & & \uparrow j \\ G/N & \xrightarrow[i]{} & S & \xrightarrow[\alpha_S]{} & S \end{array} \qquad h = j \circ \alpha_S \circ i \circ \gamma\,, \text{ donde } \alpha_S \in \text{Aut}\,(S)\,.$$

Consideremos la aplicación φ del grupo Aut (S) *sobre* el conjunto Γ_f de los Δ-endomorfismos de núcleo N y de imagen S, definida por:

$$\varphi(\alpha_S) = j \circ \alpha_S \circ i \circ \gamma = h\,.$$

Esta aplicación suprayectiva es también inyectiva puesto que, siendo j inyectiva e i, γ suprayectivas, la igualdad $\varphi(\alpha_S) = \varphi(\beta_S)$ implica $\alpha_S = \beta_S$. Además, tenemos:

$$(\forall s \in S) \qquad j(s) = s\,, \qquad \gamma(s) = sN\,, \qquad i(sN) = f(s) = s\,,$$

luego

$$(\forall s \in S) \qquad i \circ \gamma \circ j = I_S \quad \text{(aplicación idéntica de } S \text{ sobre } S)$$

De ello resulta que:

$$\varphi(\alpha'_S) \circ \varphi(\alpha_S) = j \circ \alpha'_S \circ i \circ \gamma \circ j \circ \alpha_S \circ i \circ \gamma = j \circ \alpha'_S \circ \alpha_S \circ i \circ \gamma$$
$$= \varphi(\alpha'_S \circ \alpha_S)\,.$$

Finalmente, φ es un *isomorfismo* y en consecuencia el *conjunto Γ_f de los Δ-endomorfismos que tienen la misma imagen S y el mismo núcleo N que el idempotente f es un grupo isomorfo a* Aut (S).

Observemos además que *todo grupo H de Δ-endomorfismos de G que tengan al idempotente f como elemento neutro está contenido en Γ_f* pues, designando por h^{-1} al inverso de h en H, tenemos, con notaciones evidentes:

$$h = fh \quad \text{luego} \quad S_h \subseteq S_f\,; \qquad f = hh^{-1} \quad \text{luego} \quad S_f \subseteq S_h$$
$$h = hf \quad \text{luego} \quad N_h \supseteq N_f\,; \qquad f = h^{-1}h \quad \text{luego} \quad N_f \supseteq N_h$$

de donde

$$S_h = S_f\,, \qquad N_h = N_f\,.$$

Si damos a priori un Δ-endomorfismo *extensivo* y *retractivo* h, su imagen S y su núcleo N verifican las relaciones (1) y (1') (lemas 1 y 2) y en consecuencia definen una descomposición semidirecta de G. Existe pues un Δ-endomorfismo *idempotente* f que tiene S como imagen y N como núcleo, y tenemos $h \in \Gamma_f$. *La unión de los grupos* Γ_f *es pues el conjunto de los endomorfismos extensivos y retractivos.*

Finalmente, si f y $\bar{f}$ son dos idempotentes distintos, los grupos asociados $\Gamma_f, \Gamma_{\bar{f}}$ *son* disjuntos.

Supongamos en efecto que $h \in \Gamma_f \cap \Gamma_{\bar{f}}$; sea h' su inverso en Γ_f y h'' su inverso en $\Gamma_{\bar{f}}$. Tenemos:

$$f = hh' = \bar{f}hh' = \bar{f}f = h''\,hf = h''\,h = \bar{f}\,,$$

luego, si la intersección $\Gamma_f \cap \Gamma_{\bar{f}}$ no es vacía, se tiene necesariamente $f = \bar{f}$. Podemos enunciar:

Teorema 3 ([1]). a) *Dado un Δ-grupo G, el conjunto Γ_f de los Δ-endomorfismos que tienen la misma imagen S y el mismo núcleo N que un Δ-endomorfismo idempotente f es el máximo de los grupos de Δ-endomorfismos que tienen a f como elemento neutro Γ_f es isomorfo al grupo de los Δ-automorfismos de la imagen $S = f(G)$.*

b) *Estos grupos Γ_f son disjuntos dos a dos y su unión (comprendido en grupo A de los Δ-automorfismos) es el conjunto de los Δ-endomorfismos extensivos y retractivos de G.*

b) ADICIÓN DE ENDOMORFISMOS; Δ-ANILLO DE LOS Δ-ENDOMORFISMOS DE UN Δ-GRUPO ABELIANO

Dado un conjunto *E dotado de una ley de composición interna* denotada multiplicativamente, el conjunto Φ de las aplicaciones de E en sí mismo puede estar dotado de una ley de composición, que es usual denotar *aditivamente* (aunque en general no sea conmutativa), definida a partir de la multiplicación de E por

(3) $$(\varphi_1 + \varphi_2)(x) = [\varphi_1(x)]\cdot[\varphi_2(x)]\,.$$

[1] Este teorema es uno de los que se extienden a las álgebras universales, para las cuales se ha obtenido además directamente (cfr. P. Dubreil "Sur le demi-groupe des endomorphismes d'une àlgebre abstraite", *Accademia dei Lincei, Reud.*, , S. VIII, vol. XLVI, p. 151, 1969).

Del mismo modo, si E está dotado de un dominio de operadores Δ, haciendo

$$(4) \qquad (\alpha\varphi)(x) = \alpha[\varphi(x)]$$

definimos una ley externa $\Delta \times \Phi \longrightarrow \Phi$.

Apliquemos este principio a un Δ-*grupo* G y estudiemos más particularmente *el comportamiento de los* Δ-*endomorfismos.*

La adición de aplicaciones es *asociativa*; es *conmutativa si* G *es abeliano.*

El endomorfismo nulo θ definido por

$$(\forall x \in G) \qquad \theta x = e \qquad (e \text{ elemento unidad de } G)$$

es *neutro* para la adición:

$$(\forall \varphi \in \Phi) \qquad (\varphi + \theta)(x) = \varphi(x).e = \varphi(x)$$

$$= e.\varphi(x) = (\theta + \varphi)(x),$$

luego

$$\varphi + \theta = \varphi \quad \text{y} \quad \theta + \varphi = \varphi .$$

Además θ es *lícito por la derecha* para la composición:

$$(\theta \circ \varphi)(x) = \theta[\varphi(x)] = e = \theta(x) \qquad (\forall x \in G)$$

de donde $\theta \circ \varphi = \theta$ $(\forall \varphi \in \Phi)$. *Pero* θ *no es lícito por la izquierda más que para la composición con una aplicación* η *que deje e fijo, en particular con un endomorfismo:*

$$(\eta \circ \theta)(x) = \eta(e) = e = \theta(x), \qquad \text{de donde } \eta \circ \theta = \theta .$$

Toda aplicación φ admite una *aplicación opuesta* $\varphi' = -\varphi$ definida por

$$\varphi'(x) = [\varphi(x)]^{-1}$$

(comprobación inmediata) pero *el opuesto* η' *de un endomorfismo* η *no es en general un endomorfismo:*

$$\eta'(xy) = [\eta(xy)]^{-1} = [\eta(x)\,\eta(y)]^{-1} = [\eta(y)]^{-1}\,[\eta(x)]^{-1}$$

$$= \eta'(y).\eta'(x) ;$$

$\eta' = -\eta$ es pues un *antimorfismo.* Es un *endomorfismo* si la imagen $\eta(G)$ es un grupo abeliano, en particular *si* G *es abeliano.*

Del mismo modo, la *suma* $\eta_1 + \eta_2$ *de dos endomorfismos no es en general un endomorfismo,* pues

$$(\eta_1 + \eta_2)(xy) = [\eta_1(xy)].[\eta_2(xy)]$$

$$= \eta_1(x).\eta_1(y).\eta_2(x).\eta_2(y)$$

mientras que

$$[(\eta_1 + \eta_2)(x)]\,[(\eta_1 + \eta_2)](y) = \eta_1(x).\eta_2(x).\eta_1(y).\eta_2(y)\,.$$

En el grupo G, la igualdad de los segundos miembros tiene lugar si y sólo si

$$\eta_1(y).\eta_2(x) = \eta_2(x).\eta_1(y) \qquad (\forall x, y \in G)$$

es decir, *si todo elemento de la imagen* $\eta_1(G)$ *conmuta con todo elemento de la imagen* $\eta_2(G)$. Se dice entonces que los endomorfismos η_1, η_2 son *sumables*. Dos endomorfismos cualesquiera de un grupo abeliano son sumables.

La *composición* de aplicaciones es *distributiva por la derecha* con respecto a su adición:

$$(\forall x \in G) \qquad [(\varphi_1 + \varphi_2)\circ\varphi](x) = (\varphi_1 + \varphi_2)[\varphi(x)]$$
$$= \varphi_1[\varphi(x)].\varphi_2[\varphi(x)] = [(\varphi_1\circ\varphi) + (\varphi_2\circ\varphi)](x)\,.$$

La distributividad por la izquierda no es cierta de una forma general:

$$[\varphi\circ(\varphi_1 + \varphi_2)](x) = \varphi[\varphi_1(x).\varphi_2(x)]$$

expresión que se sabe transformar sólo si φ es un *endomorfismo* η:

$$[\eta\circ(\varphi_1 + \varphi_2)](x) = \eta[\varphi_1(x).\varphi_2(x)] = \eta[\varphi_1(x)].\eta[\varphi_2(x)]$$
$$= [(\eta\circ\varphi_1) + (\eta\circ\varphi_2)](x)\,,$$

y tenemos, *en este caso*, la distributividad por la izquierda.

La *ley externa* $\Delta \times \Phi \longrightarrow \Phi$ definida por (4) tiene las siguientes propiedades: $(\forall\ \varphi_1, \varphi_2 \in \Phi)$ $(\forall\alpha \in \Delta)$, tenemos:

$$[\alpha(\varphi_1\circ\varphi_2)](x) = \alpha.[\varphi_1(\varphi_2(x))] = (\alpha\varphi_1)[\varphi_2(x)]$$
$$= [(\alpha\varphi_1)\circ\varphi_2](x)\,,$$

luego

$$\alpha\,(\varphi_1 \circ \varphi_2) = (\alpha\varphi_1)\circ\varphi_2 \quad \textit{(asociatividad mixta)}$$

Si además φ_1 es una *aplicación lícita* (o Δ-aplicación), es decir, si $(\forall x \in G)\varphi_1(\alpha x) = \alpha.\varphi_1(x)$, tenemos:

$$[\alpha(\varphi_1\circ\varphi_2)](x) = \alpha.[\varphi_1(\varphi_2(x))] = \varphi_1[\alpha.\varphi_2(x)]$$
$$= \varphi_1[(\alpha\varphi_2)(x)]$$

según (4), luego:

$$\alpha(\varphi_1\circ\varphi_2) = \varphi_1\circ(\alpha\varphi_2)\,.$$

Por ser Δ *distributivo,* tenemos también:

$$[\alpha(\varphi_1 + \varphi_2)](x) = \alpha.[\varphi_1(x).\varphi_2(x)] = [\alpha.\varphi_1(x)].[\alpha.\varphi_2(x)]$$

$$= [(\alpha\varphi_1)(x)][(\alpha\varphi_2)(x)] = (\alpha\varphi_1 + \alpha\varphi_2)(x),$$

luego:

$$\alpha(\varphi_1 + \varphi_2) = \alpha\varphi_1 + \alpha\varphi_2 .$$

Además, si η es un *endomorfismo,* $\alpha\eta$ *lo es también, pues*

$$(\alpha\eta)(xy) = \alpha.[\eta(xy)] = \alpha.[\eta(x).\eta(y)]$$

$$= [(\alpha\eta)(x)][(\alpha\eta)(y)] .$$

Si la ley externa $\Delta \times G \longrightarrow G$ verifica la *condición*

(5) $$\alpha.(\beta.g) = \beta.(\alpha.g)$$

–lo que tiene lugar especialmente si Δ está dotado de una *multiplicación conmutativa:* $\alpha\beta = \beta\alpha$ y si la ley de asociatividad mixta $\alpha.(\beta.g) = (\alpha\beta)g$ se verifica– para todo Δ-endomorfismo η, $\alpha\eta$ *es también un* Δ*-endomorfismo* ($\forall\alpha \in \Delta$). En efecto, de acuerdo con (5) tenemos:

$$(\alpha\eta)(\beta x) = \alpha.[\eta(\beta x)] = \alpha.[\beta.\eta(x)]$$

$$= \beta.[\alpha.\eta(x)] = \beta[(\alpha\eta)(x)] .$$

Las propiedades anteriores implican inmediatamente dos teoremas:

Teorema 4. *El conjunto de los endomorfismos de un grupo abeliano G, dotado de la adición de endomorfismos y de una multiplicación coincidente con la composición, es un anillo: el anillo de los endomorfismos del grupo G.*

Llamemos Δ*-anillo* a un anillo A dotado de un dominio de operadores (por la izquierda) Δ, distributivo para el grupo aditivo G subyacente a A, y verificando además la condición

(4) $$\alpha(xy) = (\alpha x)y = x(\alpha y) .$$

Teorema 4'. *El conjunto de los* Δ*-endomorfismos de un* Δ*-grupo abeliano G, cuando es distributivo y verifica la condición (5), es un* Δ*-anillo.*

§ 2. *PRODUCTO DIRECTO COMPLETO, PRODUCTO DIRECTO*

Como ya hemos visto (Capítulo I, § 2, *a*), se puede unir a la noción de *producto cartesiano de conjuntos* un procedimiento importante para la construcción de grupos; estudiémoslo de una forma sistemática. Damos una *familia* $(G_\lambda)_{\lambda \in \Lambda}$ de grupos G_λ

(distintos o no),[1], y formemos el producto cartesiano de los conjuntos subyacentes: los elementos de este producto cartesiano son las aplicaciones x del conjunto de los índices, Λ, en la unión general de los G_λ tales que la imagen $x(\lambda) = x_\lambda$ pertenezca a G_λ, escribiremos $x = (x_\lambda)_{\lambda \in \Lambda}$. El elemento x_λ de G_λ es, por definición, la *componente* de x de *índice* λ (o "λ-ésima" componente). Suponiendo a cada grupo G_λ denotado multiplicativamente, definimos en el producto cartesiano $\Pi = \prod_{\lambda \in \Lambda} G_\lambda$ la *"multiplicación componente por componente"* haciendo

(1) $$x = (x_\lambda)_{\lambda \in \Lambda} \text{ y } y = (y_\lambda)_{\lambda \in \Lambda}, \text{ entonces } xy = (x_\lambda y_\lambda)_{\lambda \in \Lambda}.$$

Esta multiplicación es visiblemente *asociativa.* El elemento $e = (e_\lambda)_{\lambda \in \Lambda}$ cuyas componentes son los elementos unidad de los grupos G_λ, es elemento neutro; el elemento $(x_\lambda^{-1})_{\lambda \in \Lambda}$ es inverso del elemento $x = (x_\lambda)_{\lambda \in \Lambda}$: Π ***está pues dotado de una estructura de grupo.***

Si Además los G_λ están dotados de un *mismo dominio de operadores por la izquierda* Δ, haremos

(2) $$\alpha x = (\alpha x_\lambda)_{\lambda \in \Lambda} \qquad (\alpha \in \Delta) ;$$

definimos así una ley de composición externa, para la cual Δ es distributivo si lo es para cada G_λ:

$$\alpha(xy) = (\alpha(x_\lambda y_\lambda))_{\lambda \in \Lambda} = ((\alpha x_\lambda).(\alpha y_\lambda))_{\lambda \in \Lambda} = (\alpha x)(\alpha y)$$

de acuerdo con (1).

Finalmente, el producto cartesiano Π de los conjuntos subyacentes ha sido dotado de una *estructura de* Δ*-grupo:* El Δ-grupo $\tilde{P}$ así obtenido a partir de Π es, por definición, el *producto directo completo* (o producto cartesiano) de los G_λ. Se escribe

$$\tilde{P} = \widetilde{\prod_{\lambda \in \Lambda}} G_\lambda .$$

Si los G_λ se denotan aditivámente, $\tilde{P}$ toma el nombre de *suma directa completa* (estando también denotada auditivamente su operación) y el Δ-grupo obtenido se escribe en la forma

$$\tilde{P} = \widetilde{\bigoplus_{\lambda \in \Lambda}} G_\lambda .$$

[1] No se excluyen las repeticiones: un mismo grupo puede figurar varias veces entre los G_λ, con índices diferentes; puede ser incluso que todos los G_λ sean "copias" de un mismo grupo.

Para cada índice λ, supongamos dado un Δ-subgrupo H_λ de G_λ : $E_\lambda \subseteq H_\lambda \subseteq G_\lambda$ (donde $E_\lambda = (e_\lambda)$). Tenemos el

Teorema 1. a) *El producto directo completo* $\tilde{Q} = \tilde{\prod}_{\lambda \in \Lambda} H_\lambda$ *es isomorfo al Δ-subgrupo S de* $\tilde{P} = \tilde{\prod}_{\lambda \in \Lambda} G_\lambda$ *definido por*

$$S = \{ x = (x_\lambda)_{\lambda \in \Lambda} \in \tilde{P} \mid (\forall \lambda \in \Lambda), x_\lambda \in H_\lambda \} .$$

b) *Si, para todo índice λ, H_λ es Δ-subgrupo normal de G_λ, S es Δ-subgrupo normal de $\tilde{P}$.*

a) Para todo elemento $y = (y_\lambda)_{\lambda \in \Lambda}$, $y_\lambda \in H_\lambda$ $(\subseteq G_\lambda)$, del producto directo completo $\tilde{Q}$, existe un elemento $x = (x_\lambda)_{\lambda \in \Lambda}$ y uno solo de $\tilde{P}$ que tiene las *mismas componentes:* $x_\lambda = y_\lambda$ $(\forall \lambda \in \Lambda)$. Haciendo $f(y) = x$, definimos una *inyección* f de $\tilde{Q}$ en $\tilde{P}$. La imagen $f(\tilde{Q})$ es S y la aplicación i de $\tilde{Q}$ *sobre* S definida por $i(y) = f(y)$. $(\forall y \in \tilde{Q})$ una *biyección.* Según las definiciones de las leyes interna y externa, f e i son Δ-homomorfismos; finalmente, i es pues un *Δ-isomorfismo* de $\tilde{Q}$ sobre S. De ello resulta que S es un Δ-subgrupo de $\tilde{P}$ (la comprobación directa, por otra parte, es inmediata).

b) Supongamos que, para todo índice λ, H_λ sea un subgrupo *normal* de G_λ. Si $p = (p_\lambda)_{\lambda \in \Lambda}$ es un elemento cualquiera de $\tilde{P}$, tenemos

$$pxp^{-1} = (p_\lambda x_\lambda p_\lambda^{-1})_{\lambda \in \Lambda} ;$$

si $x \in S$, $x_\lambda \in H_\lambda \lhd G_\lambda$, luego $p_\lambda x_\lambda p_\lambda^{-1} \in H_\lambda$ et $pxp^{-1} \in S$ $(\forall p \in \tilde{P})$.

Casos particulares

1) Tomemos como H_λ el *centro* C_λ de G_λ: el producto directo completo $\tilde{\prod}_{\lambda \in \Lambda} C_\lambda$ es isomorfo al Δ-subgrupo normal $S = \{ x \in \tilde{P} \mid x_\lambda \in C_\lambda \ (\forall \lambda \in \Lambda) \}$, que es visiblemente el centro de $\tilde{P}$.

2) Sea Σ una parte dada del conjunto Λ de los índices. Tomemos:

$$\begin{aligned} H_\lambda &= G_\lambda \quad &si \quad &\lambda \in \Sigma , \\ H_\lambda &= E_\lambda \quad &si \quad &\lambda \notin \Sigma , \end{aligned}$$

siendo E_λ el subgrupo de G_λ reducido al elemento neutro e_λ. En los dos casos se tiene H_λ Δ-G_λ.

Un elemento $h = (h_\lambda)$ del producto $\tilde{\prod}_{\lambda \in \Lambda} H_\lambda$ está determinado por sus componentes h_σ, $\sigma \in \Sigma$, y los dos productos directos completos $\tilde{\prod}_{\lambda \in \Lambda} H_\lambda$ y $\tilde{\prod}_{\sigma \in \Sigma} H_\sigma = \tilde{\prod}_{\sigma \in \Sigma} G_\sigma$ son *isomorfos.* De ello resulta, según el teorema 1, que el *producto directo completo* $\tilde{\prod}_{\sigma \in \Sigma} G_\sigma$ *es isomorfo al Δ-subgrupo:*

$$S_\Sigma = \{\, x = (x_\lambda)_{\lambda \in \Lambda} \mid x_\lambda = e_\lambda \quad \text{si} \quad \lambda \notin \Sigma \,\}$$

que es *Δ-subgrupo normal* de $\tilde{P} = \widetilde{\prod_{\lambda \in \Lambda}} G_\lambda$.

Cuando Σ se reduce a *un solo elemento*: $\Sigma = \{ \sigma \}$, escribiremos P_σ en lugar de S_Σ : P_σ es pues el conjunto de los elementos x de $\tilde{P}$ tales que *toda componente de índice* $\lambda \neq \sigma$ *es igual a* e_λ. P_σ *es un Δ-subgrupo normal de* $\tilde{P}$, *isomorfo al grupo correspondiente* G_σ.

Designemos por i_σ al isomorfismo de G_σ sobre P_σ que al elemento x_σ de G_σ asocia el elemento x de P_σ que tiene a x_σ como componente de índice σ y e_λ como componente de índice λ, $(\forall \lambda \neq \sigma)$. Sea j_σ la inyección canónica de P_σ en $\tilde{P}$ y ϖ_σ la aplicación de $\tilde{P}$ en G_σ que a $x = (x_\lambda)_{\lambda \in \Lambda} \in \tilde{P}$ asocia su σ-ésima componente x_σ : según (1) y (2), ϖ_σ es un *Δ-homomorfismo*, evidentemente *suprayectivo*, llamado *proyección de* $\tilde{P}$ *sobre* G_σ.

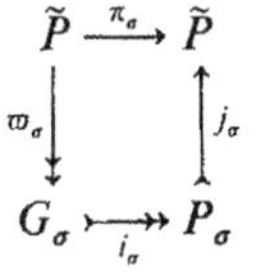

El compuesto $\pi_\sigma = j_\sigma \circ i_\sigma \circ \varpi_\sigma$ es un *Δ-endomorfismo* llamado *endomorfismo de proyección* para el índice σ : π_σ conserva la componente σ-ésima x_σ de un elemento x cualquiera de $\tilde{P}$ y reemplaza a todas las demás componentes x_λ, $\lambda \neq \sigma$, por e_λ.

De ello resulta que *todo endomorfismo de proyección es idempotente* (para la composición):

$$\pi_\sigma^2 = \pi_\sigma \circ \pi_\sigma = \pi_\sigma$$

y que *dos endomorfismos de proyección relativos a dos índices diferentes, son ortogonales:*

$$\text{si} \quad \rho \neq \sigma, \qquad \pi_\rho \circ \pi_\sigma = \theta = \pi_\sigma \circ \pi_\rho ,$$

donde θ designa al endomorfismo nulo $(\theta(x) = e, \ (\forall x \in \tilde{P}))$.

Sean Σ y T dos partes *disjuntas* de Λ:

$$\Sigma \cap T = \phi .$$

Todo índice λ es exterior a uno por lo menos de los conjuntos Σ, T. Luego si $x = (x_\lambda)_{\lambda \in \Lambda} \in S_\Sigma \cap S_T$, se tiene: $x_\lambda = e_\lambda$ $(\forall \lambda \in \Lambda)$, de donde

(3) $$S_\Sigma \cap S_T = E = (e) .$$

Además, si $x \in S_\Sigma$ y si $y \in S_T$, la λ-ésima componente de xy es x_λ si $\lambda \in \Sigma$, y_λ si $\lambda \in T$, e_λ en los demás casos. Lo mismo sucede para yx; tenemos pues

$$xy = yx$$

luego todo elemento de S_Σ *conmuta con todo elemento de* S_T.

Supongamos ahora que $\Sigma \cup T = \Lambda$ (sin conservar la hipótesis precedente). Dado un elemento cualquiera $x = (x_\lambda)_{\lambda \in \Lambda}$ de $\tilde{P}$, consideremos, para cada índice $\lambda \in \Lambda$, dos elementos s_λ, t_λ de G_λ que verifican las condiciones:

$$\begin{array}{lll} \text{si} \quad \lambda \in \Sigma \setminus T = \Sigma - (\Sigma \cap T) & s_\lambda = x_\lambda\,, & t_\lambda = e_\lambda\,; \\ \text{si} \quad \lambda \in T \setminus \Sigma = T - (\Sigma \cap T) & s_\lambda = e_\lambda\,, & t_\lambda = x_\lambda\,; \\ \text{si} \quad \lambda \in \Sigma \cap T & s_\lambda t_\lambda = x_\lambda\,. & \end{array}$$

En los dos primeros casos, el par (s_λ, t_λ) está completamente determinado; en el tercero, uno de los elementos s_λ, t_λ puede elegirse arbitrariamente en G_λ y el otro resulta de ello.

Puesto que $\Lambda = \Sigma \cup T$, s_λ, t_λ existen para todo $\lambda \in \Lambda$ y tenemos por una parte

$$s = (s_\lambda)_{\lambda \in \Lambda} \in S_\Sigma\,, \qquad t = (t_\lambda)_{\lambda \in \Lambda} \in S_T\,,$$

por otra parte

$$s_\lambda t_\lambda = x_\lambda \qquad (\forall \lambda \in \Lambda)\,, \quad \text{es decir} \qquad x = st\,,$$

luego

(4) $$\tilde{P} = S_\Sigma . S_T\,.$$

Finalmente, si Σ y T son *dos partes complementarias* de Λ, tenemos a la vez las propiedades (3) y (4), es decir, la *descomposición directa*:

(5) $$\tilde{P} = S_\Sigma \times S_T\,.$$

Podemos enunciar:

Teorema 2. a) *Para toda parte Σ del conjunto Λ de índices, el conjunto $S_\Sigma = \{ x = (x_\lambda) \mid x_\lambda = e_\lambda$ si $\lambda \notin \Sigma \}$ es un subgrupo normal del producto directo completo $\tilde{P} = \tilde{\prod}_{\lambda \in \Lambda} G_\lambda$; S_Σ es isomorfo al producto directo completo $\tilde{\prod}_{\sigma \in \Sigma} G_\sigma$;*

b) *$\Sigma \cap T = \varnothing$ implica $S_\Sigma \cap S_T = E$ y todo elemento de S_Σ conmuta con todo elemento de S_T ;*

c) *$\Sigma \cup T = \Lambda$ implica $S_\Sigma . S_T = \tilde{P}$; luego, si Σ y T son dos partes complementarias de Λ, $\tilde{P}$ admite la descomposición directa:*

$$\tilde{P} = S_\Sigma \times S_T\,.$$

Definición: Llamemos *soporte* de un elemento $x = \{ x_\lambda \}_{\lambda \in \Lambda}$ del *producto directo completo* $\tilde{P} = \tilde{\prod}_{\lambda \in \Lambda} G_\lambda$ al conjunto $\Sigma_x \subseteq \Lambda$ de los índices λ para los cuales se tiene: $x_\lambda \neq e_\lambda$ (elemento unidad de G_λ) :

$$\Sigma_x = \{ \lambda, \lambda \in \Lambda \mid x_\lambda \neq e_\lambda \}$$

$(\Sigma_x = \varnothing \Longleftrightarrow x = e)$. Consideremos el conjunto P de los elementos x de *soporte finito* (con el convenio de que P comprende al elemento e de soporte vacío).

Teorema 3. *El conjunto P de los elementos de soporte finito es un Δ-subgrupo normal de $\tilde{P}$, que contiene a cada grupo P_λ como Δ-subgrupo normal.*

Dos elementos inversos x y x^{-1} tienen el mismo soporte. El soporte del producto xy está contenido en la unión de los soportes de x y de y: P es, por consecuencia, un subgrupo de $\tilde{P}$.

Como Δ (supuesto distributivo) deja fijo al elemento unidad e_λ de cada Δ-grupo G_λ, el soporte de αx está contenido en el de x: *por tanto* P es un Δ-subgrupo de $\tilde{P}$.

El soporte de yxy^{-1} coincide con el de x (pues $y_\lambda x_\lambda y_\lambda^{-1} = e_\lambda \Longleftrightarrow x_\lambda = e_\lambda$) luego $x \in P$ implica $(\forall y \in P)$ $yxy^{-1} \in P$.

Finalmente, la doble inclusión evidente $P_\lambda \subseteq P \subseteq \tilde{P}$ donde P_λ es Δ-subgrupo normal de $\tilde{P}$, implica que a fortiori P_λ es Δ-subgrupo normal de P.

Definición. P recibe el nombre de *producto directo* (o producto directo *restringido*) de los grupos G_λ; se escribe:

$$P = \prod_{\lambda \in \Lambda} G_\lambda .$$

Si los grupos G_λ se denotan *aditivamente,* P recibe el nombre de *suma directa* y se designa por $\bigoplus_{\lambda \in \Lambda} G_\lambda$.

Observación. También se emplean (con frecuencia en Francia, menos en otros países) las expresiones: *producto directo* para $\tilde{P}$ y *suma directa* para P, cualquiera que sea el tipo de leyes de grupo consideradas.

Si el conjunto Λ de los índices es finito y tiene n elementos ($n \geqslant 2$) *el producto directo completo $\tilde{P}$ y el producto directo P coinciden:* entonces se toma generalmente $\Lambda = \{1, 2, \ldots, n\}$ y se escribe:

$$\tilde{P} = P = G_1 \times \cdots \times G_n .$$

Teorema 4. *Todo elemento x del producto directo $P = \prod_{\lambda \in \Lambda} G_\lambda$, de soporte Λ' ($\Lambda' \neq \varnothing$), admite una representación única de la forma*

$$(5) \qquad x = \prod_{\lambda \in \Lambda'} p_\lambda , \qquad \text{con} \qquad p_\lambda \in P_\lambda .$$

(Si card $\Lambda' = 1$: $\Lambda' = \{\lambda\}$, $x = p_\lambda \in P_\lambda$.)

Sea x_λ la λ-ésima componente de x ($\lambda \in \Lambda' = \Sigma_x$) y p_λ el elemento de P_λ que tiene a x_λ como componente λ-ésima. De acuerdo con (1), tenemos:

$$(9) \qquad x = \prod_{\lambda \in \Lambda'} p_\lambda ,$$

(en el sentido del producto en el grupo P).

Además, *esta representación es única.* En efecto, una igualdad de la forma

$$\prod_{\lambda \in \Lambda'} p_\lambda = \prod_{\mu \in M'} q_\mu, \qquad (p_\lambda \in P_\lambda, q_\mu \in P_\mu),$$

exige que los dos miembros tengan el mismo soporte: $\Lambda' = M'$; además, implica que los dos miembros tienen la *misma componente* G_ρ, para todo índice $\rho \in \Lambda'$. Ahora bien, para el primer miembro, esta componente es la de p_ρ, para el segundo, es la de q_ρ; tenemos pues

$$p_\rho = q_\rho \qquad (\forall \rho \in \Lambda').$$

En particular, *si* Λ *es finito,* $\Lambda = \{1, 2, ..., n_\circ\}$, *todo elemento* x *del producto directo* P $(=\tilde{P})$ *admite una representación única de la forma*

$$x = p_1 \ldots p_n \text{ donde } p_i \in P_i, \qquad (P_i \simeq G_i), \quad (\text{si } i \notin \Sigma_x, \ p_i = e_i).$$

Luego P admite (en el sentido del Capítulo 2, § 2) la descomposición directa

$$P = P_1 \times P_2 \times \cdots \times P_n.$$

§ 3. *DESCOMPOSICIONES DIRECTAS*

Demos ahora, inversamente en cierto sentido, un Δ-grupo G (Δ distributivo) y un *conjunto* $\{A_\lambda\}_{\lambda \in \Lambda}$ (y no una familia), de *Δ-subgrupos propios de* G (*distintos* dos a dos, $\lambda \neq \mu$ implica $A_\lambda \neq A_\mu$) tales que:

1) *Para* $\lambda \neq \mu$, *todo elemento* a_λ *de* A_λ *conmuta con todo elemento* a_μ *de* A_μ:

(1) $$a_\lambda a_\mu = a_\mu a_\lambda \qquad (\lambda \neq \mu)$$

Esta primera condición permite, cuando se tiene un producto $x = x_1 \ldots x_k$. de elementos pertenecientes a ciertos subgrupos A_λ : $x_i \in A_{\lambda_i}$, reagrupar los factores $x_i, x_j, \ldots$ *que pertenecen a un mismo grupo,* sin cambiar su orden relativo, reemplazarlos por su producto y escribir x en la forma $x = \prod_{\lambda \in \Lambda'} x_\lambda$ (Λ' parte *finita* de Λ), donde $x_\lambda \in A_\lambda$, $x_\mu \in A_\mu$ y $\lambda \neq \mu$ implica $A_\lambda \neq A_\mu$: diremos entonces que *la representación* o la descomposición $x = \prod_{\lambda \in \Lambda'} x_\lambda$ *es reducida* (esto no excluye que pueda tenerse $x_\lambda = e = x_\mu$ para $\lambda \neq \mu$, designando por e al elemento neutro de G).

2) *Todo elemento x de G es efectivamente igual a dicho producto:*

(2) $$x = \prod_{\lambda \in \Lambda'} x_\lambda, \qquad x_\lambda \in A_\lambda \qquad (\Lambda' \text{ parte finita de } \Lambda)$$

(dicho de otro modo, G está *engendrado* por los subgrupos A_λ) *y además la representación (2), supuesta reducida, es única,* en un sentido que vamos a precisar. Si $x = \prod_{\lambda \in \Lambda'} x_\lambda = \prod_{\mu \in M'} x'_\mu$ son dos representaciones *reducidas* de x, hagamos $\Lambda' \cup M' = P$, y luego $x_\rho = e$ para $\rho \in P - \Lambda'$, $x'_\rho = e$ para $\rho \in P - M'$. Tenemos las representaciones (también reducidas) $x = \prod_{\rho \in P} x_\rho = \prod_{\rho \in P} x'_\rho$.

La propiedad de unicidad se enuncia: $(\forall \rho \in P)$, $x_\rho = x'_\rho$.

De acuerdo con esta propiedad de unicidad, para todo elemento $x \neq e$, el conjunto Σ_x de los índices λ para los cuales $x_\lambda \neq e$ en una representación reducida (2), está determinado de manera única (y por otra parte no vacía): lo seguimos llamando *soporte* de x. Si $\lambda \in \Sigma_x$, el factor x_λ, en (2), es la *componente* de x en A_λ (o componente de índice λ, λ-ésima componente).

Las dos condiciones (1) y (2) implican:

1° $A_\lambda \cap A_\mu = E$ *para* $\lambda \neq \mu$.

En efecto, si $x \in A_\lambda \cap A_\mu$, tenemos por una parte $x = xe (x = x_\lambda \in A_\lambda, e = x_\mu \in A_\mu)$, por otra parte $x = ex$ $(e = x'_\lambda \in A_\lambda,\ x = x'_\mu \in A_\mu)$: la propiedad de unicidad exige que $x = e$.

2° *Cada subgrupo* A_μ *es subgrupo normal de* G.

En efecto, sea $a \in A_\mu$ y $x = \prod_{\lambda \in \Lambda'} x_\lambda$ un elemento de G distinto de e. Si $\mu \notin \Lambda'$, a conmuta con cada x_λ, y por lo tanto con x, y tenemos:

$$xax^{-1} = a \in A_\mu .$$

Si $\mu \in \Lambda'$, a y x_μ conmutan con cada x_λ de índice $\lambda \neq \mu$, luego

$$xax^{-1} = x_\mu a x_\mu^{-1} \in A_\mu .$$

Consideremos ahora el *producto directo* $P = \prod_{\lambda \in \Lambda} A_\lambda$. Sea p un elemento de P, de soporte Σ_p, y p_λ su componente en A_λ, $\lambda \in \Sigma_p$. Asociemos a p el elemento g de G definido por

$$g = \prod_{\lambda \in \Sigma_p} p_\lambda \qquad (g = e \text{ si } \Sigma_p = \varnothing) .$$

Esta aplicación $f: P \longrightarrow G$, definida por $f(p) = g$, es:

a) *inyectiva,* en razón de la propiedad de unicidad;

b) *suprayectiva,* pues un elemento x de G admite la representación

$$x = \prod_{\lambda \in \Lambda'} x_\lambda \tag{2}$$

y en consecuencia es la imagen del elemento p de P cuya ρ-ésima componente es x_ρ si $\rho \in \Lambda'$, e $(= e_\lambda \in A_\lambda)$ en el caso contrario.

Además, f es un *homomorfismo* puesto que la multiplicación en P se hace componente por componente y que, en G, el producto de $x = \prod_{\lambda \in \Lambda'} x_\lambda$, por $y = \prod_{\mu \in \Lambda'} y_\mu$ ($\Sigma_x \subseteq \Lambda'$, $\Sigma_y \subseteq \Lambda'$) es $xy = \prod_{\rho \in \Lambda'} x_\rho\, y_\rho$, según la propiedad (1). Así pues, f es un *isomorfismo.*

Finalmente, por ser Δ *distributivo, f* es un *Δ-isomorfismo,* pues

$$\alpha f(p) = \alpha g = \prod_{\lambda \in \Sigma_p} \alpha p_\lambda = f(\alpha p)$$

puesto que αp tiene por componente λ-ésima a αp_λ. Finalmente, podemos enunciar:

Teorema 1. *Un Δ-grupo G para el cual existe un conjunto $\{ A_\lambda \}_{\lambda \in \Lambda}$ de Δ-subgrupos propios que verifica las condiciones (1) y (2) es isomorfo al producto directo $P = \prod_{\lambda \in \Lambda} A_\lambda$, en un Δ-isomorfismo.*

Definiciones. Cuando el *conjunto* $\{ A_\lambda, \lambda \in \Lambda \}$ de los Δ-subgrupos propios A_λ de G verifica las condiciones (1) y (2) se dice que G admite la *descomposición directa*

$$G = \prod_{\lambda \in \Lambda} A_\lambda \tag{3}$$

o bien –en notación aditiva–

$$G = \bigoplus_{\lambda \in \Lambda} A_\lambda\,. \tag{3'}$$

Tanto en un caso como en el otro, se dice que G es *compuesto directo* de las A_λ (por abuso de lenguaje, "Producto directo" en notación multiplicativa, "suma directa" en notación aditiva). Cada A_λ es un *componente directo* de G, un *factor directo* en notación multiplicativa, un *sumando directo* en notación aditiva.

Teniendo en cuenta el teorema 4 del § anterior, el *producto directo* (en sentido propio) $P = \prod_{\lambda \in \Lambda} G_\lambda$ de una *familia* de grupos G_λ ($\lambda \in \Lambda$) *admite la descomposición directa* $P = \prod_{\lambda \in \Lambda} P_\lambda$ ($P_\lambda \simeq G_\lambda$) y, en consecuencia, *todo Δ-grupo isomorfo a un producto directo $P = \prod_{\lambda \in \Lambda} G_\lambda$ admite una descomposición directa $G = \prod_{\lambda \in \Lambda} A_\lambda$, siendo $A_\lambda \simeq G_\lambda$.*

Cuando el conjunto Λ es finito, $\Lambda = \{ 1, 2, \ldots, n \}$, resulta cómodo tomar como representación reducida de un elemento x de G la representación

$$x = x_1\, x_2 \ldots x_n \qquad (x_\lambda \in A_\lambda)$$

(que eventualmente no difiere de otra representación reducida más que en la introducción de factores x_i iguales a e, y en el orden de los factores, que aquí es el orden natural de los índices). Se escribe

(4) $$G = A_1 \times A_2 \times \cdots \times A_n ,$$

o, en notación aditiva,

(4′) $$G = A_1 \oplus A_2 \oplus \cdots \oplus A_n .$$

Propiedades de las descomposiciones directas

Se podría establecer para el *producto directo P* de una familia de grupos un teorema análogo al teorema 2 del § anterior (relativo al producto directo *completo*) y de él deducir, por isomorfismo, resultados análogos para las *descomposiciones directas.* De hecho, procederemos a la inversa, pues las propiedades correspondientes son particularmente importantes en el empleo de las descomposiciones directas.

Sea, pues, G un grupo que admite una descomposición directa $G = \prod_{\lambda \in \Lambda} A_\lambda$.

Consideremos una *partición* del conjunto Λ :

$$\Lambda = \bigcup_{\rho \in P} \Lambda_\rho \qquad (\rho \neq \sigma \quad \text{implica} \quad \Lambda_\rho \cap \Lambda_\sigma = \emptyset) .$$

Para un índice dado ρ sea H_ρ el subgrupo de G engendrado por los Δ-subgrupos normales A_λ donde λ describe Λ_ρ : H_ρ es un *Δ-subgrupo normal* (Capítulo 3, § 1, teorema 3). Siendo ciertas para G las condiciones (1) y (2) y para las A_λ $(\lambda \in \Lambda)$ también lo son para H_ρ y para las A_λ $(\lambda \in \Lambda_\rho)$. Luego H_ρ *admite la descomposición directa*

$$H_\rho = \prod_{\lambda \in \Lambda_\rho} A_\lambda .$$

Por otra parte, la condición (1) de *permutabilidad de los elementos* de dos grupos A_α, A_β $(\alpha \neq \beta)$ implica la permutabilidad de dos elementos pertenecientes respectivamente a H_ρ, H_σ $(\rho \neq \sigma)$.

Además, cada A_λ es subgrupo de un H_ρ (aquél para el que la clase $\Lambda_\rho$contiene al índice λ). De ello resulta que todo elemento de G, producto de un número finito de elementos tomados en las A_λ, es también producto finito de elementos tomados en las H_ρ : G está pues *engendrado* por las H_ρ. Finalmente, la representación reducida correspondiente de un elemento g de G es *única* pues, en el caso contrario, g no admitiría una representación única como producto de elementos tomados en las A_λ. Finalmente:

Teorema 2. *Para toda partición* $\Lambda = \bigcup_{\rho \in P} \Lambda_\rho$ *del conjunto* Λ *de índices asociado a la descomposición directa*

$$G = \prod_{\lambda \in \Lambda} A_\lambda ,$$

cada subgrupo H_ρ engendrado por las A_λ cuyos índices λ describen una clase Λ_ρ es un Δ-subgrupo normal de G que admite la descomposición directa

$$H_\rho = \prod_{\lambda \in \Lambda_\rho} A_\lambda$$

y G admite la descomposición directa

$$G = \prod_{\rho \in P} H_\rho .$$

Inversamente

Teorema 3. *Si G admite la descomposición directa*

(5) $$G = \prod_{\rho \in P} H_\rho$$

y si cada uno de los Δ-subgrupos normales H_ρ admite la descomposición directa

(6) $$H_\rho = \prod_{\alpha \in \Lambda_\rho} A_{\rho,\alpha}$$

G admite la descomposición directa

(7) $$G = \prod_{\rho \in P, \alpha \in \Lambda_\rho} A_{\rho,\alpha} ,$$

que podemos escribir

$$G = \prod_{\lambda \in \Lambda} A_\lambda , \qquad \text{donde } \Lambda = \bigcup_{\rho \in P} \Lambda_\rho$$

(en el sentido de la "unión general").

Dos elementos x, y pertenecientes a dos grupos $A_{\rho,\alpha}$, $A_{\rho,\beta}$, $\alpha \neq \beta$, *conmutan* puesto que H_ρ admite la descomposición directa (6). Dos elementos x, y pertenecientes a dos grupos $A_{\rho,\alpha}$, $A_{\sigma,\beta}$, $\rho \neq \sigma$ conmutan también, puesto que pertenecen a H_ρ y a H_σ y que G admite la descomposición directa (5): por lo tanto la condición (1) se verifica para las A_λ.

Todo elemento g de G es, de forma única, producto finito de elementos h_ρ, ..., tomados en los grupos H_ρ y cada uno de estos elementos h_ρ es, de forma única, producto finito de elementos a_λ, ... tomados en los grupos A_λ; luego g es, de forma única, producto finito de elementos tomados en los A_λ. La condición (2) también se verifica y G admite la descomposición directa (7).

Consecuencias de los teoremas 2 y 3

a) **Corolario 1.** *Todo factor directo A de un factor directo H del Δ-grupo G, es un factor directo de G.*

En efecto, podemos escribir, reagrupando si hay lugar ciertos factores directos:

$$G = H \times K \qquad \text{y} \qquad H = A \times B$$

de donde

$$G = (A \times B) \times K = A \times B \times K = A \times (B \times K) .$$

b) Consideremos la descomposición directa

(3) $$G = \prod_{\lambda \in \Lambda} A_\lambda$$

y una partición de Λ en *dos clases* Λ' y $\Lambda'' = \Lambda - \Lambda'$. Hagamos

$$G' = \prod_{\lambda \in \Lambda'} A_\lambda \qquad \text{y} \qquad G'' = \prod_{\lambda \in \Lambda''} A_\lambda .$$

Se tiene

$$G = G' \times G''$$

Tenemos, para todo elemento g de G, la representación única

$$g = g' g'' , \qquad \text{donde} \qquad g' \in G' , \quad g'' \in G''$$

y la aplicación φ de G sobre G' definida por $\varphi(g) = g'$ es un *homomorfismo suprayectivo* (llamado también aquí *proyección* de G sobre G'). El núcleo de φ es G''. Tenemos pues, de acuerdo con el teorema de homomorfismo, el isomorfismo (de Δ-grupos);

$$G/G'' \simeq G' \qquad \text{e igualmente} \qquad G/G' \simeq G'' .$$

Así:

Corolario 2. *Si* $G = \prod_{\lambda \in \Lambda} A_\lambda$, *a dos partes complementarias propias* Λ', Λ'' *de* Λ *están asociados dos* Δ-*subgrupos normales* G', G'' *tales que se tenga*

$$G' = \prod_{\lambda \in \Lambda'} A_\lambda , \qquad G'' = \prod_{\lambda \in \Lambda''} A_\lambda ,$$
$$G = G' \times G'' \qquad (G' \cap G'' = E) ,$$
$$G/G'' \simeq G' , \qquad G/G' \simeq G'' .$$

En particular, tomemos como Λ' una *parte reducida a un solo elemento* λ : $\Lambda' = \{ \lambda \}$, $\Lambda'' = \Lambda - \{ \lambda \}$. Aquí tenemos $G' = A_\lambda$, $G'' = \prod_{\mu \in \Lambda - \{\lambda\}} A_\mu$ que escribiremos en la forma

$$B_\lambda = \prod_{\mu \neq \lambda} A_\mu ,$$

luego

(8) $$G = A_\lambda \times B_\lambda \qquad \text{lo que implica} \qquad A_\lambda \cap B_\lambda = E .$$

De acuerdo con su definición, B_λ no es otra cosa que el *conjunto de los elementos x* *de G cuya componente x_λ de índice λ es igual a e,* lo que implica:

$$\bigcap_{\lambda \in \Lambda} B_\lambda = E \tag{9}$$

y, más generalmente:

$$\bigcap_{\mu \in \Lambda - \Lambda'} B_\mu = \prod_{\lambda \in \Lambda'} A_\lambda , \tag{9'}$$

puesto que *los dos miembros son, uno y otro, el conjunto de los elementos x de G para los cuales* $x_\mu = e$ $(\forall \mu \in \Lambda - \Lambda')$.

En particular tenemos:

$$\bigcap_{\mu \neq \lambda} B_\mu = A_\lambda .$$

Estas fórmulas traducen una *dualidad,* puesta en evidencia por Emmy Noether, entre:

1) G, los factores directos A_λ y la multiplicación,

2) E, los grupos B_λ y la intersección. Volveremos sobre ello un poco más adelante (teorema 5).

Consideremos ahora a priori un conjunto $\{ A_\lambda \}_{\lambda \in \Lambda}$ de Δ-subgrupos *normales* del Δ-grupo G y supongamos que:

1) Los A_λ *engendran* G (todo elemento g de G es por tanto producto de un número finito de elementos tomados en ciertos A_λ).

2) Si B_λ es el Δ-subgrupo de G *engendrado* por los A_μ de índice $\mu \neq \lambda$, subgrupo que es normal, se tiene:

$$A_\lambda \cap B_\lambda = E .$$

Teorema 4. *Con las hipótesis precedentes, G admite la descomposición directa*

$$G = \prod_{\lambda \in \Lambda} A_\lambda ;$$

igualmente, B_λ admite la descomposición directa:

$$B_\lambda = \prod_{\mu \neq \lambda} A_\mu .$$

Observación preliminar. Si S y T son dos subgrupos normales de un grupo G y si se tiene $S \cap T = E$, todo elemento s de S conmuta con todo elemento t de T, puesto que el producto ST admite la descomposición directa $ST = S \times T$ Capítulo II, § 2, *a*).

Demostración del teorema 4. Para $\mu \neq \lambda$, tenemos: $A_\mu \subseteq B_\lambda$, de donde $E \subseteq A_\lambda \cap A_\mu \subseteq A_\lambda \cap B_\lambda = E$, luego $A_\lambda \cap A_\mu = E$. Todo elemento a_λ de A_λ conmuta pues con todo elemento a_μ de A_μ :

(1) $\lambda \neq \mu$ implica $a_\lambda a_\mu = a_\mu a_\lambda$ $(\forall a_\lambda \in A_\lambda$ y $\forall a_\mu \in A_\mu)$.

Por otra parte, al estar G engendrado por los A_λ, todo elemento x de G admite por lo menos una representación $\prod_{i \in I} x_i$ siendo I una parte finita de Λ y donde cada factor xi pertenece a un grupo $A_{\lambda_i} (\lambda_i \in \Lambda)$. Como anteriormente, la propiedad (1) permite pasar de esta representación a una representación reducida (es decir, tal que dos factores x_r, x_s de índices diferentes, $r \neq s$, pertenecen a dos grupos distintos).

Si un elemento x admite dos representaciones reducidas:

$$x = \prod_{i \in I} x_i, \qquad \text{y} \qquad y = \prod_{j \in J} y_j,$$

podemos tomar la unión $I \cup J = K$ como conjunto común de índices completando la primera representación con factores iguales a e para los índices $k \in K - I$, y la segunda con factores iguales a e para los índices $k \in K - J$(operación inexistente en el caso finito, con los convenios que hemos hecho, ya que $I = J = \Lambda$). Así obtenemos las dos representaciones (todavía reducidas)

$$x = \prod_{k \in K} x_k = \prod_{k \in K} y_k .$$

Sea k_1 un elemento del conjunto finito K. Tenemos, de acuerdo con (1):

$$y_{k_1}^{-1} x_{k_1} = \prod_{k \in K - \{k_1\}} y_k x_k^{-1}$$

el primer miembro pertenece a A_{k_1}, y el segundo a B_{k_1}; ahora bien, $A_{k_1} \cap B_{k_1} = E$. Tenemos pues $x_{k_1} = y_{k_1}$, lo que establece la *unicidad* de la representación: *G es pues el compuesto directo* de los A_λ.

B_λ, que es, por definición, *el conjunto de los elementos de G cuya componente λ-ésima es igual a e,* admite la descomposición directa

$$B_\lambda = \prod_{\mu \in \Lambda - \lambda} A_\lambda$$

La dualidad de las fórmulas fundamentales, ya señalada, sugiere que también puede obtenerse una descomposición directa del grupo G a partir del conjunto $\{ B_\lambda \}_{\lambda \in \Lambda}$, sometido a condiciones convenientes.

Puesto que tenemos $x \in B_\lambda$ si y sólo si $x_\lambda = e$, *el soporte* Σ_x *de un elemento x de G coincide con el conjunto*

$$\Lambda_x = \{ \lambda, \lambda \in \Lambda ; \ x \notin B_\lambda \}$$

de los índices λ *tales que* x *no pertenezca a* B_λ : este conjunto Λ_x es pues *finito*($\Lambda_e = \emptyset$).

Esta observación nos lleva a la siguiente definición.

Definición. Dado un Δ-grupo G, de elemento unidad e, y un *conjunto* $\{ B_\lambda \}_{\lambda \in \Lambda}$ de *Δ-subgrupos normales* B_λ de G, se dice que $E = (e)$es *intersección directa* de los B_λ si se cumplen las tres condiciones siguientes:

I.
$$E = \bigcap_{\lambda \in \Lambda} B_\lambda \; ;$$

II. *Haciendo* $A_\lambda = \bigcap_{\mu \in \Lambda - \{\lambda\}} B_\mu$, *se tiene:* $G = A_\lambda B_\lambda$, $(\forall \lambda \in \Lambda)$;

III. $(\forall x \in G)$, *el conjunto* $\Lambda_x = \{ \lambda, \lambda \in \Lambda : x \notin B_\lambda \}$*es finito*. (La condición III se verifica por sí misma si Λ es *finito*).

(De acuerdo con esta definición, si G *es compuesto directo de los* A_λ $(\lambda \in \Lambda)$ y si se pone $B_\lambda = \prod_{\mu \in \Lambda - \{\lambda\}} A_\mu$, E *es intersección directa de los* B_λ.)*Recíprocamente,*

Teorema 5. *Si* E *es intersección directa de los* B_λ, G *es compuesto directo de los* A_λ *(definidos por* $A_\lambda = \bigcap_{\mu \in \Lambda - \{\lambda\}} B_\mu$).

Para todo $\lambda \in \Lambda$, tenemos:

$$A_\lambda \cap B_\lambda = \bigcap_{\rho \in \Lambda} B_\rho = E \, . \tag{10}$$

Demostremos que G está *engendrado* por los A_λ $(\lambda \in \Lambda)$ y B_λ por los A_μ $(\mu \in \Lambda - \{ \lambda \})$: la proposición a establecer se desprenderá del teorema 4.

Observemos en primer lugar que, para $\mu \neq \nu$, tenemos:

$$A_\mu \cap A_\nu \subseteq \bigcap_{\lambda \in \Lambda} B_\lambda = E \, ,$$

luego $A_\mu \cap A_\nu = E$; todo elemento a_μ del subgrupo *normal* A_μ conmuta pues con todo elemento a_ν del subgrupo *normal* A_ν (observación preliminar).

Sea x un elemento de G. Para cada índice λ, tenemos, según II, $G = A_\lambda B_\lambda (= A_\lambda \times B_\lambda$, según (10)), luego $x = a_\lambda b_\lambda$, donde $a_\lambda \in A_\lambda$, $b_\lambda = B_\lambda$.

Si $\lambda \in \Lambda_x$, $x \notin B_\lambda$ y en consecuencia $a_\lambda \neq e$;

Si $\lambda \notin \Lambda_x$, $x \in B_\lambda$ y en consecuencia $a_\lambda = e$.

Por ser Λ_x *finito* (condición III) consideremos el producto *finito* x' de las a_λ de índice $\lambda \in \Lambda_x$ (es indiferente el orden de los factores, puesto que dichos factores conmutan dos a dos). Si Λ_x es vacío, evidentemente se tiene $x' = e = x$, si no, poniendo

$$\Lambda_x = \{ \lambda_1, \lambda_2, \ldots, \lambda_n \} \, , \quad x' = a_{\lambda_1} a_{\lambda_2} \ldots a_{\lambda n} \, ,$$

tenemos $(\forall i \in \{1, 2, \ldots, n\})$:

$$x^{-1}x' = b_{\lambda_i}^{-1}\, a_{\lambda_i}^{-1}\, a_{\lambda_1}\, a_{\lambda_2} \ldots a_{\lambda_n}$$

donde el segundo miembro pertenece a B_{λ_i} puesto que a_{λ_i} *desaparece* y que, para $j \neq i$, $a_{\lambda_j} \in A_{\lambda_j} \subseteq B_{\lambda_i}$. Finalmente, para todo índice $\mu \notin \Lambda_x$, tenemos $x \in B_\mu$, $x' \in B_\mu$, luego $x^{-1}x' \in B_\mu$. Finalmente,

$$x^{-1}x' \in \bigcap_{\lambda \in \Lambda} B_\lambda = E, \qquad \text{luego} \quad x = x'.$$

Por tanto, el grupo G está engendrado por los A_λ.

De acuerdo con lo anterior, un elemento x del grupo B_λ $(\subseteq G)$ es producto finito de elementos a_μ tomados en los A_μ $(\mu \neq \lambda)$, puesto que $a_\lambda = e$. Luego B_λ está engendrado por los A_μ $(\mu \neq \lambda)$.

Estudio del caso finito

Sea G un Δ-grupo que admite la descomposición directa finita

$$G = A_1 \times A_2 \times \cdots \times A_n \qquad (n \geqslant 2).$$

Consideremos los *endomorfismos de proyección* π_λ definidos por

$$\pi_\lambda(x) = x_\lambda \quad \text{si} \quad x = x_1\, x_2 \ldots x_n \qquad (x_i \in A_i);$$

son *Δ-endomorfismos idempotentes, ortogonales dos a dos* (cfr. § 2). Sus núcleos son los grupos B_λ :

$$\operatorname{Ker} \pi_\lambda = B_\lambda .$$

La aplicación suma $\pi_\lambda + \pi_\mu$ *es un endomorfismo,* puesto que todo elemento de la imagen $\pi_\lambda(G) = A_\lambda$ conmuta con todo elemento de la imagen $\pi_\mu(G) = A_\mu$ (§ 1, b). De otra parte se tiene, por definición,

$$(\pi_\lambda + \pi_\mu)(x) = \pi_\lambda(x) . \pi_\mu(x) = x_\lambda\, x_\mu$$

y $\pi_\lambda + \pi_\mu$ *es el endomorfismo de proyección relativo al factor directo* $H = A_\lambda \times A_\mu$.

Progresivamente, se obtiene

$$(\pi_1 + \pi_2 + \cdots + \pi_n)(x) = x_1\, x_2 \ldots x_n = x$$

y en consecuencia

(14) $$\pi_1 + \pi_2 + \cdots + \pi_n = \varepsilon ,$$

donde ε designa al automorfismo idéntico de G.

Los endomorfismos de proyección π_λ son normales, es decir, conmutan con los automorfismos internos. Tenemos en efecto, para todo automorfismo interno α :

$$\alpha(x) = \alpha(x_1).\alpha(x_2).\ldots.\alpha(x_n),$$

donde $\alpha(x_\lambda) \in A_\lambda$ siendo A_λ, normal. Luego $\alpha(x_\lambda)$ es la λ-ésima componente de $\alpha(x)$, es decir:

$$(\forall x \in G) \qquad \alpha[\pi_\lambda(x)] = \pi_\lambda[\alpha(x)] \qquad \text{o} \qquad \alpha \circ \pi_\lambda = \pi_\lambda \circ \alpha .$$

Así,

Teorema 6. *Para toda descomposición directa $G = A_1 \times A_2 \times \cdots \times A_n$ (finita) del Δ-grupo G, los endomorfismos de proyección π_λ son Δ-endomorfismos idempotentes, normales, ortogonales dos a dos y su suma es el automorfismo idéntico ε. Se tiene:*

$$\operatorname{Im}(\pi_\lambda) = A_\lambda , \qquad \operatorname{Ker}(\pi_\lambda) = B_\lambda .$$

Recíprocamente,

Teorema 6'. *Si $\pi_1, \pi_2, \ldots, \pi_n$ son n Δ-endomorfismos normales, idempotentes, ortogonales dos a dos, tales que la aplicación suma sea el automorfismo idéntico ε, existe una descomposición directa*

$$G = A_1 \times A_2 \times \cdots \times A_n$$

de G tal que los endomorfismos de proyección asociados sean $\pi_1, \pi_2, \ldots, \pi_n$.

La imagen $\pi_\lambda(G) = A_\lambda$ es un Δ-subgrupo normal de G (§ 1).

Como el endomorfismo π_λ es idempotente, *su restricción a la imagen A_λ es la identidad ε_λ*. La ortogonalidad implica

$$\text{si} \quad \mu \neq \lambda , \qquad \pi_\lambda(A_\mu) = \pi_\lambda[\pi_\mu(G)] = \theta(G) = E .$$

Además, tenemos:

$$x = \varepsilon(x) = (\pi_1 + \pi_2 + \cdots + \pi_n)(x) = \pi_1(x).\pi_2(x).\ldots.\pi_n(x)$$

donde $\pi_\lambda(x) \in A_\lambda$: luego G está *engendrado* por los A_λ : $G = A_1 A_2 \ldots A_n$.

Siendo esto así, sea B_λ el Δ-subgrupo normal engendrado por los A_μ $(\mu \neq \lambda)$ todo elemento x de B_λ es de la forma

$$x = x_1 \ldots x_{\lambda-1} x_{\lambda+1} \ldots x_n \qquad (x_\mu \in A_\mu) .$$

Si además $x \in A_\lambda$, tenemos

$$x = \pi_\lambda(x) = \pi_\lambda(x_1) \ldots \pi_\lambda(x_{\lambda-1}) \pi_\lambda(x_{\lambda+1}) \ldots \pi_\lambda(x_n)$$

luego, puesto que la ortogonalidad implica, para $\mu \neq \lambda$, $\pi_\lambda(x_\mu) = (\pi_\lambda \circ \pi_\mu)(x) = e$,

$$x = e \ldots e = e\,,$$

luego $A_\lambda \cap B_\lambda = E$, y tenemos para G, según el teorema 4, *la descomposición directa*

$$G = A_1 \times A_2 \times \cdots \times A_n\,;$$

por construcción, la componente de x en A_λ es $\pi_\lambda(x)$; π_λ es pues el endomorfismo de proyección relativo a A_λ.

§ 4. *GRUPOS DIRECTAMENTE INDESCOMPONIBLES, GRUPOS DIRECTAMENTE IRREDUCIBLES. TEOREMA DE KRULL-SCHMIDT*

Sea G un Δ-grupo y H un Δ-subgrupo de G: $H \subseteq G$. Una descomposición directa $H = A \times B$ de H se dice que es *trivial* si uno de los subgrupos A B es igual a E; entonces, el otro es igual a H. Si inversamente $B = H$ (por ejemplo) se tiene: $E = A \cap B = A \cap H = A$ y la descomposición es trivial.

Definiciones. Un Δ-grupo H es directamente *descomponible* si admite por lo menos una descomposición directa *no trivial*. En caso contrario, H, *supuesto además distinto de* E : $H \neq E$, es *directamente indescomponible.*

Por ejemplo, *todo Δ-grupo simple ($\neq E$) es directamente indescomponible.*

Observación. El concepto de grupo simple es *más fuerte* que el de grupo indescomponible. Por ejemplo, el grupo simétrico $\mathscr{S}_3$ no es simple pero es indescomponible. En efecto, el ciclo (1, 2, 3) engendra un subgrupo de orden 3, luego de índice 2, *luego normal:* $\mathscr{S}_3$ no es simple. Por otra parte, si tuviéramos una descomposición directa no trivial

$$\mathscr{S}_3 = A \times B\,,$$

puesto que $\mathscr{S}_3$ es de orden $3\,! = 6$, uno de los factores A, B sería de orden 2, y el otro de orden 3, luego serían abelianos y $\mathscr{S}_3$, compuesto directo de dos grupos abelianos, sería también abeliano.

Consideremos un Δ-grupo G que admite la descomposición directa

(1) $$G = A_1 \times \cdots \times A_\lambda \times \cdots \times A_n \qquad (n \geqslant 2)$$

y busquemos con qué condición *uno* de los factores directos, A_λ, es *descomponible:*

(2) $$A_\lambda = A'_\lambda \times A''_\lambda\,, \text{ descomposición } \textit{no trivial}.$$

Vamos a poner en evidencia *dos propiedades equivalentes a la descomponibilidad* (2) del factor directo A_λ una se refiere al *endomorfismo de proyección* π_λ de G sobre A_λ, la otra al *grupo* $B_\lambda = \prod_{\mu \neq \lambda} A_\mu$ *asociado por dualidad a* A_λ *y núcleo de* π_λ.

La descomposición (2) de A_λ implica, para G, la descomposición

$$G = A_1 \times \cdots \times A_{\lambda-1} \times A'_\lambda \times A''_\lambda \times \cdots \times A_n \tag{1'}$$

más fina que (1). Designemos por $\pi'_\lambda, \pi''_\lambda$ a los endomorfismos de proyección de G sobre A'_λ y A''_λ. Si $x \in G$, hagamos $\pi_\lambda(x) = x_\lambda$; según (2),

$$x_\lambda = x'_\lambda x''_\lambda \qquad (x'_\lambda \in A'_\lambda,\ x''_\lambda \in A''_\lambda),$$

de donde $x = x_1 \ldots x'_\lambda x''_\lambda \ldots x_n$ y $\pi'_\lambda(x) = x'_\lambda,\ \pi''_\lambda(x) = x''_\lambda$ de donde $\pi_\lambda(x) = \pi'_\lambda(x) . \pi''_\lambda(x)$ y en consecuencia

$$\pi'_\lambda + \pi''_\lambda = \pi_\lambda . \tag{3}$$

Esta igualdad implica:

$$\pi'_\lambda \circ \pi_\lambda = \pi'_\lambda \circ (\pi'_\lambda + \pi''_\lambda) = \pi'^2_\lambda + \theta = \pi'_\lambda$$

e igualmente

$$\pi_\lambda \circ \pi'_\lambda = \pi'_\lambda .$$

Para interpretar estas dos igualdades, consideremos el semigrupo de los endomorfismos normales de G con respecto a la composición (es evidente que el compuesto de dos endomorfismos normales es un endomorfismo normal).

Cuando, en un semigrupo D cualquiera (denotado multiplicativamente) dos *idempotentes* f, f' verifican la doble condición:

$$ff' = f'f = f' ,$$

se escribe $f' \leqslant f$ (*"orden de Rees"*), pues la relación así definida entre f y f' es *reflexiva, propia y transitiva* (comprobación inmediata). Si D admite un cero, 0, este cero es *elemento mínimo* del conjunto de idempotentes así ordenado, y un idempotente $f \in D$ tal que no exista ningún idempotente de D comprendido estrictamente entre 0 y f se llama *primitivo*.

Volviendo al grupo G y a los endomorfismos de proyección, $\pi_\lambda, \pi'_\lambda, \pi''_\lambda$, *tenemos:*

$$\theta \leqslant \pi'_\lambda \leqslant \pi_\lambda , \qquad \text{y lo mismo} \qquad \theta \leqslant \pi''_\lambda \leqslant \pi_\lambda .$$

Además, la igualdad $\pi'_\lambda = \theta$ implicaría $A'_\lambda = \theta(G) = E$; la igualdad $\pi'_\lambda = \pi_\lambda$ implicaría $A'_\lambda = \pi_\lambda(G) = A_\lambda$. Luego, si la descomposición (2) de A_λ no es trivial, tenemos las *desigualdades estrictas:*

$$\theta < \pi'_\lambda < \pi_\lambda\,, \qquad \theta < \pi''_\lambda < \pi_\lambda$$

y π_λ $(= \pi'_\lambda + \pi''_\lambda)$ *no es idempotente primitivo, en el semigrupo D de los Δ-endomorfismos normales.* Podemos enunciar:

Proposición 1. *Si el factor directo A_λ del Δ-grupo G admite una descomposición directa no trivial, el endomorfismo de proyección asociado π_λ no es primitivo en el semigrupo de los Δ-endomorfismos normales de G.*

Supongamos ahora que este endomorfismo de proyección π_λ es no primitivo y demostremos que de ello resulta, para su *núcleo* $B_\lambda = \prod_{\mu \neq \lambda} A_\mu$ una propiedad importante.

Definición. Un Δ-subgrupo normal K de G es *intersección directa* de los Δ-subgrupos normales $K_1, \ldots, K_r$ de G si se tiene

I. $K = K_1 \cap \ldots \cap K_r \qquad (K_\lambda \lhd G)\,,$

II. para todo $\lambda \in \Lambda = \{1, 2, \ldots, r\}$, haciendo $L_\lambda = \bigcap_{\mu \in \Lambda - \{\lambda\}} K_\mu$,

$$G = K_\lambda L_\lambda\,.$$

Entonces escribiremos

$$K = K_1 \cap \ldots \cap K_r \qquad \text{o} \quad K = \bigcap_{i=1}^{r} K_i\,.$$

Por ejemplo, si G admite la descomposición directa $G = A_1 \times \cdots \times A_n$, tenemos, como hemos visto, $A_i = \bigcap_{\lambda \neq i} B_\lambda$; *esta intersección es directa* pues, si ponemos $L_\lambda = \bigcap_{\mu \neq i,\lambda} B_\mu$, tenemos $A_\lambda = L_\lambda \cap B_i \subseteq L_\lambda$ de donde $G = A_\lambda B_\lambda \subseteq L_\lambda B_\lambda$ $(\subseteq G)$, luego $L_\lambda B_\lambda = G$.

Una representación en intersección directa

$$L = C \cap D \quad (C \lhd G,\, D \lhd G,\, CD = G)$$

se dice que es *trivial* si uno de los grupos, C, D coincide con G; entonces, el otro es igual a L; recíprocamente, la igualdad $C = L$ implica $G = CD = LD = D$.

Definición. Un Δ-subgrupo normal k del Δ-grupo G *es directamente reducible* si admite por lo menos una representación en *intersección directa no trivial* de dos Δ-subgrupos normales de G. En caso contrario, K es *directamente irreducible.*

Dado esto, consideremos el endomorfismo de proyección π_λ asociado a la descomposición directa

$$(1) \qquad G = A_1 \times \cdots \times A_\lambda \times \cdots \times A_n$$

y supongámoslo *no primitivo* en el semigrupo D de los Δ-endomorfismos normales de G; estudiemos su núcleo B_λ.

Por hipótesis, tenemos

$$(3') \qquad \theta < \pi'_\lambda < \pi_\lambda \quad \text{donde} \quad \pi'^2_\lambda = \pi'_\lambda \in D$$

y en particular

$$(3'') \qquad \pi'_\lambda \circ \pi_\lambda = \pi'_\lambda = \pi_\lambda \circ \pi'_\lambda .$$

Designemos por B'_λ al *núcleo* y por A'_λ a la *imagen* de π'_λ :

$$B'_\lambda = \text{Ker}\, \pi'_\lambda , \qquad A'_\lambda = \text{Im}\, \pi'_\lambda = \pi'_\lambda(G) ;$$

éstos son *Δ-subgrupos normales* de G y tenemos, según (3”):

$$B'_\lambda \supseteq B_\lambda , \qquad A'_\lambda \subseteq A_\lambda ;$$

además, puesto que π'_λ, es idempotente, tenemos (§ 1):

$$A'_\lambda B'_\lambda = G , \qquad A'_\lambda \cap B'_\lambda = E , \qquad \text{luego } G = A'_\lambda \times B'_\lambda$$

(siendo normales A'_λ, B'_λ). El producto $B''_\lambda = B_\lambda A'_\lambda (\supseteq B_\lambda)$ es un Δ-subgrupo normal de G y tenemos:

$$B''_\lambda \cap B'_\lambda = B_\lambda A'_\lambda \cap B'_\lambda \qquad \text{con} \quad B_\lambda \subseteq B'_\lambda ,$$

de donde, puesto que el retículo $\mathcal{N}_\Delta$ de los Δ-subgrupos normales de G es *modular* (Capítulo III, § 1):

$$B''_\lambda \cap B'_\lambda = B_\lambda(A'_\lambda \cap B'_\lambda) = B_\lambda E = B_\lambda .$$

Por otra parte,

$$B'_\lambda B''_\lambda = B''_\lambda B'_\lambda = B_\lambda A'_\lambda B'_\lambda = B_\lambda G = G$$

y en consecuencia B_λ es la *intersección directa*

$$(4) \qquad B_\lambda = B'_\lambda \cap B''_\lambda .$$

Demostremos finalmente que, siendo por hipótesis *estrictas* las desigualdades (3'), esta representación de B_λ como intersección directa *no es trivial.*

La igualdad $B''_\lambda = B_\lambda$ (donde $B''_\lambda = B_\lambda A'_\lambda$) implicaría la inclusión $A'_\lambda \subseteq B_\lambda$. Ahora bien, tenemos $A'_\lambda \subseteq A_\lambda$; de ello resultaría pues $A'_\lambda \subseteq A_\lambda \cap B_\lambda = E$, luego $A'_\lambda = E$, es decir, $\pi'_\lambda = \theta$, lo que no es.

Supongamos finalmente que se tenga: $B'_\lambda = B_\lambda$. Todo elemento x de $G = A'_\lambda \times B'_\lambda$ admite una descomposición $x = a'_\lambda\, b'_\lambda$, donde $a'_\lambda \in A'_\lambda \subseteq A_\lambda$ y $b'_\lambda \in B'_\lambda = B_\lambda$. De esto resulta:

$$\pi_\lambda(x) = \pi_\lambda(a'_\lambda)\, \pi_\lambda(b'_\lambda) = \pi_\lambda(a'_\lambda) = a'_\lambda = \pi'_\lambda(x)$$

de donde $\pi'_\lambda = \pi_\lambda$, lo que está excluído. Hemos establecido la

Proposición 2. *Si el endomorfismo de proyección* π_λ, *idempotente, asociado a la descomposición (1), no es primitivo en el semigrupo D de los Δ-endomorfismos normales de G, el grupo* $B_\lambda = \prod_{\mu \neq \lambda} A_\mu$ *es directamente reducible.*

Supongamos finalmente que B_λ es *directamente reducible* y demostremos que entonces A_λ es *directamente descomponible.* Para más comodidad, tomaremos $\lambda = n$ Sea pues

$$B_n = B'_n \cap B''_n \qquad \text{donde} \qquad B'_n\, B''_n = G \quad (= B''_n\, B'_n)\,,$$

siendo B'_n, B''_n. dos *Δ-subgrupos normales* de *G.* Tenemos:

(5) $$E = B_1 \cap \ldots \cap B_{n-1} \cap B_n = B_1 \cap \ldots \cap B_{n-1} \cap B_n$$

de donde

(6) $$E = B_1 \cap \ldots \cap B_{n-1} \cap B'_n \cap B''_n$$

(siendo esta intersección, hasta nueva orden, ordinaria). Consideremos los Δ-subgrupos normales $A_\lambda = \bigcap_{\mu \neq A - \{\lambda\}} B_\mu$ para $\lambda \in I = \{1, \ldots, n-1\}$. Tenemos

$$A_\lambda = \left(\bigcap_{\mu \in I - \{\lambda\}} B_\mu \right) \cap B_n = \left(\bigcap_{\mu \in I - \{\lambda\}} B_\mu \right) \cap B'_n \cap B''_n\,.$$

luego $A_1, \ldots, A_{n-1}$ están asociados tanto a la representación (6) como a la representación (5) y tenemos

$$A_\lambda\, B_\lambda = G \qquad \text{para} \qquad \lambda \in I\,.$$

Los otros dos grupos asociados a (6) son:

$$A'_n = B_1 \cap \ldots \cap B_{n-1} \cap B''_n = A_n \cap B''_n\,,$$

$$A''_n = B_1 \cap \ldots \cap B_{n-1} \cap B'_n = A_n \cap B'_n\,.$$

Demostremos que: $A'_n\, B'_n = G = A''_n\, B''_n$, lo que implicará que (6) es una representación de E en intersección *directa.*

Puesto que, por hipótesis, $G = B_n' B_n'' = B_n'' B_n'$, todo elemento g de G se escribe

$$g = b_n'' b_n' \qquad (b_n'' \in B_n'', b_n' \in B_n')$$

y b_n'', en tanto que elemento de $G = A_n \times B_n$ se escribe

$$b_n'' = a_n b_n \qquad (a_n \in A_n, b_n \in B_n \subseteq B_n''),$$

de donde

$$a_n = b_n'' b_n^{-1} \in B_n'' \qquad \text{luego} \qquad a_n \in A_n \cap B_n'' = A_n'$$

y finalmente

$$g = a_n . b_n b_n' \in A_n' B_n' .$$

Así, tenemos $G \subseteq A_n' B_n' (\subseteq G)$ de donde se deduce la igualdad: $G = A_n' B_n'$. Igualmente, $G = A_n'' B_n''$ y (6) es una representación en intersección directa.

Puesto que el retículo de los Δ-subgrupos normales de G es *modular,* la inclusión $A_n' \subseteq A_n$ implica

$$A_n' A_n'' = A_n'(B_n' \cap A_n) = A_n' B_n' \cap A_n = G \cap A_n = A_n .$$

Por otra parte, tenemos:

$$A_n' \cap A_n'' = A_n \cap B_n'' \cap B_n' = A_n \cap B_n = E ,$$

luego finalmente

$$A_n = A_n' \times A_n'' .$$

Finalmente, esta descomposición *no es trivial* si la representación $B_n = B_n' \cap B_n''$ no lo es. La inclusión $B_n \subseteq B_n''$ implica en efecto $G = A_n \times B_n \subseteq A_n B_n''$ luego $A_n B_n'' = G$. Si tuviéramos, por ejemplo, $A_n' = E$, es decir, $A_n \cap B_n'' = E$, resultaría $G = A_n \times B_n'' = A_n \times B_n$, donde $B_n \subseteq B_n''$, de donde se deduce la igualdad $B_n = B_n''$ según la siguiente observación.

Observación. Las dos igualdades $G = H \times K = H \times L$ y la inclusión $K \subseteq L$ implican $K = L$.

Sea x un elemento de L. En tanto que elemento de $G = H \times K$, x admite una descomposición $x = hk (k \in K \subseteq L)$ de donde $h = xk^{-1} \in H \cap L = E$ es decir, $h = e$, $x = k \in K$; tenemos $L \subseteq K$, de donde se deduce la igualdad.

Finalmente, hemos obtenido la

Proposición 3. *Si B_λ es directamente reducible, A_λ es directamente descomponible.*

Las tres propiedades consideradas en lo anterior son equivalentes, luego sus negaciones también lo son y podemos enunciar:

Teorema 1. *Si el Δ-grupo G admite la descomposición directa*

$$(1) \qquad G = A_1 \times \cdots \times A_\lambda \times \cdots \times A_n$$

son equivalentes las tres proposiciones siguientes:

1) *el factor A_λ es directamente indescomponible;*

2) $B_\lambda = \prod_{\mu \neq \lambda} A_\mu$ *es directamente irreducible;*

3) *el endomorfismo de proyección π_λ es (idempotente) primitivo en el semigrupo de los Δ-endomorfismos normales de G.*

Si estas propiedades equivalentes son ciertas para todos los índices $\lambda \in \{1, 2, \ldots, n\}$, G es *producto directo de n Δ-subgrupos normales indescomponibles.* Demostremos ahora que una *condición suficiente* para que G tenga esta propiedad es que el retículo $\mathcal{N}_\Delta$ de sus Δ-subgrupos normales verifique la *condición de cadena descendente.* Comenzaremos por un

Lema. *Si un subgrupo normal A de G es factor directo:*

$$G = A \times B,$$

todo subgrupo H normal en A es normal en G.

Sea $h \in H$ todo elemento x de G se escribe $x = ab$, $a \in A, b \in B$ y tenemos

$$xhx^{-1} = abhb^{-1}a^{-1} = aha^{-1} \in H,$$

puesto que $h \in H \subseteq A$ conmuta con $b \in B$.

De este lema resulta inmediatamente que si el retículo $\mathcal{N}_\Delta$ de los Δ-subgrupos normales de G verifica la condición de cadena descendente, el retículo $\mathcal{N}_\Delta'$ de los Δ-subgrupos normales *de un factor directo G'* de G tiene la misma propiedad, puesto que $\mathcal{N}_\Delta'$ es un subretículo de $\mathcal{N}_\Delta$.

Teorema 2. *Todo Δ-grupo G descomponible cuyo retículo $\mathcal{N}_\Delta$ de los Δ-subgrupos normales verifica la condición de cadena descendente, admite una descomposición directa en Δ-subgrupos normales indescomponibles:*

$$G = A_1 \times A_2 \times \cdots \times A_n.$$

Demostremos en primer lugar que G admite *factores directos indescomponibles.* Por hipótesis, existe una descomposición directa no trivial

$$G = G_1 \times G_1'.$$

Si G_1, G_1' son los dos descomponibles, tenemos en particular una descomposición directa no trivial

$$G_1 = G_2 \times G_2',$$

etc. En tanto que no aparezca, en tal descomposición, un factor indescomponible, se prosigue el razonamiento y da lugar a una sucesión estrictamente decreciente

$$G \supset G_1 \supset G_2 \ldots , \qquad (G_i \lhd G) .$$

Si esta sucesión (definida en toda hipótesis gracias al axioma de la elección) fuera ilimitada, se contradiría la condición de cadena descendente. Luego existe un entero k tal que G_k sea factor directo indescomponible de G_{k-1}, luego de G.

Siendo esto así, consideremos tal factor directo *indescomponible* A_1 y sea

$$G = A_1 \times A_1'.$$

una descomposición directa de G en la cual figura A_1

Si A_1' es indescomponible. tenemos la descomposición deseada. Si no, A_1', *que verifica como G la condición de cadena descendente,* admite por lo menos un factor directo indescomponible: distingamos tal factor A_2 y sea

$$A_1' = A_2 \times A_2' , \qquad G = A_1 \times A_2 \times A_2' .$$

Tenemos la sucesión estrictamente decreciente:

$$G \supset A_1' \supset A_2' \supset \ldots ,$$

necesariamente finita: se detiene en un Δ-grupo indescomponible $A_k' = A_{k+1}$, y G admite la descomposición directa:

$$G = A_1 \times A_2 \times \cdots \times A_{k+1}$$

en un número finito de factores indescomponibles.

Estudiemos ahora la *unicidad* de tal descomposición; supondremos aquí que el retículo N_Δ de los Δ-subgrupos normales del grupo G verifica la *condición de cadena descendente y la condición de cadena ascendente.*

Recordemos el:

Lema de Fitting (§ 1). *A todo Δ-endomorfismo normal η de un Δ-grupo G cuyo retículo $\mathcal{N}_\Delta$ de los Δ-subgrupos normales verifica las dos condiciones de cadena, está asociada la descomposición directa*

(7) $$G = N \times S , \qquad \text{donde } N = \operatorname{Ker} \eta^m , \qquad S = \operatorname{Im} \eta^m .$$

Si ahora G es *indescomponible,* la descomposición (7) es necesariamente trivial:

o bien $N = E$ y $S = G$ (lo que exige $m = 0$): η es un *automorfismo;*

o bien $N = G$ y $S = E$: η^m es entonces el endomorfismo nulo θ, se dice que η es *nilpotente.* Así:

Teorema 3. *Si un Δ-grupo G, para el cual el retículo $\mathcal{N}_\Delta$ de los Δ-subgrupos normales verifica la condición de cadena ascendente y la condición de cadena descendente, es indescomponible, todo Δ-endomorfismo normal de G es nilpotente o es un automorfismo.*

Además, con *las mismas hipótesis sobre G,* tenemos el:

Teorema 4. *Si dos Δ-endomorfismos normales η_1, η_2 de G son nilpotentes y si su suma $\eta_1 + \eta_2$ es ur endomorfismo (que es estonces lícito y normal), $\eta_1 + \eta_2$ es nilpotente.*

En caso contrario $\eta_1 + \eta_2$ sería un *automorfismo:* $\eta_1 + \eta_2 = \alpha \in \operatorname{Aut}(G)$ (teorema 3) y tendríamos, designando por ϵ al automorfismo idéntico:

$$\varepsilon = \alpha^{-1}\alpha = \alpha^{-1}(\eta_1 + \eta_2) = \alpha^{-1}\eta_1 + \alpha^{-1}\eta_2 = \lambda_1 + \lambda_2$$

haciendo $\alpha^{-1}\eta_i = \lambda_i$.

Si λ_i fuera un automorfismo, también lo sería $\eta_i = \alpha\lambda_i$, lo que no es. Luego λ_1 y λ_2, que son lícitos y normales, son *nilpotentes:*

$$\lambda_1^r = \theta\,, \qquad \lambda_2^s = \theta\,.$$

Tenemos:

$$\lambda_1 = \varepsilon \circ \lambda_1 = (\lambda_1 + \lambda_2) \circ \lambda_1 = \lambda_1^2 + \lambda_2 \circ \lambda_1$$

$$= \lambda_1 \circ \varepsilon = \lambda_1 \circ (\lambda_1 + \lambda_2) = \lambda_1^2 + \lambda_1 \circ \lambda_2\,,$$

luego

$$(\forall x \in G) \qquad (\lambda_1^2 + \lambda_2 \circ \lambda_1)(x) = (\lambda_1^2 + \lambda_1 \circ \lambda_2)(x)$$

es decir

$$[\lambda_1^2(x)].[(\lambda_2 \circ \lambda_1)(x)] = [\lambda_1^2(x)].[(\lambda_1 \circ \lambda_2)(x)]\,,$$

de donde

$$\lambda_1 \circ \lambda_2 = \lambda_2 \circ \lambda_1\,.$$

Puesto que λ_1 y λ_2 conmutan, tenemos, *para todo entero n:*

$$\varepsilon = (\lambda_1 + \lambda_2)^n = \lambda_1^n + n\lambda_1^{n-1} \circ \lambda_2 + \cdots + \binom{n}{k} \lambda_1^{n-k} \circ \lambda_2^k + \cdots + \lambda_2^n\,.$$

Tomemos $n = r + s - 1$: cada término del segundo miembro tiene como factor al endomorfismo nulo θ y por tanto $\varepsilon = \theta$, lo cual es contradictorio para un grupo $G \neq E$ (lo que es el caso para un grupo indescomponible). El endomorfismo $\eta_1 + \eta_2$ es pues nilpotente.

Teorema 5 (Teorema de unicidad o teorema de Krull-Schmidt). *Sea G un Δ-grupo cuyo retículo $\mathcal{N}_\Delta$ de Δ-subgrupos normales verifica las condiciones de cadena descendente* *y de cadena ascendente. Si G admite dos descomposiciones directas en factores indescomponibles:*

(D_1) $$G = H_1 \times \cdots \times H_r, \qquad (H_i \neq E),$$

(D_2) $$G = K_1 \times \cdots \times K_s, \qquad (K_i \neq E),$$

se tiene:

(8) $$r = s$$

y, con notaciones convenientes:

(9) $$H_i \simeq K_i, \quad (H_i \text{ isomorfo a } K_i).$$

Además, G admite las descomposiciones

$$G = K_1 \times \cdots \times K_i \times H_{i+1} \times \cdots \times H_r \qquad (i = 1, \ldots, r-1),$$

y existe un Δ-automorfismo normal μ de G que aplica H_i sobre K_i para todo índice

$$i \in \{1, \ldots, r\}.$$

Si $r = 1$, G es *indescomponible*, luego $s = 1$; tenemos $H_1 = G = K_1$ y el teorema es cierto $(\mu = \varepsilon)$.

Supongamos pues $1 < r \leqslant s$ (con notaciones convenientes) y razonemos por recurrencia: sea $p(\geqslant 1)$ un índice tal que se tenga

$$\text{para } i = 1, \ldots, p-1 \quad \begin{cases} H_i \simeq K_i \\ G = K_1 \times \cdots \times K_i \times H_{i+1} \times \cdots \times H_r \end{cases}$$

luego en particular, para $i = p - 1$, la descomposición

(D) $$G = K_1 \times \cdots \times K_{p-1} \times H_p \times \cdots \times H_r.$$

(Al principio: $p = 1$, (D) coincide (D_1).) Demostremos que son ciertas las mismas propiedades para el índice p.

Consideremos:

los endomorfismos de proyección $\lambda_1, \ldots, \lambda_r$ relativos a (D),

los endomorfismos de proyección $\pi_1, \ldots, \pi_s$ relativos a (D_2).

Tenemos:

(10) $$\lambda_p = \lambda_p \circ \varepsilon = \lambda_p \circ \sum_{i=1}^{s} \pi_i = \sum_{i=1}^{s} \lambda_p \circ \pi_i, \qquad \text{donde } \pi_i(x) \in K_i.$$

Ahora bien, para $i \leqslant p - 1$, tenemos $\lambda_p(K_i) = E$ luego $\lambda_p \circ \pi_i = \theta$ (endomorfismo nulo de G) y (10) se escribe

(10') $$\lambda_p = \lambda_p \circ \pi_p + \cdots + \lambda_p \circ \pi_s.$$

Además $\lambda_p(G) = H_p$ y λ_p deja fijo todo elemento de H_p: el endomorfismo λ_p^* de H_p definido por $\lambda_p^*(x) = \lambda_p(x)$ $(x \in H_p)$ coincide con el automorfismo idéntico, ε_{H_p}, de H_p:

(11) $$\lambda_p^* = \varepsilon_{H_p} .$$

Por ser P una parte no vacía cualquiera del conjunto $\{ p, p+1, \ldots, s \}$, consideremos la suma

$$\sigma = \sum_{\rho \in P} \lambda_p \circ \pi_\rho = \lambda_p \circ \sum_{\rho \in P} \pi_\rho .$$

$\sum_{\rho \in P} \pi_\rho$ es el endomorfismo de proyección de G sobre el factor directo

$$K' = \prod_{\rho \in P} K_\rho ,$$

es un Δ –endomorfismo normal y en consecuencia σ también lo es. Tenemos

$$\sigma(G) \subseteq \lambda_p(G) = H_p$$

y la aplicación σ^* de H_p en sí mismo definida por $\sigma^*(x) = \sigma(x)$ $(\forall x \in H_p)$ es un Δ –endomorfismo de H_p, evidentemente normal (pues σ es en particular permutable con los automorfismos interiores $x \longmapsto axa^{-1}$ donde $a \in H_p$).

H_p es indescomponible por hipótesis y, como factor directo de G, verifica las *dos condiciones de cadena:* σ^* es pues *nilpotente* o bien es un *automorfismo* de H_p (teorema 3). En particular, si $P = \{ \rho \}$, donde $p \leqslant \rho \leqslant n$ $(\lambda_p \circ \pi_\rho)^*$ es *nilpotente o es un automorfismo de* H_p.

Pero, según (10') y (11), es imposible que los $(\lambda_p \circ \pi_\rho)^*$ *sean todos nilpotentes* (teorema 4). Uno de ellos, por lo menos, es pues un automorfismo de H_p : supongamos las notaciones tales que sea

$$(\lambda_p \circ \pi_p)^* = \alpha_p \in \mathrm{Aut}\,(H_p) .$$

Puesto que π_p es el endomorfismo de proyección sobre K_p, relativo a (D_2). tenemos:

$$\pi_p(H_p) = \overline{K}_p \subseteq K_p .$$

Demostremos *la igualdad.* Estudiemos el homomorfismo

$$\pi_p^* : H_p \twoheadrightarrow \overline{K}_p$$

definido por $\pi_p^*(x) = \pi_p(x)$ $(x \in H_p)$. Sea N *su núcleo:* si $x \in N$ $(\subseteq H_p)$, tenemos:

$$\pi_p(x) = \pi_p^*(x) = e ,$$

luego

$$(\lambda_p \circ \pi_p)\,(x) = \lambda_p(e) = e , \qquad \text{o} \qquad (\lambda_p \circ \pi_p)^*\,(x) = e ,$$

lo que implica $x = e$ puesto que $(\lambda_p \circ \pi_p)^*$ es un *automorfismo* de H_p : π_p^* es pues un *isomorfismo* de H_p sobre $\overline{K}_p$:

$$\pi_p^* : H_p \rightarrowtail\!\!\!\!\twoheadrightarrow \overline{K}_p .$$

Sea ahora U_p el conjunto de los elementos u de K_p tales que: $\lambda_p(u) = e$ ($U_p = K_p \cap \operatorname{Ker} \lambda_p$). Es un Δ –subgrupo normal de K_p. Si $u \in U_p \cap \overline{K}_p$, tenemos $u = \pi_p(h)$ donde $h \in H_p$ y:

$$e = \lambda_p(u) = (\lambda_p \circ \pi_p)(h) = (\lambda_p \circ \pi_p)^* (h)$$

de donde $h = e$, pues $u = e$. Así:

$$(12) \qquad U_p \cap \overline{K}_p = E .$$

Demostremos ahora que $K_p = U_p \overline{K}_p$, lo que implicará, según (12), $K_p = U_p \times \overline{K}_p$.

Si $y \in K_p$, $\lambda_p(y) \in H_p$ es la imagen de un elemento s, v de H_p por el automorfismo $\alpha_p = (\lambda_p \circ \pi_p)^*$:

$$(13) \qquad \lambda_p(y) = (\lambda_p \circ \pi_p)(v) \qquad (v \in H_p) .$$

Ahora bien, $\pi_p(v) \in \pi_p(H_p) = \overline{K}_p$ ($\subseteq K_p$). Escribamos entonces:

$$y = y[\pi_p(v)]^{-1} . \pi_p(v)$$

y demostremos que el primer factor $y[\pi_p(v)]^{-1}$ pertenece a U_p. Es un elemento de K_p; además

$$\lambda_p[y(\pi_p(v))^{-1}] = \lambda_p(y) . \lambda_p(\pi_p(v))^{-1} = \lambda_p(y) . [(\lambda_p \circ \pi_p)(v)]^{-1} = e$$

según (13). Así

$$(14) \qquad K_p = U_p \times \overline{K}_p .$$

Ahora bien: K_p es *indescomponible* y $\overline{K}_p$, isomorfo a H_p, es distinto de E, lo que implica necesariamente

$$K_p = \overline{K}_p \,(= \pi_p^*(H_p)) ,$$

y finalmente π_p^* es un *isomorfismo de* H_p *sobre* K_p.

Volvamos al automorfismo $\alpha_p = (\lambda_p \circ \pi_p)^*$ de H_p y consideremos el homomorfismo de K_p *en* H_p definido por

$$\tilde{\lambda}_p(y) = \lambda_p(y) \qquad (\forall y \in K_p) .$$

Tenemos:

$$(\forall x \in H_p) \qquad \alpha_p(x) = \lambda_p[\pi_p(x)] = (\tilde{\lambda}_p \circ \pi_p^*)(x)$$

(diagrama a continuación), luego $\alpha_p = \tilde{\lambda}_p \circ \pi_p^*$: el diagrama es conmutativo y $\tilde{\lambda}_p = \alpha_p \circ (\pi_p^*)^{-1}$ es un *isomorfismo* de K_p sobre H_p.

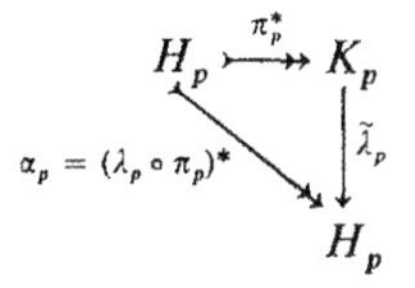

DC

Ahora bien, la restricción de λ_p a $K_1, \ldots, K_{p-1}, H_{p+1}, \ldots, H_r$ es el homomorfismo nulo:

$$\lambda_p(K_1 \times \cdots \times K_{p-1} \times H_{p+1} \times \cdots \times H_r) = E .$$

Luego si $x \in K_p \cap (K_1 \times \cdots \times K_{p-1} \times H_{p+1} \times \cdots \times H_r)$, tenemos:

$$\tilde{\lambda}_p(x) = \lambda_p(x) = e \qquad \textit{luego} \qquad x = e$$

(puesto que $\tilde{\lambda}_p$ es un isomorfismo). Luego el grupo

$$G' = K_p.(K_1 \times \cdots \times K_{p-1} \times H_{p+1} \times \cdots \times H_r)$$

es *compuesto directo* de los dos factores del segundo miembro:

$$G' = K_p \times (K_1 \times \cdots \times K_{p-1} \times H_{p+1} \times \cdots \times H_r)$$
$$= K_1 \times \cdots \times K_p \times H_{p+1} \times \cdots \times H_r .$$

Demostremos finalmente que $G' = G$. Todo elemento x del grupo

(D) $$G = K_1 \times \cdots \times K_{p-1} \times H_p \times \cdots \times H_r$$

admite una representación única de la forma:

$$x = x_1 \ldots x_{p-1}\, x_p \ldots x_r \text{ donde} \begin{cases} x_i \in K_i & \text{si} \quad i = 1, \ldots, p-1 , \\ x_j \in H_j & \text{si} \quad j = p, \ldots, r . \end{cases}$$

La aplicación τ de G en G definida por:

$$\tau(x) = x_1 \ldots x_{p-1}[\pi_p^*(x_p)]\, x_{p+1} \ldots x_r$$

es un *endomorfismo* de G (pues la multiplicación se hace componente por componente y π_p^* es un isomorfismo de H_p sobre K_p). Además τ es lícita y normal (puesto que π_p^* es lícito y normal en H_p). Tenemos:

$$\tau(G) = K_1 \times \cdots \times K_{p-1} \times K_p \times H_{p+1} \times \cdots \times H_r = G' .$$

Ahora bien, τ es *inyectivo* pues, si $\tau(x) = \tau(y)$:

$$x_1 \dots x_{p-1}[\pi_p^*(x_p)]\, x_{p+1} \dots x_r$$
$$= y_1 \dots y_{p-1}[\pi_p^*(y_p)]\, y_{p+1} \times \cdots \times y_r$$

el hecho de que la descomposición de G' sea directa implica $x_i = y_i$ para $i \neq p$ y $\pi_p^*(x_p) = \pi_p^*(y_p)$, pero esta igualdad implica $x_p = y_p$ y tenemos $x = y$.

A causa de la condición de cadena descendente en el retículo $\mathcal{N}_\Delta$ de los Δ –subgrupos normales (al cual pertenecen las imágenes), τ es también *suprayectivo* (§ 1, teorema 2), luego finalmente:

$$G = G'.$$

La desigualdad estricta $r < s$ implicaría, para $p = r$,

$$G = K_1 \times \cdots \times K_r = K_1 \times \cdots \times K_r \times K_{r+1} \times \cdots \times K_s,$$

de donde

$$E = (K_1 \times \cdots \times K_r) \cap (K_{r+1} \times \cdots \times K_s)$$
$$= G \cap (K_{r+1} \times \cdots \times K_s) = K_{r+1} \times \cdots \times K_s$$

en contradicción con el hecho de que las K_j son diferentes de E.

Finalmente, sea μ la aplicación de G en G definida a partir de la descomposición (D_1) de la siguiente forma:

Si $x = x_1 \dots x_r$ $(x_i \in H_i)$, ponemos

$$\mu(x) = \pi_1^*(x_1) \times \cdots \times \pi_r^*(x_r)$$

(donde los π_p^* son los Δ –isomorfismos de H_p sobre K_p considerados en la demostración). Esta aplicación μ es un Δ –homomorfismo, visiblemente inyectivo y suprayectivo, luego es un Δ –automorfismo de G. Además μ es *normal* (cualquiera que sea i, conmuta con el automorfismo interior $\alpha_i : x \longmapsto a_i x a_i^{-1}$ donde $a_i \in H_i$, luego conmuta con todo automorfismo interior $\alpha: x \longmapsto axa^{-1}$, donde $a = a_1 a_2 \dots a_n$, puesto que $\alpha = \alpha_1 \circ \alpha_2 \circ \dots \circ \alpha_n$). Ahora bien, para todo índice p $(1 \leqslant p \leqslant r)$, μ aplica H_p sobre K_p :

$$\mu(H_p) = K_p.$$

Nota. Este teorema de unicidad fue establecido en 1879 por Frobenius y Stickelberger para los *grupos abelianos finitos*, en 1909 por Wedderburn para los grupos finitos, en 1925 por Krull para los grupos abelianos con operadores, en 1928 por Schmidt para los grupos con operadores (que verifiquen las hipótesis del enunciado). En 1936, Ore dio una generalización referida al retículo que puede encontrarse en la *Theory of Groups* de Marshall Hall.

EJERCICIOS

1. Sean $K = \mathbf{Z}/2\mathbf{Z} = \{ \bar{0}, \bar{1} \}$ el cuerpo primo de característica 2, E un espacio vectorial de dimensión 2 sobre K, (e_1, e_2) una base de E.

a) ¿Cuáles son los vectores distintos y los subespacios distintos de E?

b) Determinar el grupo $G = \text{Aut}(E)$ de los automorfismos de E. ¿Cuál es su orden? Indicar un grupo conocido isomorfo a G.

c) Determinar los endomorfismos de E que no sean automorfismos. ¿Cuántos existen que sean nilpotentes? ¿idempotentes? ¿Cuál es el número total de endomorfismos de E?

2. Se consideran n grupos $G_1, \ldots, G_n$ (distintos o no) y sus grupos conmutadores $G_1', \ldots, G_n'$. ¿Cuál es el grupo conmutador del producto directo

$$G = G_1 \times G_2 \times \cdots \times G_n \,?$$

3. Sea $P = A \times B$ el producto directo de dos grupos A y B (que se denotarán multiplicativamente). Si H es un subgrupo de A y K un subgrupo de B, se designa por $\mathscr{F}$ a la familia de los subgrupos $Q(H, K)$ de P que son de la forma:

$$Q(H, K) = \{ (x, y), x \in H, y \in K \} .$$

a) Si S es un subgrupo cualquiera de P, se asocia a S el conjunto U_S de los elementos u de A tales que exista al menos un y de B que tenga la propiedad: $(u, y) \in S$. Demostrar que U_S es un subgrupo de A.

b) Sea igualmente V_S el conjunto de los elementos v de B tales que exista $x \in A$ con la propiedad $(x, v) \in S$. Demostrar que $Q(U_S, U_S)$ es, en la familia $\mathscr{F}$, el subgrupo mínimo que contiene a S.

c) Demostrar que existe también, en la familia $\mathscr{F}$, un subgrupo máximo, contenido en un subgrupo dado S de G. Deducir de ello una condición necesaria y suficiente para que un subgrupo S de P pertenezca a la familia $\mathscr{F}$.

d) Tomamos como A un grupo cíclico (a) de orden finito r y como B un grupo cíclico (b) de orden s. Demostrar que, si los enteros r y s no son primos entre sí, $P = A \times B$ admite por lo menos un subgrupo que no pertenece a la familia $\mathscr{F}$ y que si, pör el contrario, r y s son primos entre sí, $\mathscr{F}$ constituye la familia de todos los subgrupos de P.

4. Sean S y T dos grupos isomorfos uno y otro al grupo simétrico $\mathscr{S}_3$ y $G = S \times T$ su producto directo.

a) ¿Cuál es el orden de G? Demostrar que G admite un solo subgrupo de orden 9.

b) ¿Qué puede decirse sobre el número de subgrupos de G que son de orden 4? Demostrar que este número es por lo menos igual a 9, y luego determinarlo exactamente.

5. Proponer uno o varios ejemplos de grupo (o de A-grupo) G que admita dos descomposiciones directas de la forma $G = A \times B = A \times C$ siendo $B \neq C$.

6. Se considera el grupo simétrico $\mathscr{S}_5$ formado por las permutaciones del conjunto $E = \{ 1, 2, 3, 4, 5 \}$. Sea G el subgrupo de $\mathscr{S}_5$ engendrado por las transposiciones $(1, 2)$, $(2, 3)$, $(4, 5)$.

a) Determinar la equivalencia de transitividad $\mathscr{T}$ de G. Deducir de ello el orden de G.

b) Demostrar que G admite una descomposición directa en dos factores isomorfos a grupos conocidos. Verificar, a partir de esto, el valor de $O(G)$ hallado en *a*).

7. Se da un conjunto finito E, de cardinal $n \geqslant 4$. Se designa por $\mathscr{S}_n$ al grupo de las permutaciones de E.

a) Se considera una relación de equivalencia $\mathscr{R}$ definida sobre E, las clases $C_1, \ldots, C_k$ módulo $\mathscr{R}$; sea n_i el cardinal de C_i. Se supone $k \geqslant 2$, $n_i \geqslant 2$ (para todo i). Demostrar que el conjunto H de las permutaciones $\rho \in \mathscr{S}_n$ tales que se tenga:

$$(\forall x \in E) \qquad \rho(x) \equiv x \qquad (\mathscr{R})$$

es un subgrupo de $\mathscr{S}_n$.

b) Para un índice dado $i \in \{1, 2, \ldots, k\}$, se consideran las permutaciones $\rho_i \in H$ que tienen la propiedad suplementaria

$$(\forall x \notin C_i) \qquad \rho_i x = x .$$

Demostrar que estas permutaciones $\rho_i, \rho'_i, \ldots$ forman un subgrupo normal P_i de H. ¿Cuál es el orden de P_i ?

c) Demostrar que una permutación $\rho_i \in P_i$ y una permutación $\rho_j \in P_j$ conmutan, puesto que H admite la descomposición directa

$$H = P_1 \times P_2 \times \cdots \times P_k .$$

¿Cuál es el orden de H?

d) ¿Cómo es preciso elegir los enteros n_i para que H sea abeliano?

capítulo V

Teoremas generales

§ 1. *TEOREMAS DE ISOMORFISMO*

a) PRIMER TEOREMA DE ISOMORFISMO

Consideremos un Δ –homomorfismo h de un Δ –grupo G *sobre* un Δ –grupo $\overline{G}$:

(1) $$h : G \twoheadrightarrow \overline{G} = h(G)\,.$$

Puede ocurrir que un Δ –subgrupo $\overline{S}$ de $\overline{G}$ sea la imagen, por h, de diferentes subgrupos S, S', . . ., de G. Por ejemplo, si h es la proyección del espacio vectorial $G = \mathbf{R}^3 = (\vec{i}, \vec{j}, \vec{k})$, de dimensión 3, sobre el subespacio $\overline{G} = (\vec{i}, \vec{j})$, de dimensión 2, paralelamente al vector $\vec{k}$ un subespacio $\overline{S} = (\vec{u})$ de dimensión 1 de $\overline{G}$ es la imagen de cada uno de los subespacios $(\vec{v})$ de dimensión 1 definidos por

$$\vec{v} = \vec{u} + \lambda\vec{k}\,, \qquad (\lambda \in \mathbf{R})\,,$$

y también del espacio $S = (\vec{u}, \vec{k})$ que es de *dimensión 2* y posee las siguientes propiedades: *contiene al núcleo* $N = (\vec{k})$ *de h; está engendrado por este núcleo y todo subespacio* $(\vec{v})$ *tal*

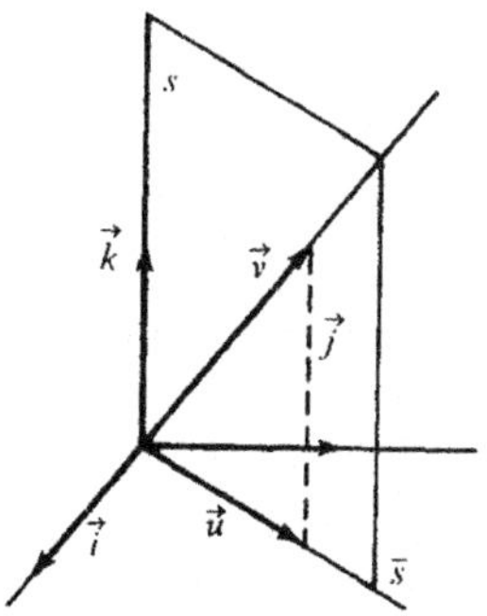

que $h((\vec{v})) = \bar{S}$; en fin, no es otra cosa que la *imagen recíproca* de $\bar{S} : N = h^{-1}(\bar{S})$. Partamos de esta última propiedad para estudiar el caso general.

Siendo $\bar{S}$ un Δ –subgrupo dado de la imagen $\bar{G} = h(G)$, todo Δ –subgrupo T de G tal que $h(T) = \bar{S}$ está contenido en la imagen recíproca:

(2) $$S = h^{-1}(\bar{S}) = \{ s,\ s \in G\ ;\ h(s) \in \bar{S} \} .$$

Ahora bien, S es un *Δ–subgrupo* de G pues, si $s_1, s_2 \in S$, tenemos

$$h(s_1 s_2^{-1}) = h(s_1).[h(s_2)]^{-1} \in \bar{S} \quad \text{luego} \quad s_1 s_2^{-1} \in S$$

y

$$(\forall \alpha \in \Delta)\ (\forall s \in S) \qquad h(\alpha s) = \alpha h(s) \in \bar{S} \quad \text{luego} \quad \alpha s \in S .$$

Es claro, según (2), que la inclusión $\bar{S}' \subseteq \bar{S}$ entre subgrupos de $\bar{G}$ implica la inclusión correspondiente $S' \subseteq S$ entre sus imágenes recíprocas. En particular, el subgrupo $\bar{E} = (\bar{e})$ reducido al elemento neutro $\bar{e}$ de $\bar{G}$ está contenido en todo subgrupo $\bar{S}$; *el núcleo* $N = \text{Ker } h = h^{-1}(\bar{E})$ *del homomorfismo considerado está pues contenido en toda imagen recíproca* $S = h^{-1}(\bar{S})$ y, haciendo $\beta(\bar{S}) = S$, tenemos una *aplicación* β del retículo $\bar{\mathscr{S}}$ de los Δ –subgrupos de $\bar{G}$ en el retículo $\mathscr{S}'$ de los Δ –subgrupos de G que contienen a N. Puesto que $h[h^{-1}(\bar{S})] = \bar{S}$, β es *inyectiva*.

Si partimos ahora de un Δ –subgrupo T de G, su imagen $h(T)$ es un Δ–subgrupo de $\bar{G}$ cuya imagen recíproca es:

$$h^{-1}[h(T)] = \{ x,\ x \in G : h(x) = h(t), \quad \text{con} \quad t \in T \} ;$$

pero la igualdad $h(x) = h(t)$ equivale a $x \in Nt$, de donde

$$h^{-1}[h(T)] = NT.$$

La imagen recíproca $h^{-1}[h(T)]$ *es pues el* Δ*–subgrupo engendrado por el* Δ*–subgrupo normal* $N = \text{Ker } h$ *y por* T.

En particular, *si* T *contiene al núcleo* N *de* h, tenemos:

$$h^{-1}[h(T)] = NT = T .$$

Así, *todo* Δ*–subgrupo de* G *que contenga al núcleo* N *es la imagen recíproca de su imagen:* β es pues *suprayectiva*, es pues una *biyección*. Puesto que esta biyección respeta la inclusión, y por tanto, las cotas inferior y superior, es un *isomorfismo* entre los retículos $\bar{\mathscr{S}}$ y $\mathscr{S}'$.

Una *clase por la derecha* Sx con respecto a S ($\supseteq N$) tiene por imagen $h(Sx) = \bar{S}h(x)$, clase por la derecha de $h(x)$ con respecto a $\bar{S}$; la imagen recíproca de $\bar{S}h(x)$ es el conjunto de los elementos y de G tales que $h(y) = h(s)\,h(x) = h(sx)$, $s \in S$, lo que implica $y \in N'sx \subseteq Sx$. Así,

$$h(Sx) = \overline{S}h(x)\,,$$

$$h^{-1}(\overline{S}\overline{x}) = Sx \qquad \text{cuando} \qquad h(x) = \overline{x}\ ;$$

las clases por la derecha Sx *en* G *y las clases por la derecha* $\overline{S}\overline{x}$ *se corresponden pues biyectivamente* y en consecuencia *el índice de* $S' = h^{-1}(\overline{S})$ *en* G *es igual al índice de* $\overline{S}$ *en* $\overline{G}$.

Las propiedades análogas son válidas para las clases por la izquierda. *Luego si* $\overline{S}$ *es normal en* $\overline{G}$ $(\forall \overline{x} \in \overline{G},\ \overline{S}\overline{x} = \overline{x}\overline{S})$, S *es normal en* G $(\forall x \in G,\ Sx = xS)$ *y recíprocamente:*

$$\overline{S} \lhd \overline{G} \Longleftrightarrow S \lhd G\,, \qquad (s = h^{-1}(\overline{S}))\,.$$

Observación. Se ve fácilmente que, para todo homomorfismo suprayectivo $h\colon G \twoheadrightarrow \overline{G}$, la imagen de un subgrupo normal M de G es un subgrupo normal $\overline{M}$ de $\overline{G}$: $(\forall \overline{x} \in \overline{G})$, $(\exists x \in G)$ tal que $\overline{x} = h(x)$, y

$$(\forall \overline{m} \in \overline{M}) \qquad \overline{x}\overline{m}\overline{x}^{-1} = h(x)\,h(m)\,[h(x)]^{-1} = h(xmx^{-1}) \in \overline{M}$$

puesto que $xmx^{-1} \in M$.

En lo que sigue, supondremos que $\overline{S}$ *Δ-subgrupo normal de* $\overline{G}$, luego S Δ-subgrupo normal de G; el Δ-homomorfismo *suprayectivo* h, de núcleo N, admite la *factorización canónica*

$$h = i \circ \gamma$$

donde γ es el Δ–homomorfismo suprayectivo canónico de G sobre G/N e i el isomorfismo canónico de G/N sobre $h(G) = \overline{G}$, definido por:

$$\text{si} \quad X = xN\,, \qquad i(X) = h(x)\,.$$

Sea $\overline{k}$ el Δ–homomorfismo canónico de $\overline{G}$ sobre $\overline{G}/\overline{S}$:el compuesto

$$\overline{k} \circ h = k$$

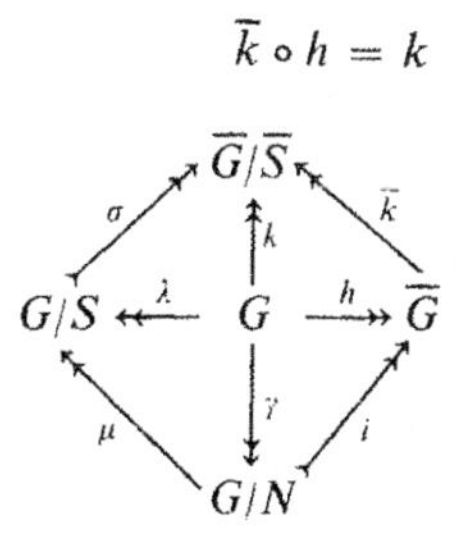

DC

es un Δ*–homomorfismo suprayectivo de G sobre* $\overline{G}/\overline{S}$; puesto que el núcleo de $\overline{k}$ es $\overline{S}$, el de k es $h^{-1}(\overline{S}) = S$ y, si λ designa al homomorfismo canónico de G sobre G/S, k se descompone en factores, según el teorema de homomorfismo, en:

$$k = \lambda \circ \sigma ,$$

siendo *σ el isomorfismo canónico de G/S sobre* $\overline{G}/\overline{S}$, *definido de la siguiente forma:*

$$\text{si} \quad X = xS \in G/S , \qquad \sigma(X) = k(x) = \overline{k}[h(x)] = h(x)\,\overline{S} .$$

Finalmente, la inclusión $N \subseteq S$ permite descomponer en factores el homomorfismo canónico λ de G sobre G/S en

$$\lambda = \mu \circ \gamma$$

donde μ es el homomorfismo suprayectivo canónico de G/N sobre G/S, (Capítulo I, § 1, teorema 3), luego el diagrama que figura anteriormente es *conmutativo.* El isomorfismo

$$\sigma : G/S \rightarrowtail\!\!\!\twoheadrightarrow \overline{G}/\overline{S} , \qquad \text{definido por} \quad \sigma(xS) = h(x)\,\overline{S}$$

es particularmente importante para las aplicaciones.

En particular, lo anterior se aplica si se toma $\overline{G} = G/N$, $h = \gamma$, $i = \overline{\varepsilon}$, automorfismo idéntico de G/N. Entonces, un Δ–subgrupo *normal* S comprendido entre G y N:

$$N \subseteq S \lhd G ,$$

tiene por imagen $\overline{S} = \gamma(S) = S/N$ pues la imagen $\gamma(s)$ de un elemento s de S es su clase sN ($S \ni$) y el conjunto $\gamma(S)$ de estas clases es el grupo cociente S/N, subgrupo *normal* de G/N; luego σ es aquí el isomorfismo

$$\sigma_0 : \quad G/S \longrightarrow\!\!\!\!\twoheadrightarrow G/N/_{S/N} ,$$

y el diagrama conmutativo anterior toma la forma:

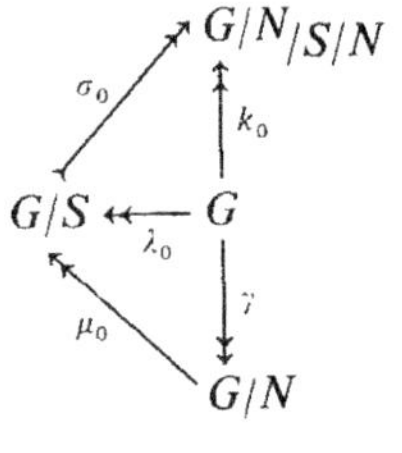

DC

Finalmente, G/S, $\overline{G}/\overline{S}$ y $G/N/_{S/N}$ son tres grupos isomorfos y podemos enunciar el *primer teorema de isomorfismo:*

Teorema 1. *Para todo homomorfismo h de un* Δ*–grupo G sobre un* Δ*–grupo* $\overline{G} = h(G)$,

1) *existe un isomorfismo de retículo β entre el conjunto $\overline{\mathscr{S}}$ de los Δ–subgrupos de $\overline{G}$ y el conjunto $\mathscr{S}'$ de los Δ–subgrupos de G que contienen al núcleo N de h; el índice de $S = \beta(\overline{S})$ en G es igual al índice de $\overline{S}$ en $\overline{G}$;*

2) *las propiedades $\overline{S} \lhd \overline{G}$ y $S \lhd G$ son ciertas a la vez; en este caso, los tres grupos cocientes G/S, $\overline{G}/\overline{S}$, $G/N/_{S/N}$ son isomorfos y se tienen los diagramas conmutativos representados anteriormente.*

Aplicación. El retículo $\overline{\mathscr{N}}_\Delta$ de los Δ–subgrupos normales de $\overline{G}$ y el retículo $\mathscr{N}'_\Delta$ de los Δ–subgrupos normales de G que contienen a N son isomorfos, luego sus elementos *máximos* se corresponden: si $\overline{S}$ es Δ–subgrupo normal (propio) máximo de $\overline{G}$, S es Δ–subgrupo normal (propio) máximo de G. En particular, *N es Δ–subgrupo normal (propio) máximo de G si y sólo si G/N es simple* (es decir, no admite Δ–subgrupo normal propio).

Ejemplo. Tomemos como G al grupo aditivo $\mathbf{Z}$ de los enteros $\gtrless 0$, como $\overline{G}$ al grupo aditivo $\mathbf{Z}/n\mathbf{Z}$ de los enteros módulo n $(n > 1)$ y sea $h(x) = \overline{x}$ la clase de x módulo n. Tenemos $N = \operatorname{Ker} h = (n)$, conjunto de los múltiplos de n. Tomemos finalmente $\Delta = \mathbf{Z}$ (siendo la ley externa la multiplicación ordinaria). Los Δ–subgrupos de G que contienen a N son de la forma $S = (s)$ donde $s|n$ los Δ–subgrupos $\overline{S}$ de $\overline{G}$ son de la forma $(\overline{d})$ donde $d \mid n$ la biyección β es evidente, se traduce por la igualdad $d = s$.

b) SEGUNDO TEOREMA DE ISOMORFISMO

Partiremos de un lema muy simple.

Lema 1. *Sea, en un Δ–grupo G, A' un Δsubgrupo normal de un Δ–subgrupo A: $A' \lhd A \subseteq G$. Para todo Δ–subgrupo X de G, la intersección $A' \cap X$ es un Δ–subgrupo normal de $A \cap X$:*

$$A' \cap X \lhd A \cap X.$$

Evidentemente, $A' \cap X$ es Δ–subgrupo de $A \cap X$. Además, para todo elemento $y \in A' \cap X$ y todo elemento $m \in A \cap X$, tenemos $mym^{-1} \in A'$ puesto que $A' \lhd A$ y, evidentemente, $mym^{-1} \in X$.

Dado esto, sean H y S dos Δ–subgrupos de un grupo G. Supongamos:

1) *H y S permutables*: $HS = SH$; HS es un Δ–subgrupo de G;

2) H subgrupo *normal* de HS : $H \lhd HS$.

De acuerdo con el lema, $H \cap S$ es Δ–subgrupo normal de $HS \cap S = S$. Estudiemos los Δ–grupos cocientes HS/H y $S/H \cap S$.

La clase $X \in HS/H$ que tiene por representante al elemento $x = hs$ $(h \in H, s \in S)$ se escribe

$$X = Hhs = Hs ;$$

contiene al elemento s de S y a toda la clase $Y = (H \cap S)\, s \in S/H \cap S$ de este elemento s.

Como por otra parte dos elementos s, s' de S pertenecen a la misma clase $X \in HS/H$ si y sólo si $s^{-1} s' \in H$, lo que equivale a $s^{-1} s' \in H \cap S$, X contiene *una sola* clase $Y \in S/H \cap S$.

Inversamente, es claro que una clase $Y = (H \cap S)s \in S/H \cap S$ está contenida en *la* clase $X = Hs \in HS/H$.

Luego, haciendo

$$\varphi(X) = Y \qquad \text{ssi} \qquad X \textit{ contiene a } Y$$

(o si X e Y contienen a un mismo representante $s \in S$), definimos una *biyección* φ de HS/H sobre $S/H \cap S$. Puesto que las clases se multiplican entre sí y son multiplicadas por los operadores $\alpha \in \Delta$ como sus representantes, *φ es un Δ-isomorfismo*. Así, *segundo teorema de isomorfismo:*

Teorema 2. *Si H y S son dos Δ-subgrupos permutables del Δ-grupo G tales que H sea normal en HS, $H \cap S$ es normal en S y existe un Δ-isomorfismo*

$$\varphi : \ HS/H \twoheadrightarrow S/H \cap S$$

entre los grupos cocientes, definido por: $\varphi(X) = Y$ ($X \in HS/H, Y \in S/H \cap S$) si X contiene a Y, o si X e Y admiten un mismo representante $s \in S$.

Condiciones de aplicación

Las dos hipótesis del enunciado son *equivalentes* a la siguiente.
H, es permutable con todo elemento s de S:

$$(\forall s \in S) \qquad Hs = sH .$$

H, permutable según 2) con todo elemento *hs* de *HS*, lo es en particular con todo elemento s de S. Recíprocamente, esta propiedad implica $HS = SH$ y, para todo elemento hs de HS:

$$Hhs = Hs = hHs = hsH , \qquad \text{luego} \qquad H \lhd HS .$$

Las siguientes hipótesis son *cada vez más restrictivas:*

a) H es normal en G (es decir, permutable con todo elemento g de G, en particular con todo elemento s de S); S es un Δ-subgrupo cualquiera.

b) G es abeliano, H y S son dos cualesquiera de sus Δ-subgrupos.

Ejemplos. 1) Tomemos como Δ-grupo (aditivo) G un espacio vectorial sobre un cuerpo conmutativo K ($= \Delta$) y como Δ-subgrupos H y S dos subespacios S_1, S_2, de dimensiones finitas. En este caso el teorema se escribe

$$(S_1 + S_2)/S_1 \simeq S_2/(S_1 \cap S_2) .$$

Dos espacios isomorfos que tengan la misma dimensión, y siendo la dimensión de un espacio cociente A/B $\dim A - \dim B$, obtenemos la fórmula (clásica):

$$\dim (S_1 + S_2) + \dim (S_1 \cap S_2) = \dim S_1 + \dim S_2 .$$

2) Del mismo modo, en el grupo aditivo $(\mathbf{Z}, +)$de los enteros; el segundo teorema de isomorfismo, aplicado a dos subespacios (a) y(b) $(a, b > 1)$, da fácilmente, designando respectivamente por d y m al m.c.d. y al m.c.m. de a y b, la bien conocida fórmula:

$$dm = ab ,$$

(se observará que el grupo cociente $(x)/(y)$, donde $x \mid y$ (*x divide a y*), tiene por orden al cociente y/x).

Aplicación. *Teorema de Zassenhaus, o teorema de los cuatro grupos.* Consideremos, en un Δ–grupo G, cuatro Δ–subgrupos A, A', B, B' tales que A' sea Δ–subgrupo *normal* de A y B' Δ–subgrupo *normal de* B:

$$(5) \qquad A' \lhd A , \qquad B' \lhd B .$$

Hagamos $A \cap B = S$.

Los Δ–subgrupos $A' \cap B = K$ y $A \cap B' = L$ son *normales en* S : $K \lhd S, L \lhd S$ (lema 1). Luego su producto es Δ–subgrupo normal de S:

$$KL = LK \lhd S .$$

A', permutable con todo elemento de A, lo es, en particular, con todo elemento de L. El producto:

$$H = A' L = A'(A \cap B')$$

es pues un Δ–subgrupo de G.

Demostremos que *H es permutable con todo elemento s de S.* Puesto que A' es permutable con todo elemento s de $S(\subseteq A)$y L es normal en S, tenemos:

$$sH = sA' L = A' sL = A' Ls = Hs .$$

Según el *segundo teorema de isomorfismo,* existe un Δ–*isomorfismo* de HS/H sobre $S/H \cap S$:

$$\alpha : \quad HS/H \rightarrowtail\!\!\!\!\twoheadrightarrow S/H \cap S .$$

O bien

y

$$HS = A' LS = A' S = A'(A \cap B)$$

$$H \cap S = A'(A \cap B') \cap A \cap B = A'(A \cap B') \cap B$$

puesto que $A'(A \cap B') \subseteq A$. Un elemento x de $H \cap S$ se escribe pues:

$$x = a'\,i = b \qquad (b \in B, a' \in A', i \in A \cap B' \subseteq B)\,.$$

Luego tenemos $a' \in B$ y $x \in (A' \cap B)(A \cap B')$ $(= KL)$.

Recíprocamente, todo elemento y de $(A' \cap B)(A \cap B')$ pertenece evidentemente a $A'(A \cap B')$ y a B. Luego $H \cap S = KL$ y el isomorfismo α se escribe:

$$\alpha: \quad A'(A \cap B)/A'(A \cap B') \rightarrowtail\!\!\!\!\twoheadrightarrow A \cap B/(A' \cap B)(A \cap B')\,.$$

Si se cambian los dos pares (A', A), (B', B), el segundo cociente no cambia y el primero se convierte en $B'(A \cap B)/B'(A' \cap B)$; luego tenemos un segundo Δ–isomorfismo:

$$\beta: \quad B'(A \cap B)/B'(A' \cap B) \rightarrowtail\!\!\!\!\twoheadrightarrow A \cap B/(A' \cap B)(A \cap B')$$

y, finalmente, el Δ–isomorfismo $\varphi = \beta^{-1} \circ \alpha$:

(6) $$\varphi: \quad A'(A \cap B)/A'(A \cap B') \rightarrowtail\!\!\!\!\twoheadrightarrow B'(A \cap B)/B'(A' \cap B)\,.$$

Enunciemos:

Teorema 3 (Zassenhaus, 1934). *Si, en un Δ–grupo G, cuatro Δ–subgrupos A, A', B, B', verifican las condiciones $A' \triangleleft A$, $B' \triangleleft B$, se tiene el Δ–isomorfismo (6).*

§ 2. *SUCESIONES NORMALES, SUCESIONES DE COMPOSICION*

a) SUCESIONES NORMALES: TEOREMA DE SCHREIER

Definiciones. *Una sucesión normal* de un Δ–grupo G es una sucesión *finita, estrictamente decreciente,* de Δ–subgrupos G_i, comenzando por $G = G_0$, terminando por $E = (e) = G_k$:

$$G = G_0 \supset G_1 \supset \cdots \supset G_{i-1} \supset G_i \supset \cdots \supset G_k = E$$

y tal que G_i sea *subgrupo normal* de G_{i-1} $(i = 1, \ldots, k)$: $G_i \triangleleft G_{i-1}$.

El entero k es la *longitud* de la sucesión; los grupos cocientes G_{i-1}/G_i son los *factores* de la sucesión.

Todo grupo G admite por lo menos la sucesión normal $G \supset E$, de longitud 1.

Dos sucesiones normales de G:

$$G = G_0 \supset G_1 \supset \cdots \supset G_k = E$$

$$G = G'_0 \supset G'_1 \supset \cdots \supset G'_{k'} = E$$

son *isomorfas* si tienen la *misma longitud* $:k' = k$, y si los *factores*, convenientemente asociados, son *isomorfos:*

$$G'_{j-1}/G'_j \simeq G_{i-1}/G_i\,, \qquad j = \beta(i)\,,$$

siendo β una biyección del conjunto de los índices de la primera sucesión sobre el conjunto de los índices de la segunda.

Si todos los términos de una sucesión normal (S) figuran en una sucesión normal (S'), se dice que (S') es una *subdivisión* de (S).

Teorema 1 (Schreier, 1928). *Dos sucesiones normales:*

$$G = G_0 \supset G_1 \supset \cdots \supset G_{i-1} \supset G_i \supset \cdots \supset G_k = E\,,$$
$$G = H_0 \supset G_1 \supset \cdots \supset H_{j-1} \supset H_j \supset \cdots \supset H_l = E\,,$$

de un Δ-grupo G admiten subdivisiones isomorfas.

Siendo G_i *Δ-subgrupo normal* de G_{i-1} y H_j *Δ-subgrupo normal* de H_{j-1}, para cada par de índices i y j, se cumplen las hipótesis del teorema 3 (§ 1): si consideramos los grupos

$$(1) \qquad G_{i,j} = G_i(G_{i-1} \cap H_j)\,, \qquad H_{j,i} = H_j(H_{j-1} \cap G_i)\,,$$

$G_{i,j}$ es *Δ-subgrupo normal* $G_{i,j-1}$ (para $j \geqslant 1$) y $H_{j,i}$ es *Δ-subgrupo normal* de $H_{j,i-1}$ (para $i \geqslant 1$). Por otra parte, tenemos:

$$G_{i0} = G_i\, G_{i-1} = G_{i-1}\,, \qquad G_{il} = G_i\, E = G_i\, (= G_{i+1,0})\,.$$

Además, tenemos *el isomorfismo de los grupos cocientes:*

$$(2) \qquad G_{i,j-1}/G_{ij} \rightarrowtail\!\!\!\rightarrow H_{j,i-1}/H_{ji}\,.$$

Consideremos entonces las dos sucesiones decrecientes (en sentido amplio)

$$(3) \qquad G = G_0 \supseteq G_{0,1} \supseteq \cdots \supseteq G_1 \supseteq G_{1,1} \supseteq \cdots \supseteq G_{i,j} \supseteq \cdots \supseteq G_{k,l} = E\,,$$

$$(3') \qquad G = H_0 \supseteq \cdot\cdot\cdot\cdot\cdot\cdot\cdot\cdot\cdot\cdot \supseteq H_{j,i} \supseteq \cdot\cdot\cdot\cdot\cdot\cdot\cdot\cdot\cdot \supseteq H_{l,k} = E\,;$$

tienen la misma longitud, pero no se excluye que un término sea igual al que le precede, se dice entonces que hay una « *repetición* ».

Ahora bien, la igualdad $G_{i,j} = G_{i,j-1}$ significa que el factor $G_{i,j-1}/G_{i,j}$ es de orden 1; lo mismo ocurre entonces, según (2), con el factor isomorfo $H_{j,i-1}/H_{j,i}$ lo que implica $H_{j,i} = H_{j,i-1}$. Luego las dos sucesiones (3) y (3′) tienen el *mismo número de repeticiones:* basta pues suprimir, en cada una de ellas, todo término igual a un término ya escrito para obtener dos *sucesiones normales, subdivisiones de las dos sucesiones dadas, y que son isomorfas.*

b) SUCESIONES DE COMPOSICION: TEOREMA DE JORDAN–HOLDER

Definición. *Una sucesión de composición* de un Δ–grupo G,

$$G = G_0 \supset G_1 \supset \cdots \supset G_{i-1} \supset G_i \supset \cdots \supset G_l = E,$$

es una sucesión normal que no admite otra subdivisión que ella misma; para esto es necesario y suficiente que, para cada índice i, G_i sea Δ–subgrupo normal *máximo* de G_{i-1}. Para que sea así, *es necesario y suficiente,* de acuerdo con el primer teorema de isomorfismo, que *cada factor G_{i-1}/G_i sea un Δ–grupo simple.* De ello resulta que *toda sucesión normal isomorfa a una sucesión de composición es también una sucesión de composición.*

Un grupo no admite forzosamente sucesiones de composición. Por ejemplo, un grupo monógeno infinito, $G = (a)$, no las tiene. Sea en efecto

$$G = G_0 \supset G_1 \supset \cdots \supset G_{k-1} \supset G_k = E$$

una sucesión normal de G, de longitud k: G_{k-1} es un grupo monógeno: $G_{k-1} = (a^n)$, y se puede intercalar entre G_{k-1} y $G_k = E$ el subgrupo (a^{2n}) por ejemplo. Luego la existencia de sucesiones de composición es, para un grupo, una propiedad. *Todo grupo finito admite evidentemente al menos una sucesión de composición* (se ve fácilmente que lo mismo sucede para un Δ–grupo cuyo retículo $\mathscr{S}_\Delta$ de los Δ–subgrupos verifica la condición de cadena ascendente y la condición de cadena descendente).

Teorema 2 (Teorema de Jordan–Hölder, 1869-1889). *Si un Δ–grupo G admite sucesiones de composición, dos de tales sucesiones son isomorfas.*

Este teorema es una consecuencia inmediata del teorema de Schreier (teorema 1): dos sucesiones de composición *(S)* y (S') de G son sucesiones normales, luego admiten subdivisiones isomorfas; pero no tienen otras subdivisiones que ellas mismas: *(S)* y (S') son pues isomorfas.

Si se toma un *dominio de operadores Δ que contenga al conjunto de los automorfismos interiores de G,* todos los subgrupos G_i de una sucesión normal son entonces subgrupos *normales* de G: son elementos del *retículo modular* $\mathscr{N}_\Delta$ de los Δ–subgrupos normales de G. Los teoremas de Schreier y de Jordan-Hölder son *válidos,* de hecho, *en todo retículo modular* (ver por ejemplo, para una demostración directa, nuestra Algebra Moderna, Cap. V, teorema 8). Por otra parte, estos teoremas admiten otras generalizaciones interesantes, sin hipótesis de modulismo: una de ellas, debida a Albert Chatelet, se refiere a las álgebras universales. Para una presentación general en el cuadro de la teoría de los retículos ver Marshall Hall, *The Theory of Groups,* Capítulo VIII (teniendo cuidado con algunas diferencias de terminología).

Consideremos ahora una sucesión normal (Σ) y una sucesión de composición (S): existe una subdivisión (Σ') de (Σ) isomorfa a (S), luego (Σ') es ella misma una sucesión de composición. Así, *cuando un Δ–grupo G admite sucesiones de composición, toda sucesión normal admite por lo menos una subdivisión que es una sucesión de composición.*

En particular, si N es un *Δ–subgrupo normal propio* de G, aplicando lo que precede a la sucesión normal $G \supset N \supset E$ se ve que *existe una sucesión de composición de G "que pasa por N"* (es decir, en la cual figura N).

c) CASO DE UN GRUPO QUE ADMITE UNA DESCOMPOSICION DIRECTA FINITA; GRUPOS SEMISIMPLES

Consideremos un Δ–grupo G que admite una descomposición directa finita, no trivial:

$$G = A_1 \times A_2 \times \cdots \times A_n \qquad (E \neq A_i \lhd G)\,. \tag{4}$$

Los Δ-subgrupos

$$G_i = A_{i+1} \times \cdots \times A_n$$

son normales en G, y la sucesión

$$G = G_0 \supset G_1 \supset \cdots \supset G_i \supset \cdots \supset G_n = E \tag{Σ}$$

es una *sucesión normal* de longitud n (cuyos términos, aquí, son *normales* en G). Puesto que tenemos el isomorfismo:

$$G_{i-1}/G_i = A_i \times G_i/G_i \rightarrowtail\!\!\!\!\twoheadrightarrow A_i\,, \tag{σ_i}$$

los factores de la sucesión (Σ) son isomorfos respectivamente a los factores directos A_i.

Supongamos que cada Δ–grupo A_i admite una *sucesión de composición:*

$$A_i = B_{i,0} \supset \cdots \supset B_{i,\lambda-1} \supset B_{i,\lambda} \supset \cdots \supset B_{i,l_i} = E \tag{S_i}$$

$(B_{i,\lambda} \lhd B_{i,\lambda-1})$. Sea φ_i la proyección de $G_{i-1} = A_i \times G_i$ sobre A_i : φ_i es un homomorfismo suprayectivo de núcleo G_i. *Hagamos*

$$H_{i,\lambda} = \varphi_i^{-1}(B_{i,\lambda}) \qquad (\lambda = 0, \ldots, l_i)$$

y formemos la sucesión

$$G_{i-1} = H_{i,0} \supset \cdots \supset H_{i,\lambda-1} \supset H_{i,\lambda} \supset \cdots \supset H_{i,l_i} = G_i\,. \tag{Σ_i'}$$

Según el primer teorema de isomorfismo (aplicado a la restricción de φ_i a $B_{i,\lambda-1}$), la inclusión $H_{i,\lambda-1} \supset H_{i,\lambda}$ es *estricta,* el Δ–subgrupo $H_{i,\lambda}$ es normal en $H_{i,\lambda-1}$ y tenemos un isomorfismo

$$B_{i,\lambda-1}/B_{i,\lambda} \rightarrowtail\!\!\!\twoheadrightarrow H_{i,\lambda-1}/H_{i,\lambda}$$

Como el primer miembro es simple, lo mismo ocurre con el segundo. Luego, poniendo extremo con extremo estas sucesiones (Σ_i'), obtenemos una sucesión de composición (Σ') de G cuya longitud es

$$l = \sum_{i=1}^{n} l_i$$

En particular, *si los A_i son simples, $l_i = 1$, la sucesión (Σ) es también una sucesión de composición de longitud n.*

Definición. Un grupo G compuesto directo de n grupos simples recibe el nombre de *semisimple.*

Según lo que antecede, el número n de factores directos simples es un invariante asociado a G, puesto que es la longitud de una sucesión de composición (este resultado es también una consecuencia del teorema de Krull-Schmidt, puesto que todo grupo simple es, evidentemente, indescomponible).

Teorema 3. *Sea G un Δ–grupo semisimple:*

$$G = A_1 \times A_2 \times \cdots \times A_n \qquad (A_i \text{ simples})$$

y S un Δ–subgrupo normal de G; S es factor directo en una descomposición directa de G cuyos otros factores son ciertos A_i; además, el mismo S es semisimple.

G admite, como acabamos de ver, una sucesión de composición de longitud n; y existe *una sucesión de composición de G que pasa por S.* La parte de esta sucesión que va de S a E

$$S = S_0 \supset S_1 \supset \cdots \supset S_l = E$$

es una *sucesión de composición* de S, de longitud L. Consideremos los productos:

$$\begin{aligned} G = SG = SA_1 \ldots A_n &= P_0 \\ P_1 &= SA_1 \ldots A_{n-1} \\ &\cdots\cdots \\ P_k &= SA_1 \ldots A_{n-k} \\ &\cdots\cdots \\ P_n &= S\,. \end{aligned}$$

Forman una *sucesión decreciente* puesto que $P_k = P_{k+1} A_{n-k} \supseteq P_{k+1}$. Cada uno de estos grupos es Δ–subgrupo normal de G. La intersección $P_{k+1} \cap A_{n-k}$ es un Δ–subgrupo normal de A_{n-k}, o bien A_{n-k} es simple: *luego esta intersección es* A_{n-k} o E. *En el primer caso, tenemos:*

$$A_{n-k} = P_{k+1} \cap A_{n-k} \subseteq P_{k+1}$$

y en consecuencia $P_k = P_{k+1} A_{n-k} = P_{k+1}$: suprimamos entonces el grupo A_{n-k} en $G = SA_1 \ldots A_n$.

En el segundo caso, $P_{k+1} \cap A_{n-k} = E$, P_k admite la *descomposición directa* $P_k = P_{k+1} \times A_{n-k}$: entonces, conservemos el factor A_{n-k} en el producto $G = SA_1 \ldots A_n$.

Operando así progresivamente, obtenemos, designando por $A_{i_1}, \ldots, A_{i_r}$ a los factores A_i conservados, una *descomposición directa* de G, con *S como primer factor*

$$G = S \times A_{i_1} \times \cdots \times A_{i_r} .$$

A esta descomposición y a la sucesión de composición (5) de S, está asociada la sucesión de composición de G:

$$G = S \times A_{i_1} \times \cdots \times A_{i_r} \supset \cdots \supset S \times A_{i_1} \supset S \supset S_1 \supset \cdots \supset S_l = E ,$$

de longitud $l + r = n$; tenemos pues:

$$r = n - l .$$

Además, tenemos los Δ–isomorfismos

$$S \rightarrowtail\!\!\!\!\rightarrow G/A_{i_1} \times \cdots \times A_{i_r} \rightarrowtail\!\!\!\!\rightarrow A_{j_1} \times \cdots \times A_{j_{n-r}} ,$$

donde $\{ j_1, \ldots, j_{n-r} \}$ es el complementario de $\{ i_1, \ldots, i_r \}$ en $\{ 1, 2, \ldots, n \}$. El Δ–grupo $A_{j_1} \times \cdots \times A_{j_{n-r}}$ es *semisimple;* S, que le es isomorfo en un Δ–isomorfismo, también lo es.

d) GRUPOS RESOLUBLES

Las aplicaciones del teorema de Jordan-Hölder a la resolución de ecuaciones algebraicas (Teoría de Galois) están ligadas a la noción de *grupo resoluble*, muy importante también en la teoría de grupos abstractos.

Definición. Un Δ–grupo G se dice que es *resoluble* si admite una sucesión *normal*

$$(\Sigma) \qquad G = G_0 \supset G_1 \supset \cdots \supset G_{i-1} \supset G_i \supset \cdots \supset G_l = E , \qquad (G_i \lhd G_{i-1}) ,$$

cuyos *cocientes* G_{i-1}/G_i son *abelianos*.

Entonces, toda *subdivisión* de Σ,

$$(\Sigma_1) \qquad G = G_0 \supset \cdots \supset G_{i-1} \supset \cdots \supset G'_{i,\lambda-1} \supset G'_{i,\lambda} \supset \cdots \supset G_i \supset \cdots \supset E ,$$

tiene la misma propiedad. En efecto, G_i es Δ–subgrupo normal de $G'_{i,\lambda-1}$: consideremos pues el homomorfismo suprayectivo canónico de $G'_{i,\lambda-1}$ sobre $G'_{i,\lambda-1}/G_i$ y apliquemos el primer teorema de isomorfismo, tenemos:

$$(5) \qquad G'_{i,\lambda-1}/G'_{i,\lambda} \rightarrowtail\!\!\!\!\rightarrow G'_{i,\lambda-1}/G_i/G'_{i,\lambda}/G_i \ ;$$

para todo índice λ ; $G'_{i,\lambda}/G_i$, subgrupo de G_{i-1}/G_i, es abeliano; luego el segundo miembro de (5) es abeliano y lo mismo ocurre con el primero.

En particular, si un Δ–grupo G es *resoluble* y si admite una *sucesión de composición,* toda sucesión de composición S de G es isomorfa a una subdivisión de la sucesión normal Σ (con cocientes abelianos), luego los cocientes de S son abelianos.

Teorema 4. *La imagen $G' = \varphi(G)$ de un Δ–grupo resoluble G dada por un Δ–homomorfismo φ, es resoluble.*

El teorema es evidente si φ es un isomorfismo o si G' se reduce a un elemento. En el caso general, sea N el *núcleo* de φ. *La sucesión* Σ y la sucesión normal

$$\Sigma_N \qquad G \supset N \supset E$$

admiten subdivisiones isomorfas, cuyos grupos cocientes son abelianos. Sea

$$\Sigma'_N \qquad G = G_0^* \supset G_1^* \supset \cdots \supset G_\lambda^* = N \supset \cdots \supset E$$

la subdivisión en cuestión de Σ_N. La parte de Σ'_N comprendida entre G y N es transformada por el homomorfismo φ en

$$G' \supset G'_1 \supset \cdots \supset G'_\lambda = (e')$$

(e', elemento unidad de G'). Esta sucesión, según el primer teorema de isomorfismo, es estrictamente decreciente y normal (la restricción de φ a G^*_{k-1} asocia a G^*_k, normal en G^*_{k-1}, un subgrupo G'_k que es normal en $\varphi(G^*_{k-1}) = G'_{k-1}$). Además, tenemos el isomorfismo

$$G'_{k-1}/G'_k \rightarrowtail\!\!\!\!\rightarrow G^*_{k-1}/G^*_k \ ;$$

y como el segundo miembro es abeliano, lo mismo sucede con el primero.

Teorema 5. *Todo Δ–subgrupo H de un Δ–grupo resoluble G es resoluble.*

Sea de nuevo

$$(\Sigma) \qquad G = G_0 \supset G_1 \supset \cdots \supset G_{i-1} \supset G_i \supset \cdots \supset G_l = E$$

una sucesión normal de G tal que los grupos cocientes G_{i-1}/G_i sean abelianos. La intersección $H_i = H \cap G_i$ es Δ–subgrupo normal de $H_{i-1} = H \cap G_{i-1}$ (§ 1, b), lema 1). La sucesión

$$(\sigma) \qquad H = H_0 \supseteq \cdots \supseteq H_{i-1} \supseteq H_i \supseteq \cdots \supseteq H_l = E$$

es pues, excepto en lo que respecta a eventuales repeticiones, una sucesión normal de H. Además, $H_{i-1}\, G_i$ es un Δ-subgrupo de G_{i-1}. G_i es un Δ-subgrupo normal suyo y, de acuerdo con el segundo teorema de isomorfismo, tenemos el Δ-isomorfismo:

$$H_{i-1}\, G_i/G_i \twoheadrightarrow H_{i-1}/(H_{i-1} \cap G_i) = H_{i-1}/H_i$$

puesto que $H_{i-1} \cap G_i = H \cap G_{i-1} \cap G_i = H \cap G_i = H_i$. Ahora bien, $H_{i-1}\, G_i/G_i$ es abeliano (como subgrupo de G_{i-1}/G_i que es abeliano por hipótesis). Los cocientes H_{i-1}/H_i son pues abelianos y el Δ-grupo H es resoluble.

Casos particulares

1) Supongamos Δ reducido al operador idéntico. Si *el grupo* (ordinario) *G es resoluble y si admite una sucesión de composición, los cocientes de esta sucesión son grupos abelianos simples,* es decir, *sin subgrupos propios,* luego *cíclicos y de órdenes primos.* G es de orden finito N igual al producto $p_1, p_2, \ldots, p_l$ de los órdenes p_i de los cocientes G_{i-1}/G_i (los p_i no son necesariamente distintos).

Recíprocamente, todo grupo que admite una sucesión de composición cuyos cocientes son cíclicos de orden primo es evidentemente resoluble. Según el teorema de Sylow (Capítulo II, § 1, teorema 5 y § 2, teorema 12), es el caso referente a un *grupo de orden* p^α : tal grupo es pues *resoluble* lo que volverêmos a encontrar de otro modo.

2) Sea G un grupo, $C = C_1$ su centro, π_1 el homomorfismo canónico de G sobre G/C_1. El centro C_1' de G/C_1 tiene por imagen recíproca $\pi_1^{-1}(C_1')$ un subgrupo normal C_2 de G que contiene a $C_1 = \operatorname{Ker} \pi_1$; tenemos el isomorfismo $C_2/C_1 \rightarrowtail\!\!\!\twoheadrightarrow C_1'$, C_2/C_1 es *abeliano.* Se continúa el razonamiento y obtenemos una sucesión de subgrupos normales:

$$E \subseteq C_1 \subseteq C_2 \subseteq \cdots \subseteq G,$$

creciente (en sentido amplio), cuyos cocientes C_i/C_{i-1} son *abelianos.* Esta sucesión recibe el nombre de *sucesión central ascendente* (o inferior). *Si existe un entero k tal que* $C_k = G$, *G es resoluble.*

La circunstancia precedente se presenta para un grupo p-primario: $O(G) = p^\alpha$. En efecto, en este caso o bien G es abeliano ($k = 1$), luego resoluble, o bien su centro C_1 es *subgrupo propio* de G (Capítulo II, § 1, teorema 3) y entonces G/C_1 es de orden p^{α_1} : $\alpha_1 < \alpha$ (e incluso $1 < \alpha_1 < \alpha$, Capítulo I, § 3, teorema 10). La sucesión ascendente es pues estrictamente creciente, alcanza necesariamente G y volvemos a hallar que *todo grupo de orden* p^α *(p primo) es resoluble.*

Citemos finalmente un bello resultado: *todo grupo G de orden $p_1^{\alpha_1} p_2^{\alpha_2}$ (p_i primos) es resoluble* (Burnside, *Theory of Groups of Finite Order,* Cambridge Univ. 2a. ed. 1911). También se debe a Burnside la "conjetura": *Todo grupo finito de orden impar es resoluble.* Hasta 1961 no ha sido demostrada esta proposición por Feit y Thompson, recurriendo a medios muy poderosos.

EJERCICIOS

1. a) ¿Cuántos subgrupos diferentes admite el grupo cíclico C de orden 24? ¿Es distributivo el retículo de los subgrupos de C?

b) ¿Cuántas sucesiones de composición diferentes admite este grupo C? ¿Cuáles son los subgrupos propios de C por los cuales pasa una sola sucesión de composición? ¿Cuáles son aquéllos por los cuales pasa el mayor número de sucesiones de composición?

2. Sea G el producto directo $A \times Q$, donde A es el grupo cíclico de orden 3 (que se denotará multiplicativamente) y Q el grupo de los cuaternios (ver Capítulo I, ejercicio 8). ¿Cuál es el centro de G? ¿Es resoluble G?

3. Sea E el conjunto $\{-1, 0, +1\}$, parte estable del anillo $\mathbf{Z}$ de los enteros para la multiplicación. Se considera el conjunto $\mathscr{F}$ de las aplicaciones φ, ψ, ... de E en E, dotado de la multiplicación definida por:

$$(\forall x \in E) \qquad (\varphi\psi)(x) = \varphi(x)\,\psi(x)\,.$$

a) Determinar los idempotentes de $\mathscr{F}$; ¿cuál es su número?

b) Demostrar que, para cada idempotente f de $\mathscr{F}$, existe un grupo mayor $G_f \subseteq \mathscr{F}$ que tiene a f como elemento neutro.

c) ¿Cuál es el orden de G_f cuando f es idempotente primitivo?

d) Demostrar que el conjunto ordenado F de los idempotentes de $\mathscr{F}$ (ver Capítulo IV, § 1) admite un elemento máximo e. ¿Cuál es la longitud de las sucesiones de composición del grupo G_e ?

La misma pregunta reemplazando la familia $\mathscr{F}$ por la familia $\mathscr{F}_n$ de las aplicaciones de un conjunto finito M, de cardinal n, en el conjunto E.

4. Se considera un Δ–endomorfismo $h : G \longrightarrow G'$ de un Δ–grupo G en un Δ–grupo G'; sea N el núcleo de h.

a) Se considera un subgrupo A de G y un subgrupo B de A. Dar una condición necesaria y suficiente para que las imágenes $h(A)$, $h(B)$ coincidan. Verificar que, si B contiene a la intersección $N \cap A$ y es distinto de A, $h(B)$ es distinto de $h(A)$.

b) Si B es normal en A, $h(B)$ es normal en $h(A)$. Si G admite una sucesión normal de longitud l, ¿qué puede decirse de su imagen $h(G)$?

c) Si G admite una *sucesión de composición*

$$(\Sigma) \qquad G = G_0 \rhd G_1 \rhd \cdots \rhd G_l = E$$

y si se tiene $G_i \supseteq N \cap G_{i-1}$ $(i = 1, \ldots, l)$, $h(G)$ admite una sucesión de composición de la misma longitud.

5. Demostrar que, para $n > 4$, el grupo alternado A_n es simple y que, en consecuencia, el grupo simétrico $\mathscr{S}_n$ no es resoluble. (En primer lugar podrá establecerse que, si un subgrupo normal N de $\mathscr{A}_n$ contiene a un ciclo de orden 3, se tiene $N = \mathscr{A}_n$, y después que, si una permutación $\tau \in N$ deja fijo al mayor número posible de elementos, los ciclos (de orden > 1) en los cuales se descompone son todos del mismo orden, y finalmente que τ es necesariamente un ciclo de orden 3).

6. *a)* Se consideran dos sucesiones finitas estrictamente decrecientes de Δ-subgrupos de un Δ-grupo G:

$$(S_T) \qquad \begin{array}{l} G \supset A_1 \supset A_2 \supset \cdots \supset A_k = A \\ G \supset B_1 \supset B_2 \supset \cdots \supset B_l = B, \end{array}$$

en las cuales cada grupo es Δ–subgrupo *normal* del precedente. Demostrar que existe una sucesión análoga que va de G a $A \cap B$.

b) Se consideran las dos sucesiones particulares

$$\begin{array}{l} G \supset A_1 \supset A_2 \\ G \supset B_1 \supset B_2 \end{array}$$

en las cuales suponemos ahora que cada grupo es *Δ–subgrupo normal máximo* del precedente. Suponiendo $A_1 \neq B_1$, demostrar que $A_1 \cap B_1$ es Δ–subgrupo normal máximo de A_1 (o de B_1).

Se supone $A_1 \cap B_1 \neq A_2$; demostrar que $A_2 \cap B_1$ es subgrupo normal máximo de A_2 y de $A_1 \cap B_1$.

c) Deducir de lo anterior que, si se tienen dos sucesiones finitas estrictamente decrecientes S y T de Δ–subgrupos de G en las cuales cada grupo es Δ–subgrupo normal *máximo* del precedente, existe una sucesión análoga que va de G a $A \cap B$.

d) Con las mismas hipótesis que en *c*), establecer la propiedad análoga para la unión completa $A \vee B$ (puede razonarse por recurrencia sobre los enteros k y l).

NB Los resultados anteriores de deben a H. Wielandt (1939). Puede consultarse Marshall Hall, *The Theory of Groups* (teorema 8.6.2. p. 132).

7. Sea G un grupo de orden $2p^\alpha$, donde p es un número primo impar y α un entero $\geqslant 1$.

a) Demostrar que G admite por lo menos una descomposición semidirecta $G = NS$ donde el subgrupo S es de orden 2.

b) Demostrar que los elementos de G que son involutivos forman una clase de conjugación y que su número es una potencia de p, p^λ $(0 \leqslant \lambda \leqslant \alpha)$. ¿Cuáles son estos elementos en el caso del grupo simétrico $\mathscr{S}_3$?

c) Formar una sucesión de composición de G y demostrar que C es resoluble. ¿Tiene alguna propiedad más fuerte?

d) Se supone que la descomposición $G = NS$ de *a*) es *directa*. Si además se tiene $\alpha = 2$, es abeliano. ¿Qué propiedad tiene G si $\alpha = 1$?

capítulo VI

Representaciones lineales de los grupos finitos y de las álgebras de dimensión finita

§ 1. *ÁLGEBRAS, ÁLGEBRAS ASOCIATIVAS*

Consideremos un cuerpo conmutativo K. Sea A un espacio vectorial, por ejemplo por la derecha, sobre K. Se dice que A es un *álgebra* por la derecha sobre K si además A está dotado de una *ley de composición interna* $\top$, que satisface las dos condiciones siguientes:

1) esta ley es *distributiva* con respecto a la adición:

(1) $$(\forall a, a', x \in A) \qquad (a + a') \top x = (a \top x) + (a' \top x)$$
$$x \top (a + a') = (x \top a) + (x \top a')\ ;$$

en notación multiplicativa, esta doble condición se escribe:

(1′) $$(a + a')x = ax + a'x$$
$$x(a + a') = xa + xa'\ ;$$

2) con relación a la ley externa $A \times K \longrightarrow A$ (denotada multiplicativamente), se tiene *la propiedad de asociatividad mixta* ([1]):

(2) $$(\forall \alpha \in K) \quad (\forall x, y \in A) \qquad (x\alpha) \top y = (x \top y)\alpha = x \top (y\alpha)\ ,$$

[1] Puesto que A es un espacio vectorial sobre K, tenemos ya

$$(\forall \alpha, \beta \in K)\ , \quad (\forall x \in A)\ , \qquad (x\alpha)\beta = x(\alpha\beta)\ .$$

lo que se escribe, en notación multiplicativa:

$$(2') \qquad (x\alpha)\, y = (xy)\, \alpha = x(y\alpha)$$

e implica, con esta notación:

$$(2'') \qquad (x\alpha)\,(y\beta) = (xy)\,(\alpha\beta) \qquad (\alpha, \beta \in K)\,.$$

Si la ley de composición interna $\top$ del álgebra es *asociativa,* se dice que el álgebra es *asociativa.* En este caso, se emplea muy generalmente la *notación multiplicativa.*

Esta multiplicación puede definirse de la siguiente forma. Demos una *base* $(a_\lambda)_{\lambda \in \Lambda}$ del espacio vectorial A, así como los productos de los elementos de base dos a dos, en la forma

$$a_\lambda\, a_\mu = \sum_\nu{}' a_\nu\, c_{\lambda\mu\nu}$$

donde el sumatorio $\sum\limits_\nu{}'$ se extiende a una *parte finita* de Λ (lo que indica el acento); los $c_{\lambda\mu\nu}$ son los elementos del cuerpo K llamados *constantes de estructura.* Si

$$x = \sum_\lambda{}' a_\lambda\, \alpha_\lambda \qquad \text{y} \qquad y = \sum_\mu{}' a_\mu\, \beta_\mu$$

son dos elementos cualesquiera de A, se tiene, según (1′) y (2″),

$$\begin{aligned} xy &= \left(\sum_\lambda{}' a_\lambda\, \alpha_\lambda\right)\left(\sum_\mu{}' a_\mu\, \beta_\mu\right) = \sum_\lambda{}' \sum_\mu{}' a_\lambda\, a_\mu\, \alpha_\lambda\, \beta_\mu \\ &= \sum_\lambda{}' \sum_\mu{}' \sum_\nu{}' a_\nu\, c_{\lambda\mu\nu}\, \alpha_\lambda\, \beta_\mu\,. \end{aligned}$$

La asociatividad se traduce por condiciones referentes a las constantes de estructura.

Ejemplos. 1) Sea E un espacio vectorial sobre un cuerpo (conmutativo) K: el conjunto A de sus endomorfismos es también un espacio vectorial sobre K. Además, como el conjunto de los endomorfismos de todo Δ–grupo *abeliano,* A es un Δ–anillo (véase Capítulo IV, § 1, *b*); se cumplen las condiciones (1′) y (2′); aquí $\Delta = K$). Así:

El conjunto A de los endomorfismos de un espacio vectorial E sobre un cuerpo K es un álgebra asociativa sobre K.

Lo mismo sucede con el anillo K_n de las matrices cuadradas de tipo $n \times n$ sobre K (es decir, con elementos a_{ij} pertenecientes a K), puesto que K_n es isomorfo al anillo de los endomorfismos de un espacio vectorial de dimensión n sobre K. Observemos que K_n es de dimensión n^2, por ser espacio vectorial sobre K.

2) Ejemplo de álgebra *no asociativa.* En el *espacio vectorial* K_n de las matrices $n \times n$ sobre K ($n > 1$), consideremos la ley de composición $\top$ definida (a partir de la multiplicación habitual por:

$$A \top B = AB - BA .$$

Es evidente que se verifican las condiciones (1) y (2); en el álgebra así obtenida, tenemos las dos reglas fundamentales de cálculo:

(3) $$(A \top B) + (B \top A) = 0 \qquad \text{(antisimetría)}$$
y
(4) $$A \top (B \top C) + B \top (C \top A) + C \top (A \top B) = 0$$

(relación de Jacobi). En efecto, el primer miembro de (4) se escribe:

$$A(BC - CB) - (BC - CB)A + B(CA - AC) - (CA - AC)B$$
$$+ C(AB - BA) - (AB - BA)C = 0$$

y se ve por ejemplo que los cuatro términos que comienzan por A desaparecen.

Si tuviéramos $A \top (B \top C) = (A \top B) \top C$ (asociatividad), (4) implicaría, teniendo en cuenta (3):

$$B \top (C \top A) = 0$$

es decir que B conmutaría con $CA - AC$, lo que, en general, no tiene lugar. (Para

$$n = 2,\ K = \mathbf{Q},\ A = \begin{pmatrix} 0 & 1 \\ 0 & 0 \end{pmatrix},\ B = C = \begin{pmatrix} 0 & 0 \\ 0 & 1 \end{pmatrix},$$ se tiene por ejemplo:

$$AC = \begin{pmatrix} 0 & 1 \\ 0 & 0 \end{pmatrix} = A, \qquad CA = \begin{pmatrix} 0 & 0 \\ 0 & 0 \end{pmatrix}$$

$$C \top A = -A,\quad B \top (C \top A) = C \top (-A) = A \neq 0 .)$$

Luego este álgebra *no es asociativa.* Las álgebras que poseen las propiedades (3) y (4) son importantes; se les llama *álgebras de Lie* (en honor del matemático noruego Sophus Lie).

Las álgebras que vamos a estudiar a continuación serán todas ellas álgebras *asociativas:* generalmente, daremos por sobreentendida la palabra asociativas. Vamos a ver que a cada grupo G están asociadas tales álgebras.

Definición. Dado un grupo G y un cuerpo K, se llama *álgebra de G sobre K* a un espacio vectorial (por ejemplo, por la derecha) sobre K que admite una *base* B imagen de G por una *biyección* β tal que

$$(\forall g, g' \in G) \qquad \beta(g)\,\beta(g') = \beta(gg')$$

lo que hace de $B = \beta(G)$ *un grupo (multiplicativo) isomorfo a G*

Tal álgebra puede *construirse* de la siguiente forma.

Consideremos las aplicaciones f del grupo G en el cuerpo K; llamemos *soporte* de f al conjunto

$$S_f = \{ x, x \in G ; f(x) \neq 0 \} .$$

Sea A el conjunto de las aplicaciones f que son de *soporte finito* o *vacío:* la única aplicación de soporte *vacío* es la *aplicación nula* $\theta : \theta(x) = 0 \ (\forall x \in G)$.

Definimos la *suma* de dos aplicaciones f, g poniendo:

$$(\forall x \in G) \qquad (f + g)(x) = f(x) + g(x)$$

(puesto que $S_{f+g} \subseteq S_f \cup S_g$, A es estable para la adición). El producto $f\alpha$ de f por un *escalar* α (es decir, un elemento α de K) está definido por:

$$(f\alpha)(x) = f(x).\alpha$$

($f \in A$ implica $f\alpha \in A$). Por tanto A es un espacio vectorial (por la derecha) sobre K.

Definamos ahora el *producto* $p = fg$ de dos elementos f, g de A poniendo:

$$(\forall x \in G) \qquad p(x) = \sum_{rs=x} f(r)\, g(s) ,$$

donde el símbolo $\sum\limits_{rs=x}$ significa que la suma (efectuada en K) se extiende al conjunto de los pares (r, s) de elementos r, s de G tales que $rs = x$, $f(r) \neq 0$ (es decir, $r \in S_f$) y $g(s) \neq 0$ ($s \in S_g$) este conjunto es finito o vacío; el conjunto S_p de las x tales que $p(x)$ no sea nulo, también lo es, y por tanto, tenemos $p \in A$.

La multiplicación así definida es *asociativa* pues $(fg)h$ es la aplicación q definida por

$$q(y) = \sum_{xt=y} p(x)\, h(t) = \sum_{rst=y} f(r)\, g(s)\, h(t)$$

y es evidente que $f(gh)$ es también esta última aplicación.

Entre los elementos de A, consideremos las aplicaciones $\bar{g}$ definidas a partir de los elementos g de G por

$$\bar{g}(x) = \begin{cases} \varepsilon \text{ (elemento unidad de } K) & \text{si} \quad x = g \\ 0 \text{ (cero de } K) & \text{si} \quad x \neq g . \end{cases}$$

Hagamos:

$$B = \{ \bar{g} ; g \in G \} \qquad (B \subseteq A) ;$$

B se deduce de G por la biyección β definida por: $\beta(g) = \bar{g}$. El producto $\bar{g}\bar{h} = p$ está definido por:

$$(\forall x \in G) \qquad p(x) = \sum_{rs=x} \bar{g}(r)\, \bar{h}(s) ;$$

como el soporte de g se reduce a$\{ g \}$ y el de $\overline{h}$ a$\{ h \}$, el soporte de p es$\{ gh \}$ y tenemos:

$$p(x) = \begin{cases} \varepsilon & \text{para} \quad x = gh \\ 0 & \text{para} \quad x \neq gh \, , \end{cases}$$

luego

$$p = \overline{gh} \, ,$$

es decir:

$$\beta(g)\, \beta(h) = \beta(gh) \, .$$

Así pues, β es un *isomorfismo* de G sobre B.

Finalmente, sea f un elemento cualquiera de A y $\{ a_1, \ldots, a_n \}$ su soporte, no vacío si $f \neq \theta$. Hagamos:

$$f(a_i) = \alpha_i \ (\in K) \, .$$

Tenemos:

$$(\forall x \in G) \qquad f(x) = \sum_{i=1}^{n} \overline{a}_i(x)\, \alpha_i$$

luego, en A,

$$f = \sum_{i=1}^{n} \overline{a}_i\, \alpha_i \qquad (\alpha_i \in K, \overline{a}_i \in B) \, .$$

luego B es un *sistema generador* del espacio vectorial A.

Es también una *familia libre* y, por tanto, una *base,* puesto que

$$\overline{a}_1(x)\, \lambda_1 + \cdots + \overline{a}_n(x)\, \lambda_n = \theta \qquad (\lambda_i \in K)$$

implica (tomando $x = a_i$), $\lambda_i = 0$.

Luego este álgebra A es *álgebra del grupo G sobre K.* Resulta cómodo identificar los elementos g de G y sus imágenes $\overline{g}$ en B.

§ 2. *REPRESENTACIONES LINEALES; CONCEPTOS GENERALES*

Consideremos un *cuerpo* conmutativo Δ, un *espacio vectorial* por la derecha E sobre Δ y el Δ–anillo $\mathscr{R}$ de los endomorfismos de E : $\mathscr{R} = \operatorname{End}(E)$.

Una *representación (lineal)* ρ *de un anillo A* es un *homomorfismo de A en* $\mathscr{R}$, luego una aplicación

$$\rho : A \longrightarrow \mathscr{R} = \operatorname{End}(E)$$

tal que:

(1) $(\forall a, b \in A)$, $\rho(a + b) = \rho(a) + \rho(b)$,

(1′) $\rho(ab) = \rho(a) \circ \rho(b)$.

La *dimensión de E* es el *grado* de la representación.

Si A es un *Δ–anillo,* en particular si A es un *álgebra* sobre el cuerpo Δ, se impone además a ρ que sea un *Δ–homomorfismo:*

(2) $(\forall x \in A)\,(\forall \alpha \in \Delta)$, $\rho(x\alpha) = \rho(x).\alpha$.

Si el homomorfismo ρ es *inyectivo,* la representación se dice que es *fiel.*

Para todo elemento a de A y todo elemento (o "vector") v de E, hagamos:

(3) $av = \rho(a)\,(v)$,

imagen del vector v por el endomorfismo $\rho(a)$, de E, asociado a a. Definimos así una *ley externa* $A \times E \longrightarrow E$. Puesto que $\rho(a)$ es un *endomorfismo* de E, tenemos:

$$a(v + v') = \rho(a)\,(v + v') = \rho(a)\,(v) + \rho(a)\,(v') = av + av',$$

$$(\forall \alpha \in \Delta), \qquad a(v\alpha) = \rho(a)\,(v\alpha) = [\rho(a)\,(v)]\,\alpha = (av)\,\alpha .$$

Igualmente, puesto que ρ es un homomorfismo de anillos de A en $\mathcal{R}$, tenemos:

$$(a + a')\,v = \rho(a + a')\,(v) = [\rho(a) + \rho(a')]\,(v)$$
$$= \rho(a)\,(v) + \rho(a')\,(v) = av + a'\,v ,$$

y

$$(aa')\,v = \rho(aa')\,(v) = [\rho(a) \circ \rho(a')]\,(v) = a(a'\,v) .$$

Las propiedades

(4) $a(v + v') = av + av'$, (4′) $a(v\alpha) = (av)\,\alpha$

(5*a*) $(a + a')\,v = av + a'\,v$, (5b) $(aa')\,v = a(a'\,v)$

significan que E, definido como espacio vectorial por la derecha sobre Δ, es además un *A-módulo por la izquierda.* Este hecho se expresa diciendo que E es un *bimódulo* (por la izquierda sobre A, por la derecha sobre Δ).

Finalmente, si A es un *Δ–anillo por la derecha,* tenemos (teniendo en cuenta (2)):

$$(a\alpha)\,v = \rho(a\alpha)\,(v) = [\rho(a).\alpha]\,(v) = [\rho(a)\,(v)]\,\alpha = (av)\,\alpha :$$

(4″) $(av)\,\alpha = (a\alpha)\,v$.

Inversamente, sea $\mathfrak{M}$ un bimódulo y E el espacio vectorial por la derecha subyacente (sobre Δ): se verifican las relaciones (4), (4'), (4'') si A es un Δ-anillo, (5a), (5b). Para todo elemento a de A, la aplicación f_a de E en sí mismo definida por

$$(\forall v \in E) \qquad f_a(v) = av$$

es un endomorfismo de E (considerado como espacio vectorial sobre Δ), de acuerdo con (4) y (4'). La aplicación ρ de A en $\mathscr{R}$ = End (E) definida por

$$\rho(a) = f_a$$

es un homomorfismo de anillos según (5a) y (5b); si A es un Δ anillo, ρ es un Δ –homomorfismo según (4''): luego ρ es una *representación* de A en $\mathscr{R}$.

Así, *a toda representación ρ de A está asociado un bimódulo $\mathfrak{M}$ e inversamente, todo bimódulo $\mathfrak{M}$ proporciona una representación de A.*

Si el espacio vectorial E es de *dimensión finita n* y si $(u_1, \ldots, u_n)$ es una *base* de E, todo endomorfismo $\mu \in \mathscr{R}$ está caracterizado por una matriz M perteneciente al anillo Δ_n de las matrices $n \times n$ (o cuadradas de orden n) sobre Δ. Como Δ_n y $\mathscr{R}$ son dos anillos isomorfos, una representación ρ de A se puede también considerar como un homomorfismo de A en Δ_n : si i es el isomorfismo $\mathscr{R} \twoheadrightarrow \Delta_n$, esto equivale a reemplazar ρ por $i \circ \rho$.

Hagamos:

$$au_j = \rho(a)\,(u_j) = \sum_{i=1}^{n} u_i\,\alpha_{ij} \qquad (\alpha_{ij} \in \Delta)\,,$$

la matriz representante a es la matriz (α_{ij}) y tenemos, para un elemento cualquiera $v = \sum_{j=1}^{n} u_j\,\lambda_j$ de E $(\lambda_j \in \Delta)$:

$$av = \sum_{i=1}^{n} \sum_{j=1}^{n} u_i\,\alpha_{ij}\,\lambda_j\,.$$

Supongamos ahora (siendo cualquiera la dimensión de E), que A sea *el álgebra de un grupo G* sobre un cuerpo Δ (véase §1); los elementos de G forman una *base* de A. Sea ρ una representación de A, $\mathfrak{M}$ el bimódulo asociado, E el espacio vectorial (por la derecha), sobre Δ, subyacente a $\mathfrak{M}$. La imagen $\rho(G)$ es un grupo Γ (para la composición, $\circ$). Sea $\overline{\rho}$ el homomorfismo suprayectivo de G sobre Γ definido por $\overline{\rho}(g) = \rho(g)$ $(\forall g \in G)$. El grupo Γ está contenido en un grupo *máximo* Γ_0 de endomorfismos de E (Capítulo IV, § 1); sea j la inyección canónica $\Gamma \overset{j}{\rightarrowtail} \Gamma_0$. Además, *existe un isomorfismo i de Γ_0 sobre el grupo de los automorfismos de un subespacio S de E,* siendo S la imagen $\omega(E)$ del endomorfismo idempotente elemento neutro de Γ o de $\Gamma_0 \overset{i}{\rightarrowtail\!\!\!\!\twoheadrightarrow}$ Aut (S) = GL (S). Finalmente, tenemos el diagrama

$$G \overset{\overline{\rho}}{\twoheadrightarrow} \rho(G) = \Gamma \overset{j}{\rightarrowtail} \Gamma_0 \overset{i}{\rightarrowtail\!\!\!\!\twoheadrightarrow} \mathrm{Aut}\,(S)$$

y $\tilde{\rho} = i \circ j \circ \overline{\rho}$ es un *homomorfismo de G en el grupo de los automorfismos del espacio vectorial S.*

Si nos limitamos a la *representación de grupos,* se define pues generalmente una representación como un homomorfismo que aplica el grupo G considerado en *el grupo de los automorfismos de un espacio vectorial S,* o, lo que viene a ser lo mismo, en un grupo (multiplicativo) de matrices cuadradas inversibles (véase J.P. Serre, *Representaciones lineales de los grupos finitos,* p. 2).

Inversamente, supongamos conocido un homorfismo $\tilde{\rho}$ del grupo G en el grupo $GL(S)$ de los automorfismos de S, siendo S un espacio vectorial por la derecha sobre el cuerpo Δ. Sea A el álgebra del grupo G sobre Δ. Un elemento de A es de la forma

$$a = \sum_{\lambda}' g_\lambda \alpha_\lambda \quad (g_\lambda \in G, \alpha_\lambda \in \Delta), \qquad (\textstyle\sum' : \text{suma } \textit{finita}).$$

Asociándole el endomorfismo

$$\varphi(a) = \sum_{\lambda}' \tilde{\rho}(g_\lambda) \alpha_\lambda \in \text{End}(S) = \mathscr{R}$$

definimos una aplicación φ de A en $\mathscr{R}$ que prolonga a $\tilde{\rho}$. Además, φ es una representación de A. En efecto, si b es otro elemento de A, podemos seguir escribiendo $a = \sum_{\lambda \in \Lambda}' g_\lambda \alpha_\lambda$, $b = \sum_{\mu \in \Lambda}' g_\mu \beta_\mu$ con un mismo conjunto finito Λ; se tiene

$$\varphi(b) = \sum_{\mu \in \Lambda}' \tilde{\rho}(g_\mu) \beta_\mu .$$

Es evidente que $\varphi(a + b) = \varphi(a) + \varphi(b)$. Como

$$\varphi(ab) = \sum_{\lambda}' \sum_{\mu}' \tilde{\rho}(g_\lambda g_\mu) \alpha_\lambda \beta_\mu ,$$

tenemos:

$$\begin{aligned}\varphi(ab) &= \sum_{\lambda}' \sum_{\mu}' \tilde{\rho}(g_\lambda) \circ \tilde{\rho}(g_\mu) \alpha_\lambda \beta_\mu \\ &= \left[\sum_{\lambda} \tilde{\rho}(g_\lambda) \alpha_\lambda\right] \circ \left[\sum_{\mu}' \tilde{\rho}(g_\mu) \beta_\mu\right] = \varphi(a) \circ \varphi(b) .\end{aligned}$$

Representaciones isomorfas

Sea ρ' una representación del anillo A en otro espacio vectorial E' sobre Δ (por la derecha). Supongamos que existe un *isomorfismo i de espacios vectoriales* de E sobre E'. Se dice que ρ' es *isomorfa* a ρ (o *semejante,* o *equivalente*) si se tiene

(6) $$(\forall a \in A) \qquad i \circ \rho(a) = \rho'(a) \circ i$$

lo que significa que el diagrama

$$\begin{array}{ccc} E & \xrightarrow{\rho(a)} & E \\ {\scriptstyle i}\downarrow & & \downarrow{\scriptstyle i} \\ E' & \xrightarrow[\rho'(a)]{} & E' \end{array}$$

es *conmutativo*, para todo $a \in A$.

Observación. Si A es el álgebra de un grupo G, basta evidentemente que la relación (6) sea cierta para todo elemento g de G'.

Según (3) y la condición análoga

$$(3') \qquad av' = \rho'(a)(v'), \qquad (v' \in E')$$

que hace de E' un A–módulo por la izquierda, luego un bimódulo $\mathfrak{M}'$,(6) significa que i *es, de hecho, un isomorfismo del bimódulo* $\mathfrak{M}$ *(asociado a* ρ*) sobre el bimódulo* $\mathfrak{M}'$ *asociado a* ρ'. Aplicando en efecto los dos miembros de (6) a un elemento cualquiera v de $\mathfrak{M}$ y haciendo $i(v) = v'$, tenemos, según (3) y (3'):

$$i(av) = i[\rho(a)(v)] = [i \circ \rho(a)](v),$$

y

$$a.i(v) = av' = \rho'(a)(v') = [\rho'(a) \circ i](v),$$

de modo que la igualdad (6) equivale a

$$(6') \qquad i(av) = ai(v)$$

lo que significa que i es también un isomorfismo de A–módulos para la izquierda, luego, finalmente, de bimódulos: *dos representaciones son isomorfas si y sólo si lo son los bimódulos asociados.*

Cuando E es de *dimensión finita* n y se representan los elementos del anillo A mediante *matrices*, si se toman dos bases diferentes $(u_1, \ldots, u_n)$, $(u'_1, \ldots, u'_n)$ de E, las matrices $M(a)$, $M'(a)$ imágenes de un mismo elemento a de A son *semejantes* en el sentido habitual: $M' = PMP^{-1}$, siendo P matriz de peso (inversible). Se sigue diciendo que las *representaciones* son *semejantes* (en realidad, se trata de un *mismo endomorfismo* $\rho(a)$).

Representaciones reducibles; representaciones irreducibles

Un *subespacio* S del espacio vectorial E es *estable* para la representación ρ del anillo A si, para *todo* elemento a de A, el endomorfismo $\rho(a)$ aplica S en sí mismo

$$(7) \qquad (\forall a \in A) \qquad \rho(a)(S) \subseteq S.$$

La restricción $\bar{\rho}(a)$ de $\rho(a)$ a S es entonces un *endomorfismo* de S.

Por otra parte, la suma $\bar{\rho}(a) + \bar{\rho}(b)$ de dos de tales restricciones es también un endomorfismo de S. Puesto que tenemos

(1) $$\rho(a + b) = \rho(a) + \rho(b)$$

y puesto que la restricción a S de la suma de dos endomorfismos que dejan S estable es la suma de sus restricciones, se obtiene

$$\bar{\rho}(a + b) = \bar{\rho}(a) + \bar{\rho}(b) .$$

La aplicación σ de A *en* $\mathscr{S} = \mathrm{End}(S)$ definida por

$$\sigma(a) = \bar{\rho}(a)$$

verifica pues la condición

(1a) $$\sigma(a + b) = \sigma(a) + \sigma(b) .$$

Las mismas propiedades son válidas para la *composición* de los endomorfismos y tenemos igualmente:

(1'a) $$\sigma(ab) = \sigma(a) \circ \sigma(b) .$$

De ello resulta que σ es una *representación* de A que recibe el nombre de *subrrepresentación* de ρ.

El subespacio estable S de E está pues dotado de una estructura de *bimódulo*, $\mathfrak{N}$, *sub-bimódulo* de $\mathfrak{M}$. El espacio cociente E/S es entonces un *bimódulo* que designamos por $\mathfrak{M}/\mathfrak{N}$; luego proporciona una *representación* σ_1 de A, que se llama *representación cociente.*

Si S es subespacio *propio* de E, o $\mathfrak{N}$ submódulo *propio* de $\mathfrak{M}$, σ se llama *subrrepresentación propia de* ρ.

Una representación ρ se dice que es *reducible* o *irreducible* según admita o no subrrepresentación propia. *La representación* ρ *es irreducible si y sólo si el bimódulo asociado* $\mathfrak{M}$ *es simple.*

Suponiendo E de dimensión finita n, consideremos una base $(s_1, \ldots, s_k)$ de S y completémosla para formar una base $(s_1, \ldots, s_k, v_{k+1}, \ldots, v_n)$ de E. El endomorfismo $\rho(a)$ transforma los vectores de base s_j, v_j en :

(8)
$$\rho(a)(s_j) = s'_j = \sum_{i=1}^{k} s_i\, r_{ij}(a)$$
$$\rho(a)(v_j) = v'_j = \sum_{i=1}^{k} s_i\, q_{ij}(a) + \sum_{i=k+1}^{n} v_i\, p_{ij}(a) .$$

De aquí resulta que la matriz $M(a)$ de $\rho(a)$ es, para *todo* elemento a de G, de la forma:

$$M(a) = \begin{pmatrix} N(a) & Q(a) \\ 0 & P(a) \end{pmatrix} \tag{9}$$

donde $N(a) = (r_{ij}(a))$ es una matriz cuadrada de orden k, $P(a) = (p_{ij}(a))$ una matriz cuadrada de orden $n - k$.

Las *clases* $w_{k+1}, \ldots, w_n$ de los vectores $v_{k+1}, \ldots, v_n$ (de E) con respecto al *subespacio* S forman una base del *espacio cociente* E/S. Las fórmulas (8) implican, haciendo $\rho(a)(w_j) = w'_j$:

$$w'_j = \sum_{i=k+1}^{n} w_j p_{ij}(a) . \tag{8'}$$

La matriz cuadrada $P(a)$, de orden $n - k$, es pues la matriz asociada a la "representación cociente", representación de A en el anillo de los endomorfismos de E/S.

La dimensión n del espacio vectorial E subyacente al bimódulo $\mathfrak{M}$ es *finita,* luego existe por lo menos un subespacio S_1 ($\supseteq (0)$) estable para la representación y tal que el bimódulo $\mathfrak{N}$ correspondiente, $\mathfrak{N}_1$, sea sub-bimódulo *máximo* de $\mathfrak{M}$. Entonces, el bimódulo cociente $\mathfrak{M}/\mathfrak{N}_1$ es simple y la representación cociente σ_1 es irreducible (e inversamente). Designemos por $P_{11}(a)$ (en lugar de $P(a)$) a la matriz correspondiente.

El mismo procedimiento se aplica al espacio ρ_1 y a la representación S_1 asociada a $\mathfrak{N}_1$: si ρ_1 no es irreducible, existe un subespacio propio S_2 de S_1 estable para ρ_1 y tal que el bimódulo correspondiente $\mathfrak{N}_2$ sea máximo en $\mathfrak{N}_1$, luego tal que la representación cociente σ_2 sea irreducible. Con una base conveniente de S_1, la matriz $N_1(a)$ de $\rho_1(a)$ se presenta bajo una forma análoga a (9), quedando $P(a)$ reemplazada por la matriz $P_{22}(a)$ asociada a σ_2.

Así construimos una *sucesión de composición* del bimódulo $\mathfrak{M}$:

$$\mathfrak{M} \supset \mathfrak{N}_1 \supset \mathfrak{N}_2 \supset \cdots \supset \mathfrak{N}_l = (0) , \tag{Σ}$$

y hemos tomado una base de E tal que la matriz $M(a)$ se presenta, para *todo* elemento a de G, en la *forma reducida:*

$$M(a) = \begin{pmatrix} P_{ll}(a) & \cdots\cdots\cdots\cdots & & Q_{l1}(a) \\ \cdots & \cdots\cdots\cdots\cdots & \cdots & \cdots \\ 0 & \cdots\cdots & P_{22}(a) & Q_{21}(a) \\ 0 & \cdots\cdots & 0 & P_{11}(a) \end{pmatrix} \tag{10}$$

donde las $P_{ii}(a)$ son las matrices asociadas a las representaciones irreducibles σ_i. Según el teorema de Jordan-Hölder, *el número l, longitud de la sucesión de composición (Σ), está* *definido de manera única; los módulos cocientes* $\mathfrak{N}_{i-1}/\mathfrak{N}_i$ *están definidos excepto en lo relativo al orden y a los isomorfismos,* lo que implica que *las representaciones irreducibles* σ_i *están determinadas excepto en el orden y en los isomorfismos.*

El subespacio V, engendrado por los vectores v_j (fórmula (8)) es un suplementario cualquiera del subespacio S. Si existe tal suplementario S' que tenga la propiedad de ser *estable* por ρ o –propiedad equivalente– de poder ser dotado de una estructura de módulo por la izquierda sobre A, luego del bimódulo $\mathfrak{N}$, $\mathfrak{M}$ admite la *descomposición directa:*

$$\mathfrak{M} = \mathfrak{N} \oplus \mathfrak{N}' . \tag{11}$$

Se dice entonces que la representación ρ es *suma directa* de σ y σ', representaciones asociadas a $\mathfrak{N}$ y $\mathfrak{N}'$:

$$\rho = \sigma \oplus \sigma' .$$

El isomorfismo

$$\mathfrak{M}/\mathfrak{N} \twoheadrightarrow \mathfrak{N}'$$

implica que σ' es isomorfa a la representación cociente. Si tomamos $V=S'$, las $q_{ij}(a)$, de la fórmula (8), son nulas para todo $a \in G$ y la matriz $M(a)$ toma la forma:

$$M(a) = \begin{pmatrix} N(a) & 0 \\ 0 & P(a) \end{pmatrix} . \tag{9'}$$

De una forma más general, *si el bimódulo* $\mathfrak{M}$ *admite una descomposición directa en bimódulos simples*

$$\mathfrak{M} = \mathfrak{N}_1 \oplus \cdots \oplus \mathfrak{N}_l , \tag{11'}$$

la representación ρ *es suma directa de* l *representaciones irreducibles* $\sigma_1, \sigma_2, \ldots, \sigma_l$ *y la matriz* $M(a)$ *toma la forma (reducida):*

$$M(a) = \begin{pmatrix} P_{ll}(a) & \ldots & 0 & 0 \\ \cdots & \cdots & \cdots & \cdots \\ 0 & \ldots\ldots & P_{22}(a) & 0 \\ 0 & \ldots\ldots & 0 & P_{11}(a) \end{pmatrix}$$

donde las $P_{ii}(a)$ son las matrices de las representaciones irreducibles σ_i : se dice que la representación ρ *es completamente reducible.*

Teorema 1 (Teorema de Maschke). *Sea ρ una representación lineal de un grupo finito G en un cuerpo K tal que su característica no divida al orden de G (en particular, en un cuerpo de característica nula): ρ es completamente reducible.*

El teorema es trivial si ρ es irreducible; sea pues S un subespacio propio de E estable para la representación ρ y $\mathfrak{N}$ el bimódulo asociado: $\mathfrak{N} \subset \mathfrak{M}$ (con las mismas notaciones que anteriormente). Podemos suponer que $\mathfrak{N}$ *es simple* (o mínimo).

Consideremos un subespacio T *suplementario* de S:

$$S \oplus T = E .$$

en general, T no es estable para ρ; pero *vamos a construir un suplementario V de S que será estable para* ρ.

Sea $t \in T$; tenemos, para todo elemento a del álgebra A de G sobre K:

$$\rho(a)(t) = at = s + t' \qquad (s \in S,\ t' \in T)$$

donde t' está *determinado de manera única a partir de t*, si a es *dado*. Pongamos pues

$$t' = \varphi_a(t) \in T .$$

La aplicación φ_a de T en sí mismo es *lineal:*

$$\varphi_a(t_1 + t_2) = \varphi_a(t_1) + \varphi_a(t_2) \ ; \qquad (\forall \alpha \in K) \quad \varphi_a(t\alpha) = \varphi_a(t) . \alpha ,$$

es decir: $\varphi_a \in \operatorname{End}(T)$ y tenemos

$$at \equiv \varphi_a(t) \qquad (\operatorname{mod} S)$$

(escribiendo $x \equiv y \ (\operatorname{mod} S)$ para $x - y \in S$).

Por otra parte es evidente que, designando por $a + b$ a la suma de a y b en el álgebra A de G sobre K, tenemos

$$\varphi_{a+b} = \varphi_a + \varphi_b$$

así como:

$$(ba)\, t = b(at) = bs + bt' \qquad \text{donde} \qquad bs \in S ,$$

luego

$$(ba)\, t \equiv bt' \equiv \varphi_b(t') \qquad (\operatorname{mod} S) ,$$

es decir

$$\varphi_{ba}(t) = \varphi_b[\varphi_a(t)] \qquad \text{de donde} \qquad \varphi_{ba} = \varphi_b \circ \varphi_a .$$

En consecuencia, la aplicación que a todo elemento a de A asocia el endomorfismo φ_a de T, es *una representación de A en T.*

Igualmente tenemos

$$\sum_{a \in G} a^{-1} \varphi_a(t) \equiv \sum_{a \in G} a^{-1} at = t.O(G) \qquad (\text{mod } S).$$

Como $O(G)$ no es múltiplo de la característica de K, podemos dividir por $\epsilon(G)$ (de hecho, por $O(G).\epsilon$, siendo ϵ el elemento unidad de K): pongamos pues

$$\psi(t) = \frac{\sum_{a \in G} a^{-1} \varphi_a(t)}{O(G)}$$

Lo que precede se escribe

$$\psi(t) \equiv t \qquad (\text{mod } S),$$

y por lo tanto ψ es una aplicación *inyectiva:* $\psi(t_1) = \psi(t_2)$ implica en efecto $t_1 - t_2 \in S \cap T = (0)$.

Por otra parte, ψ es *lineal* (como cada φ_a). De ello resulta que, como t describe T, $\psi(t) = v$ describe un *subespacio* $\psi(T) = V$. La representación *única*

$$x = s + t$$

de un vector cualquiera x de $E = S \oplus T$ proporciona una representación

$$x = s_1 + \psi(t) = s_1 + v \qquad (s_1 \in S, v \in V)$$

en la cual v *está determinado de manera única* (luego también s_1). En efecto, si tenemos también $x = s'_1 + v'$, haciendo $t' = \psi^{-1}(v')$, obtenemos una relación de la forma $x = s' + t'$, lo que exige $t' = t$ de donde $v' = v$. Tenemos pues:

(12) $$E = S \oplus V.$$

Finalmente, para todo elemento g de G y todo vector $v = \psi(t) \in V$, tenemos:

$$gv = \frac{\sum_{a \in G} ga^{-1} \varphi_a(t)}{O(G)} = \frac{\sum_{a \in G} (ag^{-1})^{-1} \varphi_{ag^{-1}}[\varphi_g(t)]}{O(G)}.$$

Ahora bien, siendo g fijo y describiendo a el grupo G, ag^{-1} recorre G. Se deduce pues

$$(\forall v \in V) \qquad \rho(g)(v) = gv = \psi[\varphi_g(t)] \in \psi(T) = V$$

luego V es estable para ρ y puede ser dotado de una estructura de bimódulo $\mathscr{V}$. Tenemos para $\mathfrak{M}$ la *descomposición directa:*

(12') $$\mathfrak{M} = \mathfrak{N} \oplus \mathscr{V}.$$

Si $\mathscr{V}$ no es simple, puede considerarse de nuevo un submódulo simple de $\mathscr{V}$ y demostrar de la misma forma que es sumando directo. El razonamiento prosigue hasta que se haya obtenido una descomposición directa de $\mathfrak{M}$ en submódulos simples, lo cual tiene lugar al cabo de un número finito de operaciones, puesto que la dimensión de E es finita.

Representación regular de un álgebra o de un grupo

Sea A un *álgebra por la derecha sobre un cuerpo* Δ *:* A *es un doble módulo* $\mathfrak{M}$ *sobre* Δ, ya que la ley externa $A\times\mathfrak{M}\longrightarrow\mathfrak{M}$ coincide aquí con la multiplicación del anillo. En consecuencia, *todo submódulo es a la vez un espacio vectorial por la derecha sobre* Δ *y un ideal por la izquierda de* A, lo que llamaremos un Δ *–ideal por la izquierda de* A.

Según la teoría general, el mismo bimódulo A proporciona una representación ρ_A del anillo A en Δ; la definición de esta representación se formula así:

(13) si $a, x \in A$, $\rho_A(a)(x) = ax$ (producto en A).

En particular, si A es el álgebra de un grupo G, se tendrá:

(13′) si $a, x \in G$, $\rho_A(a)(x) = ax$ (producto en G),

y, puesto que G es una base de A, esta fórmula basta para definir, por linealidad, la representación ρ_A.

Esta representación de un álgebra o de un grupo es lo que se llama la *representación regular* de este álgebra o de este grupo. Si A es de dimensión finita n, en particular si G es de orden finito n, *la representación regular es de grado* n (las matrices $M(a)$ correspondientes son matrices $n \times n$).

La importancia fundamental de la *representación regular se debe como vamos a ver, al hecho de que contiene a todas las representaciones irreducibles* cuando el álgebra A verifica las siguientes hipótesis.

Supongamos que A *posea un elemento unidad* e *y sea suma directa finita de* Δ *–ideales por la izquierda simples:*

(14) $$A = L_1 \oplus \cdots \oplus L_k \qquad (L_i \textit{ simples}) .$$

(Esto equivale a decir que *la representación regular* ρ_A *es completamente reducible).*

Sea ρ una representación cualquiera de A, $\rho : A \longrightarrow \mathscr{R}$, donde $\mathscr{R}$ es el anillo de los endomorfismos de un espacio vectorial E (por la derecha sobre Δ); sea $\mathfrak{M}$ el bimódulo asociado a la representación ρ (E es el espacio vectorial subyacente). Suponemos que el elemento unidad e de A es *operador unidad* para $\mathfrak{M}$ y que $\mathfrak{M}$ es un *bimódulo de tipo finito,* es decir, que admite, en cuanto A-módulo, un sistema generador finito$(m_1, \ldots, m_s)$:

$$\mathfrak{M} = Am_1 + \cdots + Am_s$$

lo que se verifica siempre que E sea un espacio vectorial de dimensión finita sobre Δ, pues $E = m_1 \Delta \oplus \cdots \oplus m_s \Delta$ implica, teniendo en cuenta la fórmula (2) del § 1:

$$\mathfrak{M} = e\mathfrak{M} \subseteq A \sum_{i=1}^{s} m_i \Delta \subseteq \sum_{i=1}^{s} Am_i \Delta = \sum_{i=1}^{s} (A\Delta) m_i$$

$$= \sum_{i=1}^{s} Am_i \subseteq \mathfrak{M}$$

de donde
$$\mathfrak{M} = \sum_{i=1}^{s} Am_i.$$

Teniendo en cuenta (14), obtenemos:

$$\mathfrak{M} = \sum_{i=1}^{k} \sum_{j=1}^{s} L_i m_j, \tag{15}$$

donde los $L_i m_j$ son bimódulos (fórmula (2'), § 1).

La aplicación $f_j(x)$ de L_i sobre $L_i\, m_j$ definida por

$$f_j(x) = xm_j, \qquad (x \in L_i)$$

es visiblemente un *homomorfismo de bimódulos* cuyo núcleo es un Δ–ideal por la izquierda contenido en L_i. Puesto que L_i es simple, este núcleo es L_i, o bien (0). En el primer caso, tenemos $L_i\, m_j = (0)$: suprimimos entonces el término $L_i\, m_j$ en el segundo miembro de (15). En el segundo caso, $L_i\, m_j$ es *isomorfo* a L_i, luego es un *bimódulo simple. Así, cada término* $L_i m_j$ *no nulo en el segundo miembro de* (15) *es un bimódulo simple.*

Por otra parte, si un término $L_i\, m_j$ es sub-bimódulo de la suma de los otros, es supérfluo y lo suprimiremos en (15). Repitamos esta operación en tanto sea posible: queda una suma de bimódulos simples $L_i\, m_j$ tales que cada uno no esté contenido en la suma de los otros, luego contiene *estrictamente* a su intersección con esta suma: $L_i\, m_j$ es simple, luego esta intersección es necesariamente *nula* y la suma que subsiste en el segundo miembro de (15) es *directa* (Capítulo IV, § 3, teorema 4). Así pues, $\mathfrak{M}$ *admite una descomposición directa en un número finito de sub-bimódulos simples* $\mathfrak{M}_1, \ldots, \mathfrak{M}_l$ *y en consecuencia, la representación* ρ *es completamente reducible.* Además, toda componente irreducible ρ_λ de ρ está dotada de un bimódulo $\mathfrak{M}_\lambda = L_i\, m_j$ isomorfo al Δ–ideal por la izquierda simple L_i, luego ρ_λ *es isomorfa a la componente irreducible correspondiente de la representación regular* ρ_A.

Podemos enunciar:

Teorema 2 (Emmy Noether, 1929; véase B.L. Van der Waerden, *Algebra*, II, 5a. Ed., 1967, tomo 2, § 105: "Hauptsatz"). *Sea A una* Δ*–álgebra por la derecha, con elemento unidad e, suma directa finita de* Δ*–ideales por la izquierda simples, y* $\mathfrak{M}$ *un bimódulo que* *admite a e como operador unidad y de tipo finito sobre A (es suficiente que el espacio vectorial subyacente sea de dimensión finita). La representación ρ asociada a $\mathfrak{M}$ es completamente reducible y toda componente irreducible de ρ es isomorfa a una componente irreducible de la representación regular* ρ_A.

Examinemos ahora el caso de un *grupo finito G*. Sea A el álgebra de G sobre un cuerpo Δ cuya característica es nula o es un número primo p que no divide al orden de G. Según el teorema 1 (teorema de Maschke), toda representación ρ de A (o de G) es completamente reducible: así sucede en particular para la *representación regular* ρ_A lo que implica que A, en tanto que es módulo asociado a ρ_A, es suma directa de sub-bimódulos simples, es decir, de Δ–ideales por la izquierda simples. Además, el elemento unidad del grupo G es elemento unidad del anillo A y operador unidad. Las hipótesis del teorema 2 se cumplen pues, y podemos enunciar:

Teorema 2'. *Toda representación irreducible de un grupo finito G en un cuerpo Δ de característica 0 o de característica p que no divida al orden de G, coincide, excepto en lo que se refiere a un isomorfismo, con una componente irreducible de la representación regular.*

Corolario. *Las representaciones irreducibles no isomorfas de G en Δ son finitas en número (con las mismas hipótesis).*

Lema de Schur (1905). *Sean* ρ_i $(i = 1, 2)$ *dos representaciones irreducibles del grupo finito G en el grupo de los automorfismos de un espacio vectorial* S_i *(sobre C). Sea f un homomorfismo de* S_1 *en* S_2 *que verifique la condición*

$$(16) \qquad (\forall a \in G) \qquad \rho_2(a) \circ f = f \circ \rho_1(a) .$$

1) *Si f no es nulo,* $f \neq 0$, *f es un isomorfismo de* S_1 *sobre* S_2 *y* ρ_1, ρ_2 *son isomorfos.*

2) *Si existe un isomorfismo σ de* S_1 *sobre* S_2 *tal que:*

$$(17) \qquad (\forall a \in G) \qquad \rho_2(a) \circ \sigma = \sigma \circ \rho_1(a) ,$$

y si el cuerpo fundamental Δ es el cuerpo de los números complejos **C**, *existe un número complejo λ tal que:*

$$f = \lambda\sigma .$$

1) Demostremos que $f \neq 0$ implica que f es un *isomorfismo* de S_1 sobre S_2. Sea N el *núcleo* de f. Si $x \in N$, se tiene: $f(x) = 0$, de donde

$$(\forall a \in G) \qquad \rho_2(a)\,[f(x)] = 0$$

luego también

$$f[\rho_1(a)\,(x)] = 0 \qquad \text{es decir} \qquad \rho_1(a)\,(x) \in N .$$

En consecuencia, N es *estable* para ρ_1 (es un bimódulo). Pero, puesto que ρ_1 es *irreducible* por hipótesis, esto exige $N = S_1$ o bien $N = (0)$. $N = S_1$ significaría $f = 0$, contrariamente a la hipótesis. Tenemos pues $N = (0)$, f es *inyectivo*.

Sea ahora $T = f(S_1)(\subseteq S_2)$ *la imagen* de f, y $t = f(v), v \in S_1$, un elemento cualquiera de T. Tenemos:

$$(\forall a \in G), \qquad \rho_2(a)(t) = \rho_2(a)[f(v)] = f[\rho_1(a)(v)] \in T$$

(puesto que $\rho_1(a)(v) \in S_1$) luego T es *estable* para ρ_2, lo cual implica $T = (0)$ o S_2 puesto que ρ_2 es irreducible. El primer caso significaría $f = 0$, luego es imposible. Tenemos pues $T = S_2$ y f es *suprayectivo*.

2) Consideremos el homomorfismo f^* de S_1 en S_2 definido por

$$f^* = f - \lambda\sigma, \qquad (\lambda \in \mathbf{C}).$$

Siendo S_1 y S_2 isomorfos, luego de la misma dimensión n, tomemos como λ una raíz de la ecuación (algebraica, de grado n),

$$\det(f - \lambda\sigma) = 0 ;$$

(tal raíz existe, según el teorema de d'Alembert). Para esta elección de λ, el *núcleo* N^* de f^* es *diferente de* (0).

Por hipótesis tenemos

$$(\forall a \in G) \qquad \rho_2(a) \circ f^* = f^* \circ \rho_1(a)$$

luego, si $v \in N^*$,

$$f^*[\rho_1(a)(v)] = 0 \qquad \text{es decir} \qquad \rho_1(a)(v) \in N^* :$$

N^* es estable para ρ_1 lo que, con $N^* \neq (0)$ implica, siendo ρ_1 irreducible, $N^* = S_1$ luego $f^* = 0$ y $f = \lambda\sigma$.

Caso particular. Si S_2 y S_1 coinciden con un mismo espacio vectorial S sobre $\mathbf{C}$ y ρ_2, ρ_1 con una misma representación irreducible ρ del grupo G en Aut (S), se puede tomar como σ al automorfismo idéntico ϵ_s de S: se verifica la condición (17). En consecuencia, *un endomorfismo f de S que verifique* (16) *es de la forma*

$$f = \lambda\varepsilon_S \qquad (\lambda \in \mathbf{C}),$$

es una "homotecia de razón λ*".*

Aplicación. Con las mismas notaciones, sea Z el centro del grupo G. La imagen $\rho(z)$ de un elemento $z \in Z$ es un automorfismo que conmuta con la imagen $\rho(a)$ de un elemento cualquiera a de G: $\rho(z)$ verifica pues la condición (16) y, en consecuencia

$$\rho(z) = \lambda \varepsilon_S , \qquad (\lambda \in \mathbf{C}) .$$

Si G *es abeliano,* se tiene: $Z = G$ y todo automorfismo $\rho(g)$ es de la forma precedente: $(\forall g \in G)$, $\rho(g) = \lambda(g)\,\varepsilon_S$. Si S se refiere a una base, $\rho(g)$ tiene una *matriz escalar* (de tipo $n \times n$)

$$M(g) = \begin{pmatrix} \lambda(g) & 0 \ldots\ldots & 0 \\ 0 & \lambda(g) & \\ \ldots\ldots & \ldots\ldots & \ldots\ldots \\ 0 & \ldots\ldots\ldots & \lambda(g) \end{pmatrix}.$$

Ahora bien, esto no es compatible con la *irreductibilidad* de ρ más que si el grado n de ρ es igual a 1. Así,

Teorema 3. *Siendo el cuerpo fundamental el cuerpo de los complejos C, toda representación irreducible de un grupo abeliano es de grado 1.*

Suma directa de dos representaciones

Consideremos a priori dos representaciones ρ_1, ρ_2 de un anillo A respectivamente en los anillos $\mathscr{R}_1$, $\mathscr{R}_2$ de los endomorfismos de dos espacios vectoriales (por la derecha) E_1, E_2 sobre un mismo cuerpo Δ. Sean $\mathfrak{M}_1$, $\mathfrak{M}_2$ los bimódulos asociados a estas dos representaciones y $\mathfrak{M}$ el bimódulo *suma directa* de $\mathfrak{M}_1$ y $\mathfrak{M}$; $\mathfrak{M}_2$ define una representación P de A en el anillo $\mathscr{R}$ de los endomorfismos del espacio vectorial $E = E_1 \oplus E_2$. Se tiene, por definición, para todo vector $v = v_1 + v_2$ de E (v_i, componente de v en E_i):

$$av = av_1 + av_2$$

es decir

$$\rho(a)\,(v) = \rho_1(a)\,(v_1) + \rho_2(a)\,(v_2) .$$

Esta representación ρ es por definición la *suma directa* de las representaciones ρ_1 y ρ_2; se escribe $\rho = \rho_1 \oplus \rho_2$. La matriz $M(a)$ correspondiente, en dimensión finita, tiene la forma

$$M(a) = \begin{pmatrix} M_1(a) & 0 \\ 0 & M_2(a) \end{pmatrix};$$

esta operación es en cierto modo la inversa de la reducción.

Producto tensorial de dos representaciones

Dado un grupo finito G y dos representaciones lineales ρ_i de G en GL $(E_i) =$

Aut (E_i), $i = 1, 2$, donde E_1, E_2 son dos espacios vectoriales sobre un mismo cuerpo conmutativo Δ, consideremos el producto tensorial $E_1 \otimes E_2$ (Capítulo III, § 3, d)). Pongamos, para todo elemento g de G:

$$\rho(g)(x_1 \otimes x_2) = [\rho_1(g)(x_1)] \otimes [\rho_2(g)(x_2)] .$$

Así definimos una aplicación $\rho(g)$ de $E_1 \otimes E_2$ en sí mismo. Según la definición del producto tensorial y puesto que $\rho_i(g)$ pertenece a GL (E_i), $\rho(g)$ pertenece a GL $(E_1 \otimes E_2)$, cualquiera que sea $g \in G$. Puesto que ρ_1 y ρ_2 son representaciones, $\rho: G \longrightarrow \mathrm{GL}(E_1 \otimes E_2)$ es también una *representación lineal* de G en $E_1 \otimes E_2$: esta representación es, por definición, el *producto tensorial* (o kronekeriano, en honor del matemático Kronecker) de las dos representaciones ρ_1, ρ_2. Se escribe $\rho = \rho_1 \otimes \rho_2$.

Si $(e_1^1, \ldots, e_r^1)$ es una base de E_1 supuesta de dimensión r y $(e_1^2, \ldots, e_s^2)$ una base de E_2, supuesta de dimensión s, y si $(r_{ij}^1(a))$ es la matriz de $\rho_1(a)$, $(r_{kl}^2(a))$ la de $\rho_2(a)$, tenemos:

$$\rho^1(a)(e_\lambda^1) = \sum_\alpha r_{\alpha\lambda}^1(a)\, e_\alpha^1 , \qquad \rho^2(a) = \sum_\beta r_{\beta\mu}^2(a)\, e_\beta^2 ,$$

de donde

$$\rho(a)(e_\lambda^1 \otimes e_\mu^2) = \sum_\alpha \sum_\beta r_{\alpha\lambda}^1(a)\, r_{\beta\mu}^2(a)\, e_\alpha^1 \otimes e_\beta^2 .$$

La matriz de $\rho(a)$, cuyo orden es el producto de las dimensiones de E_1, E_2 tiene pues por elementos a los productos $r_{\alpha\lambda}^1\, r_{\beta\mu}^2$: esta matriz, es, por definición, el *producto tensorial* de la matriz de $\rho^1(a)$ por la de $\rho^2(a)$.

§ 3. *CARACTERES DE LAS REPRESENTACIONES DE UN GRUPO FINITO (SOBRE EL CUERPO DE LOS COMPLEJOS)*

Tomaremos aquí como cuerpo Δ el *cuerpo de los complejos*, $\mathbf{C}$. Sea G un grupo *finito* y ρ una representación de G en $\mathbf{C}$: consideramos ρ como un homomorfismo de G en el grupo de los *automorfismos* de un espacio vectorial por la derecha S, sobre $\mathbf{C}$.

Tomemos una base de S y, al automorfismo $\rho(a)$, asociémosle la matriz correspondiente $M(a)$, y después la *traza* de esta matriz: Tr $M(a)$

$$M(a) = (m_{ij}(a)) , \qquad \mathrm{Tr}\ M(a) = \sum_{i=1}^{n} m_{ii}(a) \in \mathbf{C} ,$$

donde n es el orden de $M(a)$, la dimensión de S y el grado de ρ. Sea χ_ρ la función definida sobre G, con valores en $\mathbf{C}$, definida así por

$$\chi_\rho(a) = \mathrm{Tr}\ M(a) .$$

Esta función χ_ρ es por definición el *caracter* de la representación ρ.

Es importante observar que la traza de una matriz M sobre el cuerpo de los complejos $\mathbf{C}$ es la *suma de sus valores propios* (contados con su multiplicidad), pues:

$$\det(M - \lambda I) = \begin{pmatrix} m_{11}-\lambda & m_{12} & \dots \\ m_{21} & m_{22}-\lambda & \dots \\ \dots & \dots & \dots \end{pmatrix}$$

$$= (-\lambda)^n + \operatorname{Tr} M(-\lambda)^{n-1} + \cdots$$

La ecuación característica es invariante en todo cambio de base, puesto que

$$\det(PMP^{-1} - \lambda I) = \det P(M - \lambda I)\, P^{-1}$$

$$= \det P . \det(M-\lambda I) . \frac{1}{\det P} = \det(M-\lambda I)$$

y lo mismo sucede con la traza y con el carácter.

Por la misma razón, *dos representaciones isomorfas* ρ *y* ρ' *tienen el mismo carácter* puesto que:

$$(\forall a \in G) \qquad \rho'(a) = i \circ \rho(a) \circ i^{-1}$$

siendo i un *isomorfismo* de E sobre E'.

Propiedades de los caracteres

1) $\chi_\rho(e) = n$ (e, elemento unidad de G; n, grado de la representación), pues $\rho(e)$ es el automorfismo idéntico, su matriz es la matriz unidad I de orden n, cuya traza es n.

2) $\chi_\rho(a^{-1}) = \overline{\chi_\rho(a)}$ (donde $\bar{z}$ designa al número complejo conjugado de z).

$p(G)$ es un subgrupo del grupo de los automorfismos de S; imagen homomorfa del grupo finito G, $\rho(G)$ es finito. Luego $(\forall a \in G)$, $(\exists k \in \mathbf{N},\ k \neq 0)$ tal que $[\rho(a)]^k = \varepsilon_S$ (automorfismo idéntico de S). Sea λ un valor propio de $\rho(a)$: $(\exists x \in S)$, $x \neq 0$ tal que $\rho(a)(x) = \lambda x$, de donde

$$[\rho(a)]^k(x) = \lambda^k x ,$$

es decir $x = \lambda^k x$, $\lambda^k = 1$. *Todo valor propio* λ *de* $\rho(a)$ *es pues de módulo 1,* lo cual implica

$$\lambda^{-1} = \bar{\lambda} .$$

De aquí resulta:

$$\chi_\rho(a^{-1}) = \operatorname{Tr}[\rho(a^{-1})] = \operatorname{Tr}[\rho(a)]^{-1} = \sum_i \lambda_i^{-1}$$

(pues si λ es valor propio de un automorfismo, λ^{-1} es valor propio del automorfismo inverso); luego:

$$\chi_\rho(a^{-1}) = \sum_i \lambda_i^{-1} = \sum_i \overline{\lambda}_i = \overline{\mathrm{Tr}\,[\rho(a)]} = \overline{\chi_\rho(a)}$$

3) *Se tiene:* $\chi_\rho(xax^{-1}) = \chi_\rho(a) \quad (\lambda \in \mathbf{C})$.

lo que se expresa diciendo que *un caracter* χ_ρ *es una función central.*

Por definición, tenemos

$$\chi_\rho(xax^{-1}) = \mathrm{Tr}\,[M(x)\,M(a)\,M(x)^{-1}] = \mathrm{Tr}\,M(a)$$

como se ha visto. También se puede utilizar la fórmula

$$\mathrm{Tr}\,(PP') = \mathrm{Tr}\,(P'\,P)$$

pues el primer miembro es el número

$$\sum_{i=1}^{n}\left(\sum_{\lambda=1}^{n} p_{i\lambda}\,p'_{\lambda i}\right) = \sum_{i,\lambda=1}^{n} p_{i\lambda}\,p'_{\lambda i}\,,$$

que no cambia cuando se permutan P y P'.

Haciendo $P = M(x)M(a)$ y $P' = M(x)^{-1}$, obtenemos

$$\chi_\rho(xax^{-1}) = \mathrm{Tr}\,M(a) = \chi_\rho(a)\,.$$

4) La suma directa $\rho_1 \oplus \rho_2$ de dos representaciones tiene por caracter la suma de sus caracteres $\chi_{\rho_1}, \chi_{\rho_2}$:

$$\chi_{\rho_1 \oplus \rho_2} = \chi_{\rho_1} + \chi_{\rho_2}\,.$$

Esta propiedad es evidente de acuerdo con la forma de la matriz de la representación $\rho_1 \oplus \rho_2$ (§ 2).

5) *Aplicación del lema de Schur (* § 2). Sean ρ_1, ρ_2 dos representaciones *irreducibles* de *G;* consideremos un homomorfismo cualquiera h del espacio vectorial S_1 en el espacio vectorial S_2.

Hagamos:

$$\varphi = \frac{1}{O(G)} \sum_{x \in G} [\rho_2(x)]^{-1} \circ h \circ \rho_1(x) \qquad (\varphi : S_1 \longrightarrow S_2)\,.$$

Tenemos, para todo elemento a de G,

$$[\rho_2(a)]^{-1}\,[\rho_2(x)]^{-1} = \rho_2(a^{-1})\,\rho_2(x^{-1}) = [\rho_2(xa)]^{-1}\,,$$

de donde

$$[\rho_2(a)]^{-1} \circ \varphi \circ \rho_1(a) = \frac{1}{O(G)} \sum_{x \in G} [\rho_2(xa)]^{-1} \circ h \circ \rho_1(xa) = \varphi$$

puesto que xa describe G cuando x describe G. En consecuencia, φ verifica la condición (1) del lema de Schur. Por tanto:

Corolario 1. *Si ρ_1 y ρ_2 no son isomorfos, tenemos $\varphi = 0$. Si S_1 y S_2 coinciden, así como ρ_1 y ρ_2, tenemos:*

$$\varphi = \lambda \varepsilon_{S_1} \qquad (\lambda \in \mathbf{C}) .$$

Luego Tr $\varphi = n\lambda$, donde $n = \dim S_1$. Ahora bien, aquí:

$$\operatorname{Tr} \varphi = \frac{1}{O(G)} \sum_{x \in G} \operatorname{Tr} [\rho_1(x)]^{-1} \circ h \circ \rho_1(x) = \operatorname{Tr} h$$

luego

$$(2) \qquad \lambda = \frac{1}{n} \operatorname{Tr} h .$$

Consideremos las *matrices* $M^1(a) = (m^1_{ij}(a))$ y $M^2(a) = (m^2_{kl}(a))$ asociadas a los automorfismos $\rho_1(a)$, $\rho_2(a)$, estando S_1, y S_2 cada uno referido a una base. h está definido por una matriz (x_{ki}), φ por una matriz (ζ_{ki}) y tenemos, expresando en forma matricial la definición de φ:

$$(3) \qquad \xi_{ki} = \frac{1}{O(G)} \sum_{a \in G} \sum_{j,l} m^2_{kl}(a^{-1})\, x_{lj}\, m^1_{ji}(a)$$

forma lineal con respecto a los x_{lj}.

Si las representaciones irreducibles ρ_1 y ρ_2 no son isomorfas, siendo φ nula, *todo ζ_{ki} es nulo* y tenemos, para todo sistema de índices i, j, k, l:

$$(4) \qquad \sum_{a \in G} m^2_{kl}(a^{-1})\, m^1_{ji}(a) = 0 .$$

Si S_1 y S_2 coinciden así como ρ_1 y ρ_2, tenemos la *igualdad* (2), $\lambda = \frac{1}{n} \operatorname{Tr} h$, y ésta puede escribirse:

$$(2') \qquad \lambda = \frac{1}{n} \sum_{j,l} \delta_{lj}\, x_{lj} \qquad (\delta_{lj} \text{ símbolo de Kronecker}).$$

La igualdad $\varphi = \lambda \varepsilon_{S_1}$ se escribe, pasando a matrices,

$$\xi_{ki} = \lambda \delta_{ki}$$

de donde, de acuerdo con (3) y (2') (suprimiendo los índices superiores puesto que $\rho_2 = \rho_1$) :

$$\xi_{ki} = \frac{1}{O(G)} \sum_{a \in G} \sum_{j,l} m_{kl}(a^{-1})\, x_{lj}\, m_{ji}(a) = \frac{1}{n} \sum_{j,l} \delta_{ki}\, \delta_{lj}\, x_{lj} .$$

Igualando los coeficientes de x_{lj} en los dos miembros, obtenemos las *fórmulas*

$$(5) \qquad \frac{1}{O(G)} \sum_{a \in G} m_{kl}(a^{-1})\, m_{ji}(a) = \begin{cases} \dfrac{1}{n} & si \quad i = k \quad et \quad j = l \\ 0 & \text{en cualquier otro caso.} \end{cases}$$

Dado esto, en el conjunto de las funciones ψ definidas sobre el grupo G y que toman sus valores en el cuerpo de los complejos **C**, definamos un *producto escalar* (en sentido complejo o hermítico

$$(\psi_1 \mid \psi_2) = \frac{1}{O(G)} \sum_{a \in G} \overline{\psi_1(a)}\, \psi_2(a) .$$

El segundo miembro es un número complejo que depende *linealmente* de ψ_2 y *semilinealmente* de ψ_1, es decir:

$$(\psi_1 + \psi_1' \mid \psi_2) = (\psi_1 \mid \psi_2) + (\psi_1' \mid \psi_2)$$

y, para todo número complejo λ :

$$(\lambda\psi_1 \mid \psi_2) = \bar{\lambda}(\psi_1, \psi_2$$

Además, tenemos

$$(\psi \mid \psi) > 0 , \qquad \text{para todo} \quad \psi \neq 0 .$$

Teorema 1 (relación de ortogonalidad). 1) *Si χ es el carácter de una representación irreducible, se tiene:*

$$(\chi \mid \chi) = 1 .$$

2) *Si χ y χ' son los caracteres de dos representaciones irreducibles no isomorfas, se tiene:*

$$(\chi \mid \chi') = 0 .$$

1) La definición del producto escalar nos da:

$$(\chi \mid \chi) = \frac{1}{O(G)} \sum_{a \in G} \overline{\chi(a)}\, \chi(a) = \frac{1}{O(G)} \sum_{a \in G} \chi(a^{-1})\, \chi(a) .$$

Pasando a matrices, tenemos $\chi(a) = \sum_i m_{ii}(a)$ y

$$(\chi \mid \chi) = \frac{1}{O(G)} \sum_{a \in G} \sum_i \sum_j m_{ii}(a^{-1})\, m_{jj}(a)$$

de donde, según (5):

$$(\chi \mid \chi) = \frac{1}{O(G)} \sum_{a \in G} \sum_{i=1}^{n} \frac{1}{n} = 1 .$$

Si χ y χ' son los caracteres de dos representaciones irreducibles no isomorfas, se tiene igualmente

$$(\chi \mid \chi') = \frac{1}{O(G)} \sum_{a \in G} \sum_{i} \sum_{j} m_{ii}(a^{-1})\, m'_{jj}(a) = 0$$

según la fórmula (4).

Corolario. *Sea ρ una representación lineal del grupo G y*

$$(6) \qquad \rho = \rho_1 \oplus \cdots \oplus \rho_k$$

su descomposición en suma (directa) de representaciones irreducibles.

Sea σ una representación irreducible de G, de caracter χ. El número de representaciones irreducibles ρ_i en (6) que son isomorfas a σ es igual al producto escalar $(\varphi \mid \chi)$, donde φ es el caracter de ρ.

Tenemos

$$\varphi = \chi_1 + \cdots + \chi_k$$

luego

$$(\varphi \mid \chi) = \sum_{\lambda=1}^{k} (\chi_\lambda \mid \chi)$$

y la proposición se deduce inmediatamente del teorema 1.

Observación. Se vuelve a encontrar la propiedad, establecida en § 2, de que el número en cuestión es independiente de la descomposición considerada.

Proposición. *Dos representaciones ρ, ρ' cuyos caracteres son iguales: $\varphi = \varphi'$, son isomorfas.*

Según el corolario precedente, estas representaciones contienen en efecto el mismo número de representaciones irreducibles isomorfas a una representación irreducible dada. Es evidente que dos sumas directas de representaciones isomorfas dos a dos son también isomorfas.

Esta proposición justifica el nombre de *caracter* dado a la función φ de G en $\mathbf{C}$ definida por $\varphi(a) = \operatorname{Tr} M(a)$, siendo $M(a)$ la matriz del automorfismo $\rho(a)$.

Agrupemos en (6), en el segundo miembro, las representaciones irreducibles isomorfas entre sí, y escribamos

$$\rho = m_1\, \sigma_1 \oplus \cdots \oplus m_h\, \sigma_h \qquad (m_i \in \mathbf{N})$$

donde $\sigma_1, \ldots, \sigma_h$ son ahora *representaciones irreducibles no isomorfas dos a dos.* Designando ahora también por φ el carácter de ρ, y por χ_i el de σ_i, tenemos

$$\varphi = m_1 \chi_1 + \cdots + m_h \chi_h$$

de donde

$$(\varphi \mid \chi_i) = m_i \qquad \text{luego} \qquad (\varphi \mid \varphi) = \sum_{i=1}^{h} m_i^2 .$$

Para que una representación ρ sea irreducible, es pues no sólo necesario (teorema 1), sino también suficiente, que su carácter φ verifique la condición:

$$(\varphi \mid \varphi) = 1 .$$

Carácter de la representación regular

Sea ρ_G la representación regular del grupo G, cuyo grado n es el orden del grupo G: $n = O(G)$, puesto que aquí el espacio vectorial S tiene como *base* el grupo G. $\rho_G\,(e)$ es el automorfismo idéntico del espacio vectorial S: su traza es $n = O(G)$. Si ahora $a \in G - \{ e \}$, tenemos $\rho(a)\,(x) = ax \neq x$ $(\forall x \in G)$ para todo elemento x de la base de S; luego, en la matriz $M(a)$, todo término situado en la diagonal principal es *nulo* y la traza de $M(a)$ es nula. Así pues, *el carácter φ_G de la representación regular viene dado por:*

$$\begin{cases} \varphi_G(e) = O(G) , & \\ \varphi_G(a) = 0 & \text{para} \qquad a \neq e . \end{cases}$$

Estas propiedades permiten volver a hallar que toda representación irreducible ρ está contenida (como sumando) en la representación regular, y demostrar que lo está un número de veces k igual a su grado. Tenemos en efecto, designando por χ al carácter de ρ :

$$k = (\varphi_G \mid \chi) = \frac{1}{O(G)} \sum_{a \in G} \overline{\varphi_G(a)}\, \chi(a) = \frac{1}{O(G)}\, \varphi_G(e)\, \chi(e) = \chi(e) .$$

Pero $\chi(e)$ es el grado de ρ.

Sean ahora $\rho_1, \ldots, \rho_h$ las representaciones irreducibles de G, no isomorfas dos a dos, y n_i el grado de ρ_i. Tenemos, de acuerdo con lo anterior:

$$\rho_G = \sum_{i=1}^{h} n_i\, \rho_i ,$$

de donde se deduce, tomando los grados de los dos miembros, la importante fórmula

$$O(G) = \sum_{i=1}^{h} n_i^2 . \tag{7}$$

Estudio del número h de representaciones irreducibles

Sea f una función definida sobre el grupo finito G y que toma en $\mathbf{C}$ sus valores. Supongamos f *central*:

$$(\forall a \in G, \forall x \in G) \qquad f(xax^{-1}) = f(a) \in \mathbf{C}\,.$$

A una representación ρ de G en el grupo de los automorfismos de un espacio vectorial S sobre $\mathbf{C}$, asociemos el endomorfismo de S definido por

$$\rho_f = \sum_{a \in G} f(a) . \rho(a)\,. \tag{8}$$

Lema. *Si ρ es irreducible, de carácter χ,* de grado, n, *ρ_f es una "homotecia" $\lambda\varepsilon_S$ cuya "razón" λ viene dada por*

$$\lambda = \frac{1}{n} \sum_{a \in G} f(a)\, \chi(a) = \frac{O(G)}{n} (\bar{f} \mid \chi)\,.$$

Tenemos:

$$[\rho(x)]^{-1} \circ \rho_f \circ \rho(x) = \sum_{a \in G} f(a)\, [\rho(x)]^{-1} \circ \rho(a) \circ \rho[x]$$

$$= \sum_{a \in G} f(a)\, \rho(x^{-1}\, ax)\,.$$

Hagamos $x^{-1}\, ax = b$; puesto que b es la imagen de a dada por un automorfismo (interno), tenemos:

$$[\rho(x)]^{-1} \circ \rho_f \circ \rho(x) = \sum_{b \in G} f(xbx^{-1})\, \rho(b) = \sum_{b \in G} f(b)\, \rho(b) = \rho_f\,.$$

Luego:

$$(\forall x \in G) \qquad \rho_f \circ \rho(x) = \rho(x) \circ \rho_f\,.$$

Entonces, del lema de Schur se desprende (§ 2, caso particular), que ρ_f es una homotecia. Si λ es la relación, tenemos

$$\mathrm{Tr}\, \rho_f = n\lambda\,.$$

Ahora bien, según (8):

$$\mathrm{Tr}\, \rho_f = \sum_{a \in G} f(a)\, \mathrm{Tr}\, \rho(a) = \sum_{a \in G} f(a)\, \chi(a)$$

de donde

$$\lambda = \frac{1}{n} \sum_{a \in G} f(a)\, \chi(a) = \frac{O(G)}{n} (\bar{f} \mid \chi)\,.$$

Por otra parte, es evidente que *las funciones centrales forman un espacio vectorial H sobre* $\mathbf{C}$ que en particular comprende a todo carácter. *El conjunto de los caracteres* $\chi_1,$

$\ldots, \chi_h$ *de las representaciones irreducibles no isomorfas* $\rho_1, \ldots, \rho_h$ es, por otra parte, en este espacio vectorial H, una *familia libre*, puesto que

$$\lambda_1 \chi_1 + \cdots + \lambda_h \chi_h = 0 \qquad (\lambda_i \in \mathbf{C})$$

implica, tomando el producto escalar del primer miembro con χ_i y teniendo en cuenta las relaciones de ortogonalidad:

$$\lambda_i = 0 \qquad (i = 1, \ldots, h) .$$

Por otra parte, las relaciones de ortogonalidad significan que $\chi_1, \ldots, \chi_h$ forman un *sistema ortonormal*. Demostremos que dicho sistema es *completo*, es decir, que *toda función central ortogonal a todos los* χ_i $(i = 1, \ldots, h)$ *es nula*. De ello se deducirá inmediatamente que el conjunto $\{ \chi_1, \ldots, \chi_h \}$ es también un *sistema generador* de H: en efecto, si $\varphi \in H$ y si se pone

$$(\varphi \mid \chi_i) = \alpha_i \; (\in \mathbf{C}) , \qquad \text{y} \qquad f = \varphi - \sum_{i=1}^{h} \alpha_i \chi_i ,$$

tenemos $(f \mid \chi_i) = \alpha_i - \alpha_i = 0$, luego $f = 0$ y $\varphi = \sum_{i=1}^{h} \alpha_i \chi_i$: $\chi_1, \ldots, \chi_h$ formarán pues una *base ortonormal* del espacio H, y *la dimensión de H será h.*

Sea pues f una función central que verifica las condiciones:

$$(f \mid \chi_i) = 0 \qquad (i = 1, \ldots, h) .$$

Para *toda* representación ρ del grupo G, hagamos:

$$\rho_{\bar{f}} = \sum_{a \in G} \overline{f(a)} \, \rho(a) .$$

Si ρ *es irreducible* y de carácter χ, se ve (cambiando f por $\bar{f}$) que $\rho_{\bar{f}}$ es una homotecia de relación

$$\lambda = \frac{O(G)}{n} (f \mid \chi) = 0$$

(por hipótesis, puesto que ρ es isomorfa a una de las representaciones irreducibles ρ_i, luego tiene el mismo carácter). Tenemos pues: $\rho_{\bar{f}} = 0$. Esta propiedad es válida para una *representación cualquiera* ρ suma de representaciones irreducibles:

$$\rho = \rho_1 \oplus \cdots \oplus \rho_s$$

puesto que aquí:

$$\rho_{\bar{f}} = \sum_{a \in G} \sum_{i=1}^{s} \overline{f(a)}\, \rho_i(a)\,,$$

de donde

$$\rho_{\bar{f}} = 0\,.$$

Dado esto, tomemos como ρ la representación *regular* ρ_G; el espacio vectorial S admite una base formada por los elementos de G; en particular, el elemento unidad e de G es un elemento de base y su imagen dada por el endomorfismo nulo $\rho_{\bar{f}}$ es nula:

$$0 = \rho_{\bar{f}}(e) = \sum_{a \in G} \overline{f(a)}\, \rho(a)\,(e) = \sum_{a \in G} \overline{f(a)}\, a$$

lo que exige

$$\overline{f(a)} = 0 \qquad (\forall a \in G)\,, \qquad \text{luego } f = 0\,.$$

Dado esto, consideremos la partición del grupo G en *clases* $C_1, \ldots, C_k$ *de elementos conjugados.* Para que una función f definida sobre G, que toma sus valores en $\mathbf{C}$, sea *central,* es necesario y suficiente que sea *constante sobre cada una de las clases* C_i, *siendo arbitrario el valor* λ_i que toma en ellas.

El espacio vectorial H de las funciones centrales es pues isomorfo al espacio $\mathbf{C}^k$ de los vectores $(\lambda_1, \ldots, \lambda_k)$ $(\lambda_i \in \mathbf{C})$: su dimensión es k y tenemos la *igualdad:*

$$h = k\,. \tag{9}$$

Teorema 2. *El número h de las representaciones irreducibles (no isomorfas) de un grupo G es igual al número k de clases de elementos conjugados.*

Dado esto, designemos por c_r, al número de elementos de la clase $C(r)$, $r \in G$, conjugados de r. La función f_r es igual a 1 sobre $C(r)$, a 0 sobre todas las demás clases C_i, es una función central. Se escribe pues:

$$f_r = \sum_{i=1}^{h} x_i\, \chi_i\,,$$

con

$$x_i = (\chi_i \mid f_r) = \frac{1}{O(G)} \sum_{a \in G} \overline{\chi_i(a)}\, f_r(a) = \frac{c_r}{O(G)}\, \overline{\chi_i(r)}\,.$$

es decir:

$$f_r(a) = \frac{c_r}{O(G)} \sum_{i=1}^{h} \overline{\chi_i(r)}\, \chi_i(a)\,,$$

de donde, finalmente:

$$\begin{cases} \text{para } a = r & \displaystyle\sum_{i=1}^{h} \overline{\chi_i(r)}\, \chi_i(r) = \frac{O(G)}{c_r} \\ \text{para } a \notin c_r & \displaystyle\sum_{i=1}^{h} \overline{\chi_i(r)}\, \chi_i(a) = 0\,. \end{cases} \tag{10}$$

Demostraremos además, sobre el grado de una representación irreducible, el siguiente teorema:

Teorema 3. *El grado n de una representación irreducible ρ de un grupo finito G divide al orden de G.*

La demostración de este teorema utiliza el concepto de *entero algebraico,* de la que en primer lugar vamos a indicar los principios (1).

Sea **Z** el anillo de los enteros de signo cualquiera, o *enteros racionales,* **Q** el cuerpo de los racionales, "cuerpo de las fracciones" de **Z**. Un número complejo α es un *entero algebraico* si verifica una ecuación de la forma:

(11) $$\alpha^n + a_1 \alpha^{n-1} + \cdots + a_n = 0 \qquad \text{donde} \quad a_i \in \mathbf{Z}$$

(a_i, enteros racionales). Por ejemplo, $\sqrt{2}$, una *raíz enésima de la unidad* $e^{k.2i\pi/n}$ *son enteros algebraicos.* Observemos enseguida que, si un entero algebraico α *es un número racional,* α *es un entero racional.* En efecto, sea $\alpha = p/q$, p, $q \in \mathbf{Z}$ y primos entre sí. La ecuación (11) se escribe:

$$p^n + a_1 p^{n-1} q + \cdots + a_{n-1} pq^{n-1} + a_n q^n = 0$$

p, primo con q, divide a $a_n q^n$, luego a a_n, $a_n = a'_n p$, de donde, si se tiene $n > 1$,

(11′) $$p^{n-1} + a_1 p^{n-2} q + \cdots + (a_{n-1} + a'_n q)\, q^{n-1} = 0$$

ecuación de la misma forma que (11) pero de grado $n - 1$. Progresivamente, vemos que $\alpha = p/q$ verifica una ecuación de primer grado de la forma

$$\alpha + c = 0 \qquad c \in \mathbf{Z}$$

de donde $\alpha \in \mathbf{Z}$.

Lema. *Para un número complejo α, son equivalentes las siguientes propiedades:*

a) *α es entero algebraico;*

b) *el anillo* $\mathbf{Z}[\alpha]$ *de las expresiones polinómicas en α con coeficientes en* **Z** *es un* **Z***-módulo de tipo finito:*

c) $\mathbf{Z}[\alpha]$ *está contenido en un subanillo M de* **C** *que es un* **Z**-módulo *de tipo finito.*

a) *implica* b). $\mathbf{Z}[\alpha]$ es evidentemente un **Z**-módulo, que contiene al submódulo S de *tipo finito* engendrado por $1, \alpha, \ldots, \alpha^{n-1}$, siendo n el grado de la ecuación (11) que

(1) Ver también, por ejemplo, nuestra *Algebra Moderna*, Capítulo X, § 5.

verifica α. De acuerdo con esta ecuación, α^n pertenece a S y se ve inmediatamente (por recurrencia sobre el número natural $h \geqslant n$) que α^h pertenece también a S, lo que implica $\mathbf{Z}[\alpha] = S$.

b) *implica* c). Basta tomar $M = \mathbf{Z}[\alpha]$.

c) *implica* a). Sea $\{ m_1, \ldots, m_n \}$ un sistema generador del $\mathbf{Z}$-módulo M. Tenemos $\alpha \in \mathbf{Z}[\alpha] \subseteq M$ y, puesto que M es un subanillo, $\alpha m_i \in M$, es decir

$$(12) \qquad \alpha m_i = \sum_{j=1}^{n} a_{ij} m_j \qquad (a_{ij} \in \mathbf{Z}) .$$

Hagamos

$$c_{ij} = \delta_{ij} \alpha - a_{ij} \in \mathbf{Z}[\alpha] ;$$

las ecuaciones (12) se escriben:

$$(12') \qquad \sum_{j=1}^{n} c_{ij} m_j = 0 .$$

Si C_{ij} es el menor (con su signo) de c_{ij} en el determinante D de la matriz (c_{ij}), las relaciones (12') implican, para todo índice r $(1 \leqslant r \leqslant n)$:

$$0 = \sum_{i=1}^{n} C_{ri} \sum_{j=1}^{n} c_{ij} m_j = \sum_{j=1}^{n} \left(\sum_{j=1}^{n} C_{ri} c_{ij} \right) m_j .$$

Ahora bien, $\sum_{i=1}^{n} C_{ri} c_{ij} = \delta_{rj}$. Tenemos pues

$$Dm_r = 0 \qquad (r = 1, 2, \ldots, n) .$$

De aquí resulta

$$DM = (0)$$

y, puesto que $1 \in \mathbf{Z}[\alpha] \subseteq M$,

$$D = D.1 = 0 .$$

Pero la igualdad $D = 0$, donde $D = \det(\delta_{ij} \alpha - a_{ij})$, es una ecuación algebraica en α, con coeficientes en $\mathbf{Z}$, en la cual la potencia más alta de α. α^n, tiene por coeficiente 1, y las otras coeficientes pertenecientes a $\mathbf{Z}$; α es pues un entero algebráico.

Consecuencia. *El conjunto de los enteros algebraicos es un subanillo de* $\mathbf{C}$. En efecto, si α, β son enteros algebraicos $\mathbf{Z}[\alpha]$, $\mathbf{Z}[\beta]$ son $\mathbf{Z}$-módulos de tipo finito, luego también $\mathbf{Z}[\alpha, \beta]$, que es además un subanillo de $\mathbf{C}$. Las inclusiones $\mathbf{Z}[\alpha - \beta] \subseteq \mathbf{Z}[\alpha, \beta]$ y $\mathbf{Z}[\alpha\beta] \subseteq \mathbf{Z}[\alpha, \beta]$ implican, según el lema, que $\alpha - \beta$ y $\alpha\beta$ son enteros algebraicos.

En consecuencia, puesto que para todo carácter χ_ρ, el valor $\chi_\rho(a) = \mathrm{Tr}\ M(a)$, $a \in G$, es la suma de los valores propios que son raíces de la unidad, $\chi_\rho(a)$ es un *entero algebraico.*

Lema. *Si χ es el caracter de una representación irreducible ρ de grado n y K una clase de conjugación del grupo finito G, el número*

$$\frac{1}{n}\sum_{x\in K}\chi(x)$$

es un entero algebraico.

Sea A el álgebra de G sobre $\mathbf{C}$ y B el álgebra de G sobre $\mathbf{Z}$, submódulo de A. (B se define y se construye como A). Designemos por C_A el centro de A y por C_B el centro de B.

Hagamos $e_K = \sum_{x\in K} x$. Demostremos que los e_K forman una *base* de C_A. En efecto, el elemento $a = \sum_{g\in G}\lambda_g g\in A$ $(\lambda_g\in\mathbf{C})$, pertenece a C_A si y sólo si $ax = xa\,(\forall x\in G)$, lo que se escribe

$$\sum_{g\in G}\lambda_g gx = \sum_{g\in G}\lambda_g xg \qquad (\forall x\in G)$$

o bien

$$\sum_{g\in G}\lambda_g xgx^{-1} = \sum_{g\in G}\lambda_g g = a \qquad (\forall x\in G)\,.$$

Para esto es necesario y suficiente que λ_g permanezca constante sobre cada clase de conjugación K, luego que a sea una combinación lineal de los e_K.

Los e_K, elementos de B, engendran evidentemente a su centro C_B. En consecuencia, C_B es un $\mathbf{Z}$-módulo de tipo finito.

Si $c\in C_A$, tenemos

$$(\forall a\in G) \qquad ac = ca$$

luego

$$(\forall a\in G) \qquad \rho(a)\circ\rho(c) = \rho(c)\circ\rho(a)\,.$$

De acuerdo con el lema de Schur (caso particular), $\rho(c)$ es una *homotecia*. En particular, tenemos:

$$\rho(e_K) = \lambda_K\,\varepsilon \qquad (\lambda_K\in\mathbf{C})\,,$$

de donde, tomando las *trazas* y teniendo en cuenta que $e_K = \sum_{x\in K} x$,

$$\sum_{x\in K}\chi(x) = n\lambda_K \qquad \text{es decir} \qquad \lambda_K = \frac{1}{n}\sum_{x\in K}\chi(x)\,.$$

Ahora bien, λ_K es entero algebraico pues, por el homomorfismo ρ, el $\mathbf{Z}$-módulo de tipo finito C_B que contiene a los e_K se transforma en un $\mathbf{Z}$-módulo de tipo finito que contiene a los $\lambda_{k\varepsilon}$, isomorfo a un $\mathbf{Z}$-módulo de tipo finito que contiene a los λ_K.

Demostremos ahora el *teorema 3.*
El carácter χ de la representación irreducible ρ verifica la relación

$$(\chi \mid \chi) = 1 \qquad \text{es decir} \qquad \frac{O(G)}{n} = \sum_{a \in G} \chi(a^{-1}) \frac{\chi(a)}{n}$$

que podemos escribir

$$\sum_{K} \chi(a^{-1}) \sum_{x \in K} \frac{\chi(x)}{n} = \frac{O(G)}{n} .$$

Pero $\chi(a^{-1})$ es entero algebraico y, de acuerdo con lo anterior, $\lambda_K = \frac{1}{n} \sum_{x \in K} \chi(x)$ igualmente. Luego $O(G)/n$ es entero algebraico; como es un número racional, tenemos $n \mid O(G)$.

EJERCICIOS

1. El centro de un álgebra asociativa A, sobre un cuerpo Δ, es una subálgebra de A.

2. Se considera el grupo cíclico de orden 2, $C = \{ e, a \}$ (e, elemento neutro). El álgebra A de C sobre el cuerpo $\mathbf{Z}/2\mathbf{Z}$ es un anillo de orden 4, $A = \{ 0, e, a, b \}$, donde $b = e + a$. Escribir las tablas de adición y de multiplicación de A. ¿Cuáles son los idempotentes de A ($x^2 = x$) ? ¿Cuáles son sus elementos nilpotentes ($x^n = 0$) ? Comprobar que el conjunto de los elementos nilpotentes es un *ideal* 3 del anillo A.

3. ¿Cuál es el número de las representaciones lineales irreducibles de los grupos simétricos $\mathscr{S}_3$, $\mathscr{S}_4$, $\mathscr{S}_5$ (sobre el cuerpo de los complejos)?

4. ¿Cuál es el número de las representaciones irreducibles del grupo de los cuaternios Q (véase Capítulo I, ejercicio 8) sobre el cuerpo de los complejos? ¿Cuáles son los grados de estas representaciones?

Indice alfabético

D

E

F

G